유체역학

고영하 · 김동우
조성갑 · 정운철
공저

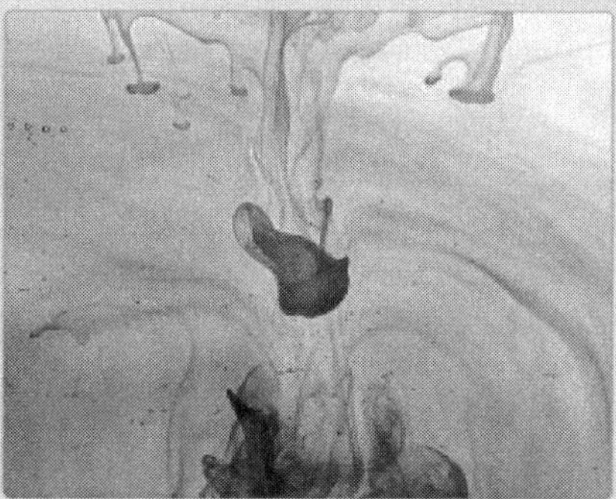

북스힐

머리말

유체역학은 유체유동을 이용하는 공학 시스템의 작동을 이해할 수 있도록 정량적인 기초를 제공해 주는 학문으로, 크게는 유체 정역학 부분과 유체 동역학 부분으로 나눌 수 있습니다.

이 교재는 이들 두 분야에 해당되는 내용을 독자들이 가능한 한 쉽게 이해할 수 있도록 풀어쓴 책이라 하겠습니다. 수학적인 내용은 좀더 자세하고 쉽게 분석하여 정리하였고, 각 장에서는 소단위별로 예제 문제를 제시하고 그 풀이를 성실하게 덧붙여 소개하였습니다.

이 교재에서 소개하고 있는 유체역학의 수식 전개과정은, 저자가 직접 대학에서 강의를 하면서, 배우는 학생들에게 보다 쉽게 다가갈 수 있는 방법을 고민하면서 정리한 수식 전개과정을 소개한 것입니다. 또한 우리 주변의 실생활에서 접할 수 있는 내용들로 예제 문제를 구성하여 독자의 이해를 돕고자 노력하였습니다. 그러므로 그동안 좀더 쉬운 유체역학 교재를 원하였거나 기사시험을 준비하는 학생들, 또는 현장에서 직접 유체 및 유체기계를 다루는 기술자들이 응용하기에 보다 유익한 교재로 추천될 수 있을 것으로 감히 확신하면서 이 교재를 출판하기에 이르렀습니다.

다만, 부분적으로 매끄럽지 못하거나 세련되지 못한 표현기법에 당혹스러워 하지 말기를 바라면서 독자들의 아낌없는 지도 편달을 바랍니다. 아울러 이 교재가 모든 공학도들의 유체역학 입문서로 이용되고 더욱더 유체역학을 가까이 하게 되는 계기가 되기를 바랍니다.

끝으로 출판을 맡아 수고해 주신 (주)도서출판 북스힐의 사장님과 직원들에게 감사드리며, 이 책을 유체역학을 공부하는 모든 공학도 여러분에게 바칩니다.

저자 씀

차 례

1장

유체일반

1·1 유체역학의 발달과정

유체역학은 고대로부터 사람들이 생존하기 위한 수단으로써 발달하기 시작하였다. 약 5000년 전에 이라크의 페르시아 만에는 티그리스 강과 유프라테스 강이 있었는데, 이 지역의 주변에서 생활하는 사람들은 폭우와 홍수로 인하여 많은 생명과 그들의 재산을 잃는 경우가 빈번해지자 이러한 재난으로부터 벗어나기 위하여 물의 넘침을 막아 보려고 진흙으로 벽돌을 만들어 쌓아보기도 하고, 또한 그들의 쌓는 형식을 조금 더 아름답게 표현해보려는 노력의 결과로 아치건축을 만들어내기도 했으며, 별을 조사하기도 하고, 법전 등을 편찬하는 등 여러 가지 문화를 형성하면서 "재해는 잊어버릴 무렵에 다시 찾아온다"는 생활의 지혜를 갖고 세계 최초의 도시인 메소포타미아를 이룩하기도 했다. 고대에 운하와 하수도를 건설하면서 이들이 관심을 가졌던 것은 단지 물의 흐름과 마찰에 대한 피상적인 부분에 해당하는 수력학(hydraulics)이었다. 그로부터 지금까지 수많은 과학자들의 이론과 실험을 토대로 현대의 유체역학으로 발달하게 되었다. 이제 유체역학의 기본적인 개념과 원리에 대한 지식과 이해는 유체가 작동매체로 사용되는 장치를 해석하고 모든 운송수단을 설계하는데 있어 유체역학의 원리와 응용이 필수적이다. 예를 들면, 펌프, 송풍기, 팬, 압축기, 항공기, 선박, 자동차, 인체의 인공순환장치, 골프의 슬라이싱, 난방 배관, 기타 등 이 밖에도 현실의 많은 부분이 유체역학의 응용분야라 할 수 있다.

1·2 유체의 개념

지구상에 존재하는 모든 물질의 상태는 크게 고체와 유체, 두 가지로 나눌 수 있다. 고체에 대한 일반적인 정의는 어떤 물질에 압력을 가해도 모양이나 부피가 변하지 않는 물질로 정의하고 형상에 있어서는 치밀성(compactness)과 강성(rigidity)을 갖는 것으로 알려져 있으며, 유체는 또한 액체와 기체로 구분하고 있는데 액체는 물이나 기름과 같이 그 물질의 분자가 그 질량 내에서 자유로이 운동할 수 있는 능력을 갖고 있고, 기체는 공기처럼 어떠한 공간을 채울 수 있는 능력을 가진 물질이다. 유체는 아무리 작은 전단응력이라도 작용하기만 하면 연속적으로 변형하는 물질이며, 고체는 전단응력하에 변형되지만 연속적으로 변형되지는 않는다. 또한 이들을 구분할 수 있는 방법은 이들의 물질을 구성하는 분자들의 상호간 거리의 차이로 쉽게 구분할 수 있는데, 독자들이 잘 알고 있는 것처럼 고체가 가장 가깝고, 액체, 기체 순으로 분자들의 상호간 거리가 점점 멀어진다. 이러한 물질의 상태 외에도 플라스마(plasma)라는 것이 있는데, 이들의 물질을 구성하고 있는 대부분이 이온화된 분자상태를 구성하고 있다. 이러한 플라스마는 구성입자가 전기적으로 대전되어 있다는 점을 제외하고는 기체와 아주 유사한 성질을 갖고 있는데, 보통의 지상조건에서는 약간 생소한 물질이나 우주의 거의 모든 물질이 플라스마 상태를 이루고 있기 때문에 근래에 아주 활발하게 이들 물질에 대한 연구가 이루어지고 있는 실정이다.

- 물질
  - 고체
  - 유체
    - 액체
    - 기체
    - 플라스마

역학이란 어떠한 물체에 힘이 작용했을 때 그 힘과 물체와의 운동관계를 체계적으로 다루는 학문이고, 유체(물, 공기 등)는 인간이 생명을 유지하고 살아가는 데 있어서 필수적인 물질일 뿐 아니라 자연의 중요한 구성요소들인데, 이들의 자연요소들이 인간에게 끊임없이 재난과 이로움을 가져다주기 때문에 이들 유체유동의 현상을 이해함으로써 유익하게 이들을 제어하고 이용하는 방법을 터득하는 학문이 유체역학이다.

일반적으로 유체를 구분하는 방법에는 점성유체와 비점성유체, 압축성유체와 비압축성유체, 또는 층류유동과 난류유동으로 구분하는 여러 가지 방법이 있다. 유체의 흐름에는 여러 가지 크고 작은 점성에 의하여 어떠한 마찰손실이 생기는데, 이러한 점성에 대한 Newton의 점성법칙을 따르는 유체를 **점성유체**(viscous fluids) 또는 Newtonian 유체라고 하고, 유체유동이 이러한 점성법칙을 따르지 않는 유체를 **비점성유체**(inviscid fluids) 또는 Non-Newtonian 유체라고 한다. 또한 유체에 압력을 주었을 때나 유체 유동의 속도가 초음속이 되는 경우에 체적이 감소되거나 밀도변화가 일어나는 유체를 **압축성유체**(compressible fluids)라고 하고, 일반적으로 물이나 기름처럼 압력이나 유속의 변화에 따라서도 체적이 변화되지 않는, 즉 밀도의 변화를 무시할 수 있는(ρ=constant) 경우의 유체를 **비압축성유체**(incompressible fluids)로 구분한다. 그리고 유체유동의 형태에 따라 유체입자가 질서정연하게 흐르는 층류유동과 매우 불규칙적으로 흐르는 난류유동으로 구분하기도 한다. 비점성유체나 비압축성유체는 실제로 존재하지 않으나 점성유체나 압축성유체로 취급하면 이들의 유체유동을 이론적으로 정립하기가 어렵기 때문에 점성이나 압축성을 무시하여 점성유체나 압축성유체에 쉽게 접근하는 수단으로 이들의 유동을 정의한다. 또한, 점성과 압축성의 영향을 완전히 무시한 가상적인 유체를 **완전유체**(perfect fluids) 혹은 **이상유체**(ideal fluids)라 한다.

이제 곧 배우게 될 유체역학은 크게 유체 정역학과 유체 동역학으로 나누어진다. 유체 정역학은 정지상태에 있는 유체를 다루는 학문이며, 유체가 정지되어 있으므로, 유체에 미치는 모든 힘이 평형상태에 있음을 고려하여 다루고, 유체 동역학은 비평형상태나 가속상태로 운동하는 경우의 유체를 다루는 학문으로, 유체가 움직이고 있으므로 운동방정식에 의하여 지배된다.

1·3 단위와 차원

일반적으로 단위계는 미터계(meter system)와 피트-파운드계(feet-pound system)로 구분되어 사용되어져 왔으나 전 세계적으로 단일화된 국제 단위계를 만들려는 노력으로 1960년 10월 제11차 국제 도량형 총회(general conference of weights and measures)에서 SI 단위계(systéme international d'units)가 결정되었다. 그러므로 이 책에서는 모든 단위를 SI 단위로 쓰는 것을 원칙으로 하려 한다. 단위란 어떤 물건의 형태나 양을 정확하게 나타내는 기본량으로서 독립적인 차원을 갖는 표 1·1과 같은 몇몇의 기본단위와 이들의 기본단위에서 유도되는 특별한 이름을 가진 표 1·2와 같은 많은 단위들이 있다.

표 1·1 SI 기본 단위계의 명칭과 차원

물 리 량	단 위	차 원
질량(Mass)	킬로그램(kg)	M
길이(Length)	미터(m)	L
시간(Time)	초(sec)	T
온도(Temperature)	캘빈(K)	

SI 단위계에서 힘의 단위로 사용되는 1N은 $F = ma$라는 수식에서 유도하여 1kg의 질량을 $1\,m/sec^2$으로 가속시키는 데 필요한 힘으로 정의되었고, 1dyne은 1g의 질량을 $1\,cm/sec^2$으로 가속시키는 데 필요한 힘이다. 그러므로 $1\,N = 10^5$dyne의 관계가 자연스럽게 성립한다. 지구에서의 중력 가속도(gravitational acceleration)는 $9.8\,m/sec^2$이다.

표 1·2 SI 단위계의 유도차원

물 리 량	기호	SI단위	차 원
면적(area)	S	Square(m^2)	L^2
체적(volume)	V	Cubic(m^3)	L^3
힘(force)	F	Newton($N = kg \cdot m/sec^2$)	MLT^{-2}
무게(weight)	W	Newton($N = kg \cdot m/sec^2$)	MLT^{-2}
압력(pressure)	p	Pascal($Pa = N/m^2 = kg/m \cdot sec^2$)	$ML^{-1}T^{-2}$
일(energy)	E	Joule($J = N \cdot m$)	ML^2T^{-2}
동력(power)	P	Watt($W = J/sec$)	ML^2T^{-3}
속도(velocity)	v	m/sec	LT^{-1}
가속도(acceleration)	a	m/sec^2	LT^{-2}
밀도(density)	ρ	kg/m^3	ML^{-3}
점성계수(viscosity)	μ	$kg/m \cdot sec = N \cdot sec/m^2$	$ML^{-1}T^{-1}$
동점성계수(kinematic viscosity)	v	m^2/sec	L^2T^{-1}
진동수(frequency)	f	Hertz(Hz = cycle/sec)	T^{-1}

역학적 현상을 다루는 데 있어서 물리현상의 특징을 규정하는 기본량인 질량(M), 길이(L), 시간(T)의 3가지 양을 기본으로 하여 이들을 다음의 예로 표시한 것처럼 어떠한 멱급수 형태로 표시하게 되면 그것이 어떤 물리량의 차원이 된다.

1) $Q=[A^{\alpha}B^{\beta}C^{\gamma}]$

2) $F=ma=\text{kg}\times\text{m}/\text{sec}^{2}=\text{M}\times\text{L}/\text{T}^{2}=\text{MLT}^{-2}$

1·4 계(system)와 검사체적(control volume)

문제를 해석할 때 계는 고정되고 동일성을 가지는 물질의 질량을 정의하며 계의 경계는 이동 가능하다. 검사체적은 유체가 흐르는 공간의 임의체적을 의미하게 되는데 질량 유동이 있는지 없는지에 따라 해석의 초점을 맞추면 편리하다.

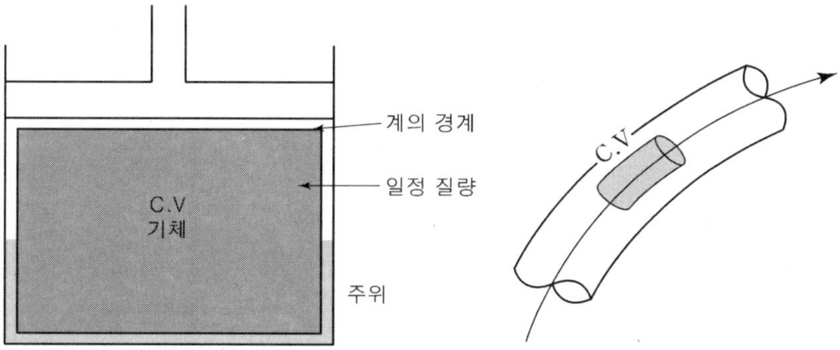

그림 1·1 계(system)와 검사체적(control volume)

1·5 유체의 성질

1·5·1 물리량의 정의

유체의 성질을 나타내는 데 있어서 중요하게 사용되는 물리량에는 질량, 밀도, 비체적, 비중량, 비중 등이 있는데 이들을 자세하게 설명하면 다음과 같다.

1 질량(mass)

질량이란 유체의 고유한 양을 나타내는 것으로서, 기호로는 M을 사용하고 단위는 kg이며 유체의 내부조직과 크기의 함수이다. 질량은 형태를 바꿀 수는 있으나 창조하거나 소멸될 수는 없다. 질량보존의 법칙에 의하여 일정한 온도와 압력상태에서 질량은 시간과 위치에 따라 변화되지 않으므로 수학적으로는 다음과 같은 식으로 표현할 수 있다.

$$\frac{dm}{dt} = \frac{dm}{ds} = 0$$

여기에서 t는 시간을, s는 위치를 의미한다.

2 밀도(density)

밀도는 단위 부피 내의 유체의 질량으로 정의되고, 기호로는 ρ를 사용하며 단위는 질량을 부피로 나눈 양이므로 $\mathrm{kg/m^3}$이다. 그러므로 임의의 아주 적은 부피(ΔV) 내의 질량을 ΔM이라고 한다면 ΔV 내의 임의의 한 점에 있어서의 밀도, ρ는 수학적으로 다음과 같이 표현할 수 있다.

$$\rho = \lim_{\Delta V \to \delta V} \frac{\Delta M}{\Delta V}$$

간단하게 쓰면 $\rho = \dfrac{m\ (\text{질량})}{V\ (\text{부피})}$

3 비체적(specific volume)

비체적은 단위 질량에 해당하는 부피로 정의되고, 기호로는 ν를 사용하며 단위는 부피를 질량으로 나눈 양이므로 $\mathrm{m^3/kg}$이다. 또한 정의에서도 알 수 있듯이 비체적은 밀도와 역수관계가 되므로 다음과 같은 관계식을 얻을 수 있다.

$$\nu = \frac{V\ (\text{부피})}{m\ (\text{질량})} = \frac{1}{\rho}$$

4 비중량(specific weight)

비중량은 단위 부피 내의 유체의 중량(무게)으로 정의되고, 기호로는 γ를 사용하며 단위는 무게를 부피로 나눈 양이므로 $\mathrm{N/m^3}$이다. 그러므로 임의의 아주 적은 부피(ΔV) 내의 중량(무게)을 ΔW라고 한다면 ΔV 내의 임의의 한 점에 있어서의 비중량, γ는 수학적으로 다음과 같이 표현할 수 있다.

$$\gamma = \lim_{\Delta V \to \Delta V} \frac{\Delta W}{\Delta V}$$

간단하게 쓰면 $\gamma = \dfrac{W(\text{중량})}{V(\text{부피})} = \dfrac{m \cdot g}{V} = \rho \cdot g$이다.

무게란 물체의 질량에 중력 가속도(g)를 곱한 값이다.

$$W = mg$$

5 비중(specific gravity)

비중은 상온에서 순수한 물의 밀도(비중량, 무게)에 대한 대상 물질의 밀도(비중량, 무게)의 비로 정의되고, 기호로는 S를 사용하며 단위가 없으므로 무차원이 된다. 이들을 식으로 표현하면 다음과 같다.

$$S = \frac{\text{대상물질의 밀도(비중량, 무게)}}{\text{물의 밀도(비중량, 무게)}} = \frac{\rho}{\rho_w} = \frac{\gamma}{\gamma_w}$$

여기서 SI 단위로 상온에서 $1\,m^3$내에 들어있는 순수한 물의 질량은 1000 kg이므로 밀도는 $1000\,kg/m^3$이고, 비중량은 $9800\,N/m^3$이다.

표 1·5 압력과 온도에 따른 물의 밀도

온도 (°C)	압력					
	25 bar (224°C)	50 bar (264°C)	75 bar (290.6°C)	25 bar (311.1°C)	25 bar (342.24°C)	25 bar (365.8°C)
20	994.0	1000.5	1001.6	1002.8	1005.0	1007.3
40	993.3	994.4	995.5	996.6	998.7	1000.8
80	972.8	973.9	975.0	976.1	978.3	980.5
120	944.3	945.5	946.8	948.0	950.4	952.7
160	908.6	910.1	911.6	913.0	915.9	918.7
200	865.4	867.3	869.2	871.1	874.7	878.1
220	840.5	842.7	845.0	847.1	851.2	855.2
260	–	784.4	787.6	790.8	796.8	802.4
300	–	–	–	715.7	726.2	735.5
Sat	835.2	777.7	731.1	688.5	603.1	491.2

예제 1·1

체적이 $15m^3$이고, 질량이 12300kg인 디젤유의 밀도와 비체적, 비중량 및 비중을 구하여라.

● 풀이 ●

① 밀도(ρ) $= \frac{M}{V} = \frac{12300}{15} = 820\,kg/m^3$

② 비체적(υ) $= \frac{1}{\rho} = \frac{1}{820} = 0.00122 = 1.22\times10^{-3}\,m^3/kg$

③ 비중량(γ) $= \rho g = 820\times9.8 = 8036\,N/m^3$

④ 비중(S) $= \frac{820}{1000} = 0.82$

표 1·6 수와 양의 접두어로 사용되는 기호

계 수	접두사	기 호	계 수	접두사	기 호
10^{12}	Tera	T	10^{-3}	Mili	M
10^{9}	Giga	G	10^{-6}	Micro	μ
10^{6}	Mega	M	10^{-9}	Nano	N
10^{3}	Kilo	K	10^{-12}	Pico	P

표 1·7 1기압하에서 액체의 비중

액체	온도(°C)	비중	액체	온도(°C)	비중
수은	0°	13.596	글리세린	15°	1.204
수은	10°	13.57	가솔린	15°	0.66~0.75
수은	20°	13.55	원유	15°	0.7~1.0
에틸알코올 80%	15°	0.848	식물성유	15°	0.91~0.97
에틸알코올 100%	15°	0.794	피마자유	15°	0.97
사염화탄소	15°	1.604	동물성유	15°	0.86~0.94
바닷물	15°	1.01~1.05	벤졸	15°	0.884
아마인유	4°	0.942	벤젠	4°	0.899
10%식염수	20°	1.0707			

1·5·2 압력과 응력

1 압력(pressure)

압력은 힘을 받는 면에 수직으로 작용하는 단위면적당의 힘으로 정의된다. 그러므로 압력은 힘을 면적으로 나눈 차원을 갖게 되고, 단위는 N/m^2이 된다. 또한, 1 N/m^2은 1Pa(pascal)을 의미한다. 압력은 SI 단위에는 포함되어 있지 않으나 널리 사용되고 있는 단위가 있는데 다음과 같다.

$$1\,\text{bar} = 10^5\,\text{Pa} = 0.1\,\text{MPa}$$

$$1\,\text{atm} = 101325\,\text{Pa} = 760\,\text{mmHg}(\text{표준대기압})$$

1bar는 1atm보다 약간 작음을 알 수 있다. 그리고 해면상에서의 평균 대기압을 일반적으로 표준 대기압으로 사용한다. 압력은 완전 진공상태를 기준으로 하여 측정되는 절

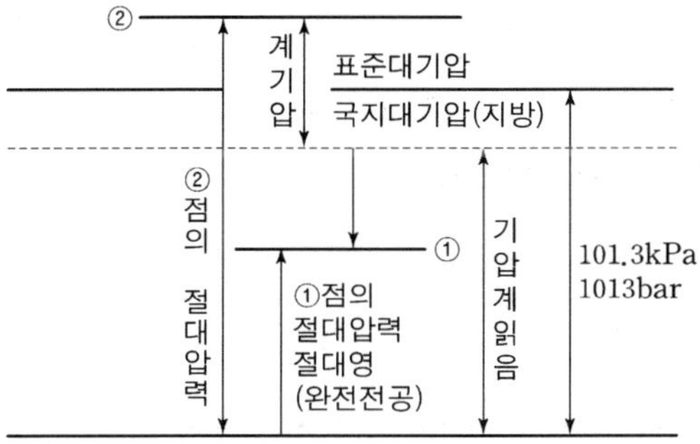

그림 1·2 압력측정의 단위와 척도

대압력과 대기압을 기준으로 하여 측정되는 계기압력으로 나눌 수 있는데, 그림 1·2에서 보는 것처럼 절대압력과 계기압력의 관계는 다음과 같은 식으로 이루어진다.

절대압력＝국소 대기압＋계기압력

절대압력＝국소 대기압－진공압력

예제 1·2

대기압 740mmHg인 장소에서 측정한 계기압력이 1Pa일 때, 절대압력은 몇 N/m^2과 몇 bar로 나타낼 수 있는가?

● 풀이 ● ① $1+\frac{740}{760}\times101325=99975\ N/m^2$

② $\frac{99975}{10^5}=0.99975\,bar$

2 응력(stress)

응력은 재료에 외력을 가하면 재료 내부로 어떻게 전달되는지를 보여주는데 유체에서 압력처럼 단위 면적당 힘을 갖게 되며, 작용하는 외력의 방향에 따라 수직응력(normal stress)과 전단응력(shear stress)으로 나누어지며 수직응력은 작용되는 면적에 수직으로 외력이 작용할 때 발생하는 응력을 의미하며, 전단응력은 유체의 유동층들 사이에서 전단력에 의하여 발생되는 응력을 의미한다. 그러므로 응력은 압력과 동일한 단위인 N/m^2(＝Pa)이다.

예제 1·3

XY평면의 넓이가 $2\,m^2$일 때 힘이 벡터 $F = (5i + 4j + 10k)\,N$으로 작용되었다면 수직응력과 전단응력은 어떻게 되는가?

풀이

① XY평면에 수직하게 작용되고 있는 힘은 10N

그러므로, 수직응력(σ_n) $= \dfrac{10}{2} = 5\,N/m^2$

② 전단력은 $\sqrt{F_x{}^2 + F_y{}^2} = \sqrt{5^2 + 4^2} = 6.4\,N/m^2$

그러므로, 전단응력(τ) $= \dfrac{6.4}{2} = 3.2\,N/m^2$

1·5·3 점성(viscosity)

모든 유체는 앞에서 언급했듯이 점성(유체마찰)을 갖고 있는데, 운동하고 있는 유체 유동이 층류유동인 경우에 서로 접하고 있는 층과 층 사이에는 서로 다른 유속이 존재하게 된다. 이러한 유체유동이 이루어지도록 흐름의 방향에 저항을 주어서 전단응력을 유발시키는 성질을 점성이라고 한다. 그림 1·3에서처럼 점 1에서의 속도를 u, 점 2의 속도를 $u + du$, 점 1과 점 2 사이의 거리를 dy라고 하면, dt 시간 동안에 점 1과 점 2가 움직인 거리를 살펴보면, $d_1 = du \cdot dt$와 $d_2 = (u + du) \cdot dt$로 된다. 그러므로 1층과 2층 사이의 상대적 변위(relative displacement)는 다음과 같다.

$$\frac{d_2 - d_1}{dy} = \frac{du \cdot dt}{dy} = \left(\frac{du}{dy}\right)dt$$

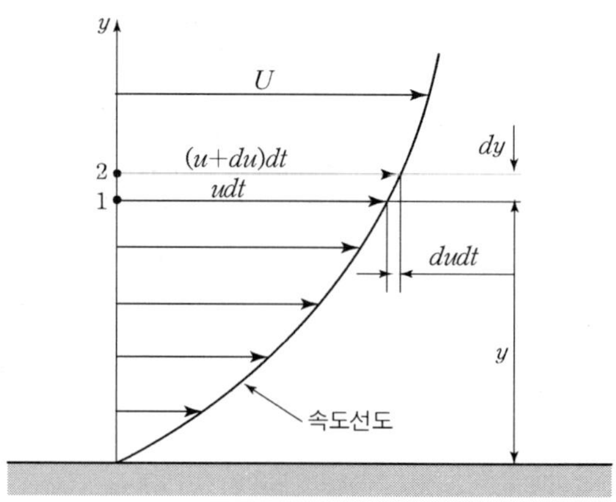

그림 1·3 층류유동의 속도선도

그러므로 단위시간에 있어서의 상대적 변위는 $\dfrac{du}{dy}$ 이다. 그림 1·3에서처럼 이러한 아주 작은 변형이 일어나는 유동은 응력이 변형률에 관련됨을 알 수 있는데, Newton은 전단력에 의하여 발생하는 단위면적당의 전단응력은 상대적 변위 $\dfrac{du}{dy}$ 에 비례한다는 다음의 식을 제시하였다.

$$\tau \propto \frac{du}{dy}$$

그러므로 비례상수를 도입하여 등식으로 쓰면 다음과 같이 정리된다.

$$\tau = \mu \frac{du}{dy}$$

여기서 μ 는 점성계수(coefficient of viscosity)이다. 이 식에서 어떠한 유동층 내에서는 전단응력의 변화가 점성계수를 비례상수로 하여 직선적으로 변화됨을 알 수 있다. 이 식이 1968년에 뉴턴이 얻은 점성유체의 층류유동에 대한 점성법칙의 식이다. 요즈음은 경계층유동에 많이 이용되어지고 있는 식이다.

그림 1·4에서처럼 위층과 아래층의 속도차이가 du일 때 움직인 거리의 차이, $du \cdot dt$에 대한 각변형을 $d\theta$라고 하면 다음과 같이 쓸 수 있다.

$$du \cdot dt = d\theta \cdot dy$$

$$\therefore \ \frac{du}{dy} = \frac{d\theta}{dt}$$

$$\therefore \ \tau = \mu \frac{du}{dy} = \mu \frac{d\theta}{dt}$$

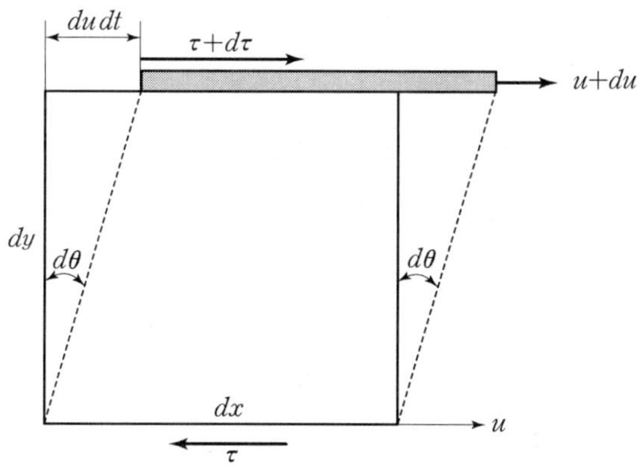

그림 1·4 점성과 각변형률과의 관계

그러므로 이들 식으로부터 전단응력은 속도구배와 각변형률에 비례함을 알 수 있다. 실제적으로 이러한 전단응력에 대한 식을 얻고자 뉴턴은 그림 1·4에 나타낸 것처럼 고정된 평판으로부터 거리 y만큼 떨어진 부분에서 임의의 평판에 힘, F를 가하여 평판을 속도, u로 움직이려는 실험을 수차례 거듭 실행하였다. 그러한 결과로 힘, F는 평판의 면적, A와 속도, u에 비례하고 고정된 평판으로부터의 거리, y에 반비례함을 알 수 있었다. 그러므로 이들을 식으로 나타내면 다음과 같다.

$$F \propto \frac{Au}{y}$$

$$F=\mu \cdot \frac{A \cdot u}{y} \ (\mu: \text{점성계수})$$

$$\therefore \ \frac{F}{A}=\mu \propto \frac{du}{dy} \ (\text{미분식으로 표현하면})$$

$$\therefore \ \tau=\mu\frac{du}{dy} \ (\text{뉴턴의 점성법칙})$$

예제 1·4

점성계수의 차원을 구하여라.

● 풀이 ● $F=\mu \cdot \dfrac{A \cdot u}{y}$ 에서

$$\therefore \ \mu=\frac{F \cdot y}{A \cdot u}$$

$(\because \ F=m \cdot a=\mathrm{kg \cdot m/s^2}=\mathrm{MLT^{-2}}$차원, $y=m=L$차원,

$A=m^2=L^2$차원, $V=m/s=LT^{-1}$차원$)$

$$=\frac{MLT^{-2} \cdot L}{L^2 \cdot LT^{-1}}=ML^{-1}T^{-1}$$

예제에서 알 수 있듯이 섬성계수의 차원은 $\mathrm{ML^{-1}T^{-1}}$이므로 단위는 kg/m · sec이거나 g/cm · sec인데, 1dyne은 1g의 질량을 1cm/sec^{2}로 가속시키는 데 드는 힘이므로 1g/cm · sec=1dyne · sec/cm^2=0.1Pa · sec=1poise를 점성계수의 단위로 이용하기도 한다. 또한, 1centipoise는 0.01poise이다. 일반적으로 점성계수는 압력에는 커다란 변화가 없으나 온도에 크게 좌우됨을 알 수 있는데, 그림 1·6과 그림 1·7에서처럼 기체의 경우에 점성계수는 온도의 증가와 더불어 증가하나, 액체의 경우에는 온도의 증가와 더불어 감소함을 알 수 있다.

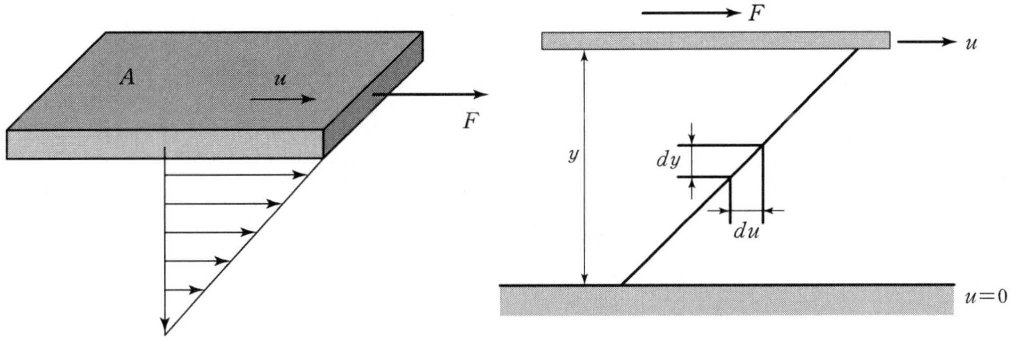

그림 1·5 뉴턴의 점성법칙에 대한 실험

유체유동의 운동방정식이나 역학적인 계산에 있어서 점성계수 μ를, 밀도 ρ로 나누어 사용하는 경우가 많이 있는데 이것이 동점성계수(kinematic viscosity)이고, 식으로 표현하면 다음과 같다.

$$\nu = \frac{\mu}{\rho} = \frac{ML^{-1}T^{-1}}{ML^{-3}}$$

여기서 동점성계수의 차원은 L^2T^{-1}이므로, 단위는 m^2/sec나 cm^2/sec이다. 또한, $1\,cm^2/sec$ =1stokes이고, 1stokes의 $\frac{1}{100}$이 1centistokes이다.

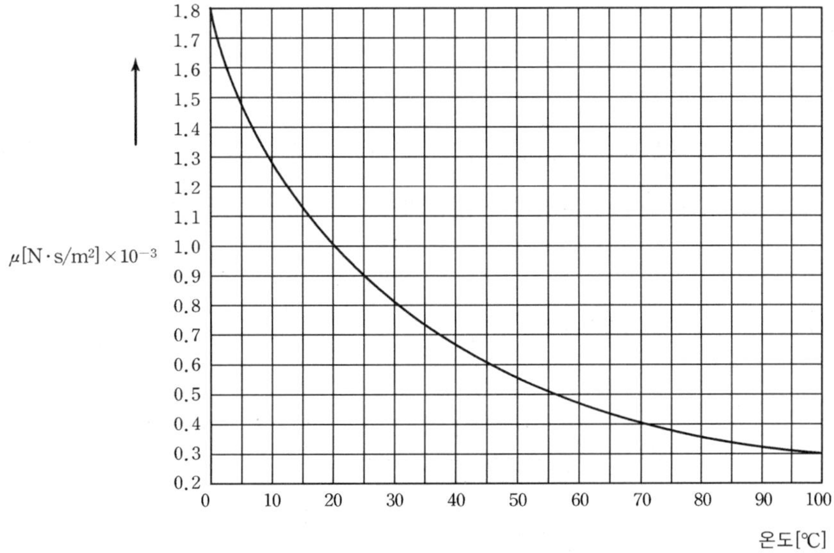

그림 1·6 물의 점성계수 (1atm)

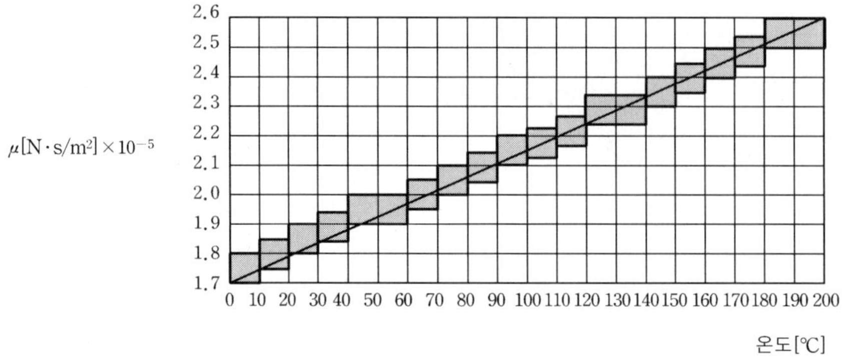

그림 1·7 공기의 점성계수 (1atm, 습도 75%)

1·5·4 압축성(compressibility)

일반적으로 기체는 압력의 변화에 따라 체적의 변화가 쉽게 나타나지만, 액체의 경우는 상당히 큰 압력의 변화에도 거의 체적의 변화가 나타나지 않는다. 그러므로 액체를 압축하기 어려운 유체로 간주하여 비압축성유체로 취급하는 경우가 대부분이다. 그러나 유체역학상의 여러 가지 현상을 언급하는 데 있어서 압축성을 고려하는데 어떠한 상태(액체, 기체)에 의존되지는 않는다. 예를 들면 기체의 경우라고 하더라도 절대압력에 비해서 압력의 변화가 적으면 비압축성으로 취급해도 거의 오차가 없지만 액체의 경우에 수격작용과 같이 압력의 변화가 급격하게 큰 경우에는 압축성이 아주 중요한 문제로 대두되어 압축성유체로 다루어야 한다. 아래 그림과 같이 압축성 물질에서 압력이 P에서 dP만큼 증가했다면 체적은 V에서 V'로 dV만큼 감소하게 된다. 그러므로 단위체적당 체적감소율은 $-\dfrac{dV}{V}$로 사용하는데, 여기에서 음(−)부호가 감소의 의미를 나타내며, 이 물질을 탄성체로 간주하면 이 물질의 체적감소율은 압력의 증가량에 비례함을 알 수 있다.

$$\therefore\ -\frac{dV}{V}=\beta dP \qquad \therefore\ \beta=-\frac{1}{V}\frac{dV}{dP}$$

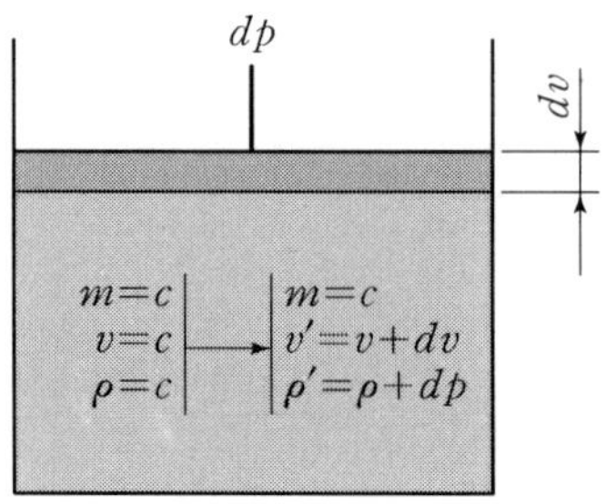

여기서, V는 압축전의 체적을 의미하고, 비례상수인 β는 압축률(compressibility)이라고 하며, 이들 압축율의 역수를 체적탄성계수(bulk modulus of elasticity), K 라고 한다.

$$K = \frac{1}{\beta} = -V\frac{dP}{dV} = -v\frac{dP}{dv}$$

여기서, 비체적 v는 밀도와 역수관계에 있으므로, 비체적의 감소(−)는 상대적으로 밀도의 증가(+ $d\rho$)를 의미하므로 체적탄성계수를 다음과 같이 표현할 수도 있다.

$$K = \rho\frac{dP}{d\rho}$$

그리고 체적 탄성계수의 단위는 압력의 단위와 같다는 것도 알아야 한다.

1·5·5 표면장력(surface tension)

유체 내의 각 분자들 사이에는 서로 잡아당기는 힘이 존재한다. 이러한 힘들은 아주 가깝게 인접한 이웃 분자들 사이에서만 존재하게 되는데 이러한 잡아당기는 힘을 응집력(cohesive force)이라 한다. 유체의 평형상태는 이렇게 유체내부의 이웃하는 분자들끼리의 인력에 의하여 유지되는데, 자유표면에서는 이러한 이웃하는 분자가 존재하지 않으므로 인력을 받지 못하게 되니까, 자체의 표면적을 최소화하려고 하는 장력이 발생된다. 이 장력이 표면장력이다. 즉 단위 표면적의 액막을 형성하며 유지시키기 위해서 액체 분자를 표면까지 가져오는 데 필요한 일을 하게 되므로 표면장력$= \frac{\text{일}}{\text{단위면적}} = \frac{\text{N}\cdot\text{m}}{\text{m}^2}$ $=$N/m의 SI단위로 표현된다. 주위에서 흔히 볼 수 있는 표면장력의 현상으로는 풀잎 위의 물방울이나 빗방울이 구형으로 떨어지는 현상 등이다. 유체의 표면이 곡면을 이루게 되면, 수축하려고 하는 표면장력의 현상 때문에 탄성막으로 덮인 것과 같이 표면의 안과 밖의 압력차가 발생한다. 그림 1·8처럼 지름이 d인 작은 구형의 물방울에 있어서 물방울 내부의 압력에 의한 힘과 표면장력 σ에 의한 인장력이 평형을 이룸으로써 계속하여 물방울을 유지하고 있는 것입니다. 그러므로 $\Sigma F_y = 0$에서 $\varDelta P\frac{\pi d^2}{4} = \sigma\pi d$ 가 된다.

$$\therefore \ \varDelta P = \frac{4\sigma}{d} \quad (\therefore \ \varDelta P = P_i - P_0)$$

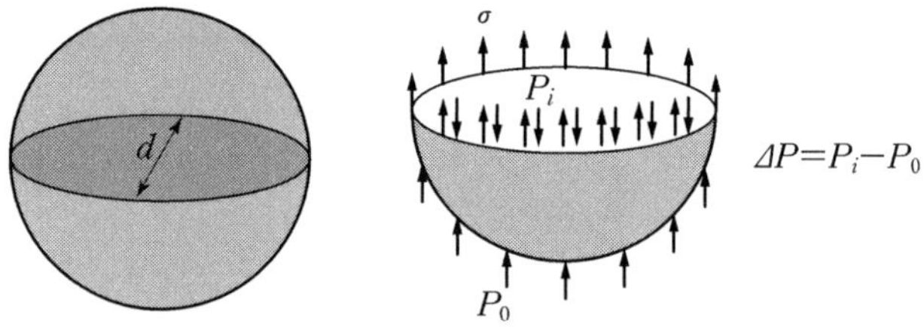

그림 1·8 물방울 내의 압력과 표면장력

표 1·16 표준 대기압 상태하에서의 기체의 성질

	온도 (T) °C	밀도 (ρ) kg/m^3	비중 (S) −	점성계수 ($\mu x10^4$) Pa·s	탄성계수 (E) kPa	표면장력 (σ) N/m	증기압 (Pv) kPa
벤젠	20	876.2	0.88	6.56	1034250	0.029	10.0
사염화탄소	20	1587.4	1.59	9.74	1103200	0.026	13.1
원유	20	855.6	0.86	71.8	−	0.03	−
에틸알코올	20	788.6	0.79	12.0	1206625	0.022	5.86
프레온12	15.6	1345.2	1.35	14.8	−	−	−
프레온12	−34.4	1499.8	−	18.3	−	−	−
가솔린	20	680.3	0.68	2.9	−	−	55.2
글리세린	20	1257.6	1.26	14939	4343850	0.063	0.000014
수소	−257.2	73.7	−	0.21	−	0.0029	21.4
연료(JP−4)	15.6	773.1	0.77	8.7	−	0.029	8.96
수은	15.6	13555	13.57	15.6	26201000	0.51	0.00017
수은	315.6	12833	12.8	9.0	−	−	47.2
탄소	−195.6	1206.0	−	2.78	−	0.015	21.4
소듐	315.6	876.2	−	3.30	−	−	−
소듐	537.8	824.6	−	2.26	−	−	−
물	20	998.2	1.00	10.1	2068500	0.073	2.34

예제 1·5

직경이 50mm인 비누방울이 있다. 이 비누방울의 내부 초과 압력이 $40N/m^2$이 작용되고 있다면 표면장력 σ는 얼마인가?

● 풀이 ● $\Delta P = \dfrac{4\sigma}{d}$ 에서

$$\sigma = \frac{\Delta P \cdot d}{4} = \frac{40 \times 0.05}{4} = 0.5\,\mathrm{N/m}$$

표 1·18 물의 표면장력 ($\sigma \times 10^{-3}$ N/m)

온도(°C)		0	10	20	30	40	60	80
표면장력	습공기	75.57	74.09	72.60	71.10	69.61	66.02	62.59
	포화증기	73.28	72.02	70.67	69.17	67.57	64.35	60.92

1·5·6 모세관 현상(Capillarity)

같은 종류의 분자끼리 끌어당기는 힘을 응집력(cohesive force)이라 하고, 다른 종류끼리 끌어당기는 힘을 부착력(adhesive force)이라 하는데, 내경이 작은 모세관을 액체의 표면에 수직하게 넣으면, 응집력과 부착력의 차이로 그림 1·9처럼 관내의 액체 표면과 자유표면 사이의 높이가 차이가 생기는 현상을 모세관 현상이라고 한다. 그림 1·9(a)는 물의 경우를 보여주고 있는데, 부착력이 응집력보다 커서 일어나는 현상을 나타내고 있고, 그림 1·9(b)는 수은의 경우를 보여주고 있는데, 수은의 경우는 응집력이 부착력보다 커서 일어나는 현상을 보여주고 있다. 그림 1·10은 모세관을 어떠한 액체 속에 넣었을 때 모세관 현상으로 인하여 올라간 높이를 크게 확대하여 보여주고 있는 그림이다. 이 그림에서 올라간 높이가 유지되고 있다는 것은 표면장력에 의하여 발생된 수직분력과 상승된 높이에 해당하는 무게가 평형을 이루고 있다는 것을 의미하므로 이들을 식으로 표현하면 다음과 같다.

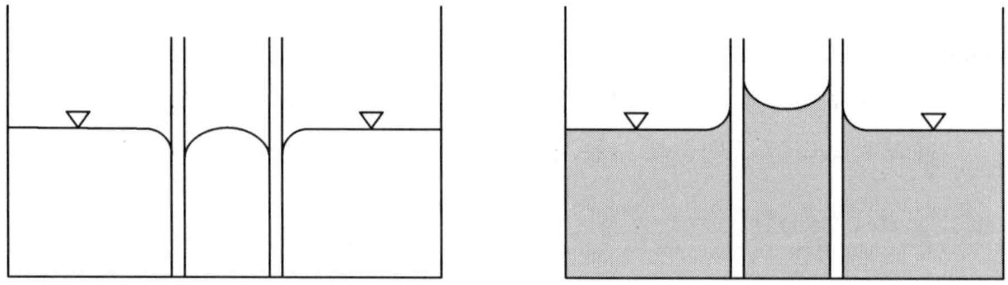

(a) 수은 (b) 물

그림 1·9 모세관 현상

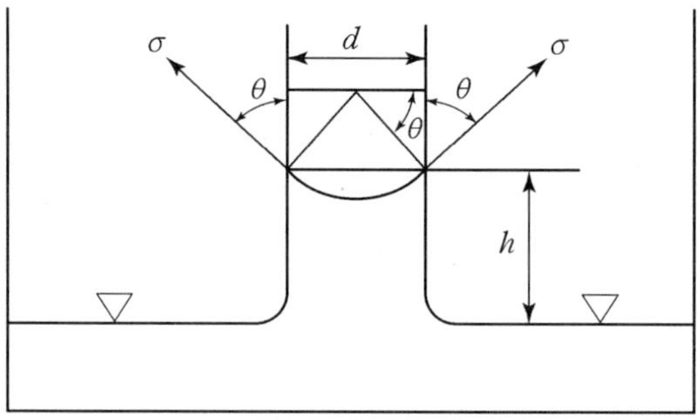

그림 1·10 모세관 현상으로 올라간 물의 높이

올라간 높이에 해당하는 무게(W) $= \gamma h A = \gamma h \times \dfrac{\pi d^2}{4}$

표면장력 σ의 수직분력 $= \pi d \sigma \cos\theta$

$\therefore\ \pi d \sigma \cos\theta = \gamma h \times \dfrac{\pi d^2}{4}$

$\therefore\ h = \dfrac{4\sigma\cos\theta}{\gamma d}$

표 1·19 20℃에서 공기에 접한 경우의 표면장력(σ × 10−3 N/m)

수은	475.79	에틸	16.48
수은(水)	372.78	벤졸	28.94
메틸알코올	22.56	올리브	32.37
젤라틴	22.56~32.37	10% 식염수	75.44
원유	23.54~38.26	스핀들 유	31.10

촛불에서 초가 계속해서 타는 것은 녹은 초가 모세관 현상에 의해 불꽃에 공급되기 때문인데 초의 심지는 여러 가닥의 가는 섬유를 꼬아서 만들므로 이 섬유들 사이는 가

는 관들을 형성하게 된다. 또 펜촉을 가진 펜과 만년필, 형광펜 등에서도 모세관 현상이 응용됨을 알 수 있다.

예제 1·6

직경이 1mm인 모세관을 물이 들어 있는 조그마한 통 속에 집어넣었다. 이 때 모세관에서 표면장력과 모세관이 이루는 각도는 0°이고, 그때의 표면장력은 $\sigma = 6.5 \times 10^{-2}$N/m로 작용하고 있다면 모세관을 타고 올라간 물의 높이는 얼마인가?

● 풀이 ● $h = \dfrac{4\sigma \cos\theta}{\gamma d} = \dfrac{4 \times 6.5 \times 10^{-2} \times \cos 0°}{9800 \times 1 \times 10^{-3}}$

$= 0.0265\,\text{m} = 26.5\,\text{mm}$

1·5·7 증기압(vapor pressure)

우리 주위의 모든 액체가 기체와 접하게 되면, 그 접하고 있는 경계면을 통하여 증발하려고 한다. 이러한 경우에 증발속도는 액체의 분자 에너지에 의존하게 된다. 액체의 분자는 그 온도에 대응하는 운동에너지를 갖고 무질서하게 운동하는데, 이러한 분자운동으로 인하여 액체분자가 그의 표면으로부터 뛰어 나오려고 하는 성질, 즉 액상에서 기상으로 변화하려는 경향을 갖는다. 액체로부터 증기 속으로 들어가는 분자수와 증기로부터 액체 속으로 들어가는 분자수가 같게 되는 평형상태를 이루고 있을 때의 압력을 증기압이라 한다. 그러므로 증기압이 높은 액체는 증발(evaporation)이 쉽게 발생되는데, 이러한 액체를 휘발성 액체라고 한다. 또한 아주 격렬한 증발현상을 비등(boiling)이라고 하는데, 이러한 비등현상은 액체표면에 작용하는 압력이 증기압보다 작은 경우에 발생한다.

증기압은 공동 현상(cavitation)과 밀접한 관계가 존재한다. 공동현상은 액체에 작용하는 압력이 그 온도에 해당하는 유체의 증기압 이하로 되는 경우에 부분적으로 비등현상이 일어나 액체 내부에 증기 거품(vapor bubbles)이 발생되어 이들이 증기압 이상의 압력영역으로 갑작스럽게 흐르게 되면 이상한 고온, 고압의 충격파를 발생시킴으로써 굉음이나 진동을 일으킨다든가, 재료의 피로나 부식을 일으키는 원인이 되기도 하고, 또한 수력기계의 운전을 불가능하게 만들기도 한다. 그러므로 가능한 펌프를 낮은 장소에 설치하여 물을 끌어 올리는 이유도 이러한 연유에 있다.

1·6 기체의 변화

이미 여러 독자들이 잘 알고 있듯이 Boyle－Charles의 법칙에 의하여 일정량의 기체의 부피는 압력에 반비례하고 절대 온도에 비례한다는 $\frac{Pv}{T}=C$를 모르는 사람은 없을 것으로 안다. 여기에서 C는 상수를 의미하므로 C대신에 R이라는 상수를 쓰면 다음과 같은 기체 상태 방정식이 된다.

$$Pv = RT$$

여기에서 P는 절대압력을, v는 비체적을, R는 기체상수를, T는 절대온도를 의미한다. 기체상수인 R의 단위는 J/kg · K이다.

"동일한 압력과 온도하에서 모든 기체의 동일한 체적 속에는 같은 수의 분자가 들어 있다"는 Avogadro의 법칙에 의하여 밀도, ρ와 분자량, m은 비례하므로 $\frac{\rho_2}{\rho_1}=\frac{m_2}{m_1}$이다. 또한 압력과 온도가 일정하다면 기체 상태방정식으로부터 다음과 같은 식을 만들 수가 있다.

$$\frac{\rho_2}{\rho_1}=\frac{R_1}{R_2}$$

$$\therefore\ m_1R_1=m_2R_2=\overline{R}\ (\therefore\ mR=\text{Constant})$$

그러므로 모든 기체에 대하여 분자량과 기체상수의 곱은 같다는 의미를 같게 되고, 여기서 $\overline{R}$을 일반 기체상수(universal gas constant)라고 부르며 거의 모든 기체의 $\overline{R}$ 값은 8313J/kg · K이다.

일반적으로 기체의 변화는 등온변화와 단열변화, 등엔트로피 변화 및 폴리트로픽 변화로 나누어 생각할 수 있다.

1 등온변화(isothermal change)

등온변화란 온도가 일정한 상태에서의 기체의 변화를 의미하므로 $Pv=C$가 기체 상태 방정식이 된다. 그러므로 상태방정식을 미분하면 다음과 같이 된다.

$$Pdv+vdP=0$$

$$\therefore\ \frac{dP}{dv}=-\frac{P}{v}$$

이 식을 체적 탄성계수의 식, $K=-v\dfrac{dP}{dv}$ 에 대입하면 다음과 같은 식을 얻을 수 있다.

$$K=P$$

그런데, 음속(sound velocity)에 대한 식은 다음과 같이 정의된다.

$$c=\sqrt{\frac{dP}{d\rho}} \qquad \left(\because\ K=\rho\frac{dP}{d\rho}\right)$$

$$\therefore\ c=\sqrt{\frac{K}{\rho}} \tag{1·1}$$

그러므로 등온과정에서 음속에 대한 식은 식(1·1)에서 다음과 같이 간단하게 정리할 수도 있다.

$$\therefore\ c=\sqrt{\frac{P}{\rho}}$$

예제 1·7

대기압 하에서 압력이 $P=2.25\times10^9\,\text{Pa}$일 때 온도가 20°C인 등온상태에서 물 속의 음속은 얼마인가?

● 풀이 ● $c=\sqrt{\dfrac{P}{\rho}}=\sqrt{\dfrac{2.25\times10^9}{1000}}=1500\,\text{m/s}$

예제 1·8

대기압이 $101.3\,\text{KN/m}^2$이고, 온도가 100°C인 상태에서 탄산가스의 밀도와 비체적 및 비중량을 구하여라.

● 풀이 ● 탄소의 원자량: 12, 산소의 원자량: 16

$\therefore$ CO_2 분자량: 44

$$\therefore\ \overline{R}=mR=8313$$

$$\therefore\ R=\frac{8313}{44}=189\,\text{J/kg}\cdot\text{K}$$

$$\rho=\frac{P}{RT}=\frac{101.3\times10^3}{189\times(273+100)}=1.44\,\text{kg/m}^3$$

$$v=\frac{1}{\rho}=\frac{1}{1.44}=0.69\,\text{m}^3/\text{kg}$$

$$\gamma=\rho g=1.44\times9.8=14.1\,\text{N/m}^3$$

2 단열변화(adiabatic change)

단열변화란 계의 경계를 통해 열전달량이 없는 상태(열량 $\delta Q = 0$)를 의미하므로 압력과 비체적에 대한 관계식이 다음과 같이 된다.

$$Pv^k = \text{Constant}$$

여기에서 k는 비열비 $\left\{ \dfrac{C_p \text{ (정압비열)}}{C_v \text{ (정적비열)}} \right\}$를 의미하고, 1atm하에서 공기는 비열비가 1.4이다. 위에 있는 관계식을 미분하면 다음과 같이 정리된다.

$$v^k\, dP + kPv^{k-1}\, dv = 0$$

$$\therefore \frac{dP}{dv} = -\frac{kP}{v}$$

그러므로 체적 탄성계수 $K = -v\dfrac{dP}{dv}$에 대입하면 $K = kP$가 되어 단열변화에 있어서 음속의 식(1·1)은 다음과 같이 정리된다.

$$\therefore\ c = \sqrt{\frac{kP}{\rho}} = \sqrt{kRT}$$

3 등엔트로피 변화(isentropic change)

등엔트로피 변화를 하는 유동은 $dS = \dfrac{\delta Q}{T}$에서 $dS = 0$인 유동이므로 $\delta Q = 0$가 되어 단열변화를 하는 유동과 동일하다.

4 폴리트로픽 변화(polytropic change)

폴리트로픽 변화란 폴리트로픽 지수 n의 값에 따라서 여러 형태의 변화를 하는데 압력과 비체적에 대한 관계식은 다음과 같다.

$$Pv^n = \text{Constant}$$

폴리트로픽 지수의 변화에 따른 여러 가지 변화를 살펴보면 다음과 같다.

$n = 0$ $P = C$(정압변화)

$n = 1$ $Pv = C$(등온변화)

$n = k$ $Pv^k = C$(단열변화)

$n = \infty$ $Pv^n = C$(등적변화)

연습문제

1. 14,700N의 무게를 가진 기름이 3m^3의 용기에 가득 채워져 있다면 비체적, 비중량과 밀도 및 비중을 구하여라.

2. 지구에서 어떠한 금속의 질량은 10kg이었다. 다른 유성에서 이 금속의 무게는 얼마인가? (단, 그 유성은 지구의 중력 가속도의 $\frac{1}{10}$이 작용되는 곳이다.)

3. 비중이 0.78인 어떤 기름의 비중량은 몇 N/m^3이겠는가?

4. Newton의 점성법칙과 관련이 있는 변수는 어떤 것인가?

① 전단응력, 속도구배, 점성계수 ② 동점성계수, 속도, 전단응력
③ 속도구배, 온도, 점성계수 ④ 동점성계수, 압력, 전단응력

5. 점성계수의 차원은 어떤 것인가?

① $[L^2 T^2]$ ② $[L^2 T^{-2}]$ ③ $[ML^{-1} T^{-1}]$ ④ $[Ml^{-1} T^{-2}]$

6. 다음 중에서 점성계수의 단위가 아닌 것을 선택하시오.

① N · s/m^2 ② kg/m · s ③ centipoise ④ stokes

7. 3cm 정도의 간격을 두고 고정된 두 개의 평판 사이에 점성계수가 1N · s/m^2인 유체가 채워져 있는데 이들 고정된 평판 사이를 면적이 0.4m^2인 얇은 평판이 0.3m/s로 움직이게 하려면 얼마의 힘이 필요한가? (단, 얇은 평판이 위 평판과는 2cm, 아래평판과는 1cm의 간격을 갖고 있다.)

8. 다음 중에서 무차원인 것은 어떤 것인가?

① 체적 탄성계수 ② 비중량 ③ 동점성 계수 ④ 비중

9. 동점성계수로 사용되는 stokes 단위는 어떠한 단위와 같겠는가?

① dyne/cm^2 ② dyne · s/cm^2 ③ s/cm^2 ④ cm^2/s

10. 동점성계수의 차원을 구하여라.

11. 동점성계수가 $0.002\,\mathrm{m^2/s}$이고 비중이 1.2인 액체가 있다면 이 액체의 점성계수 μ를 구하여라.

12. 액체의 온도가 상승할 때 점성계수에 대하여 가장 올바르게 표현한 것은 어떤 것인가?
① 분자 응집력의 감소로 감소한다.
② 분자 응집력의 증가로 증가한다.
③ 분자 운동량의 증가로 증가한다.
④ 분자 운동량의 감소로 감소한다.

13. 체적 탄성계수에 대한 설명 중에서 가장 올바른 것은?
① 유체의 온도와 직접적인 관련이 있다.
② 유체의 압축성이 크면 그 값도 커진다.
③ 압력의 차원을 갖는다.
④ 압력과 점성에 무관하다.

14. 기체를 단열 압축했을 때 체적 탄성계수에 대한 올바른 식은?

① $K=P$ ② $K=\dfrac{1}{P}$ ③ $K=kP$ ④ $K=\upsilon T$

15. 단열변화를 하는 과정에서 음속의 식으로 사용할 수 없는 것은?

① $c=\sqrt{\dfrac{dP}{d\rho}}$ ② $c=\sqrt{kRT}$ ③ $c=\sqrt{\dfrac{kP}{\rho}}$ ④ $c=\sqrt{\dfrac{P}{\rho}}$

16. 비누방울의 내부 초과압력을 P라 하고 표면장력을 σ, 비누방울의 지름을 d라고 한다면 초과압력은 어떻게 나타낼 수 있는가?

17. 물이 담겨진 용기에 모세관을 넣으면 물이 모세관을 타고 올라가서 오목한 형태를 이루는데 이러한 현상의 이유는 무엇 때문인가?
① 물의 표면장력이 크기 때문에
② 물은 부착력이 응집력보다 크기 때문에
③ 모세관의 표면이 아주 매끄럽게 되어 있기 때문에
④ 물은 자신의 분자들끼리 모이는 힘이 아주 크기 때문에

18. 어떠한 액체가 들어 있는 용기에 모세관을 세우면 모세관을 타고 올라가거나 내려감으로써 액면의 높이에 크게 영향을 주는 인자는?

① 모세관의 직경 ② 모세관의 길이 ③ 액체의 분자량 ④ 대기의 압력

19. 비중이 0.8인 알코올이 들어있는 용기에 모세관의 안지름이 1mm인 유리관을 세웠더니 모세관을 타고 알코올이 20mm 정도 올라갔다. 모세관과 표면장력이 이루는 접촉각이 0°로 간주했을 때의 표면장력은 몇 N/m인가?

20. 모세관의 직경의 비가 1 : 2 : 3인 3개의 유리관을 물이 들어있는 커다란 용기에 수직으로 세웠다면 모세관 현상으로 올라간 높이의 비는 어떻게 되겠는가?

2장

유체 정역학

앞에서도 언급하였듯이 유체역학은 크게 두 가지(유체 정역학, 유체 동역학)로 분류할 수 있는데, 유체 정역학(fluid statics)은 유체 요소들 사이에 상대적 운동이 존재하지 않는 상태에서 유체를 다루는, 즉 모든 입자가 정지상태에 있다든가 혹은 균일한 속도로 유동하는 정적인 상태로 있는 유체에 미치는 힘이나 그 힘의 평형상태를 다루는 역학관계의 학문이고, 유체 동역학(fluid dynamics)은 유체가 움직이고 있는 상태에서 그 유체에 미치는 힘의 역학적 관계를 다루는 학문이기 때문에 모든 상태가 운동 방정식에 의하여 지배되고 또한 거의 모든 실제유동은 이러한 유체 동역학에 속하게 된다. 그러기 때문에 유체 동역학은 아주 중요하다고 생각하나 유체 정역학은 일반적으로 학생들이 아주 쉽게 생각한다든가 또는 중요하게 생각하지 않는 습성이 있는데 그것은 기초가 튼튼하게 되어있지 않은 모래밭 위에 견고한 건물을 건설하려고 노력하는 자세와 같다고 하겠다. 물론 우리의 주변에서 일어나는 거의 대부분의 유동이 유체 동역학에 포함되고, 저수지 같은 곳에 들어 있는 물이 갖고 있는 힘이나 대기 중의 압력변화 혹은 물위에 떠 있는 부체의 안정도를 계산하는 데는 유체 정역학을 알아야만 응용할 수 있다는 것을 한번쯤은 생각해 보아야 할 일이다.

이들 유체에 작용하는 힘은 크게 표면력과 질량력으로 나눌 수 있는데 표면력(surface force)은 유체의 접촉면에 작용하는 힘으로 수직력(normal force)과 접선력(tangential force)으로 나누어지는데 수직력은 유체의 면에 수직하게 작용하는 힘이고 접선력(전단력)은 유체의 임의의 면에 접선방향으로 생기는 힘을 의미하는데, 정지되어 있는 유체에서는 전단력이 작용하지 않는다. 그리고 유체 자체가 갖는 힘을 질량력이라고 하는데 유체의 질량이나 체적에 따라 중력과 같은 어떠한 접촉이 없이 이루어지는 외부의 힘이 유체에 작용하게 되어 나타나는 힘을 의미한다.

2·1 정지되어 있는 유체 내의 압력

압력은 단위 면적에 수직하게 작용하는 힘으로 정의되고 단위는 N/m^2이나 Pa(파스칼)이 사용되고 있다는 것은 이미 알고 있는 내용이다. Pascal은 프랑스의 과학자로서 압력에 대하여 "정지상태의 유체 내부에 작용하는 압력은 작용하는 방향에 관계없이 항상 일정하다"고 주장하였는데 이것이 파스칼 정리(theorem of Pascal)이다. 이러한 파스칼 정리가 지금까지도 아주 중요하게 인식되고 있는 이유는 이 정리가 여러 가지 유체기계에 기초적으로 많이 응용되어 사용되어지고 있기 때문으로 사료된다. 그러므로 이제는 그림 2·1에 나타난 것처럼 아주 작은 미소 입방체를 이용하여 파스칼 정리를 증명해 보려고 한다.

그림 2·1에서 보는 것처럼 미소 입방체의 x, y, z방향에 따른 각 변의 크기를 dx, dy, dz라고 하고 경사진 변의 크기를 ds라고 할 때 $dydz$면에 x방향으로 작용하는 압력을 p_1이라고 하고, $dxdy$면에 z방향으로 작용하는 압력을 p_2, 경사진 면에 작용하는 압력을 p_3로 하면 정지유체 내에서는 전단력이 존재하지 않으므로 표면력으로는 압력에 의한 힘만 작용하게 되며 또한 정지되어 있다고 하는 것은 모든 힘이 평형상태로 있다는 것을 의미하므로 각 방향에 대하여 미소 입방체에 미치는 힘의 평형상태 방정식을 적용하면 다음과 같이 정리할 수 있다. 먼저, x방향에 대한 힘의 평형상태 방정식을 적용하면 $\Sigma F_x = 0$이다.

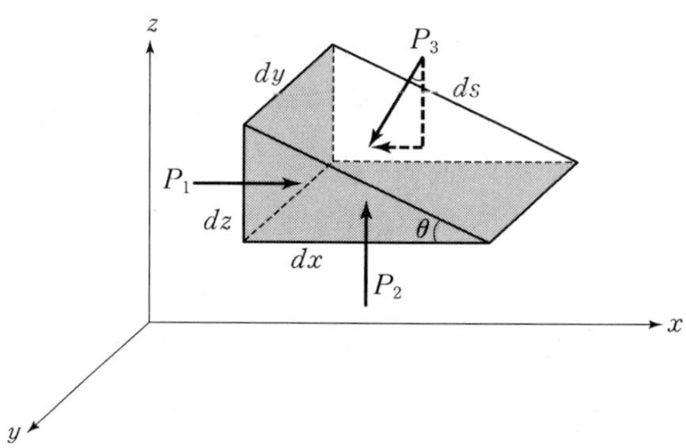

그림 2·1 미소 입방체에 작용하는 압력

$$\therefore\ P_1\ dy\,dz - (P_3\ ds\,dy)\sin\theta = 0$$

여기에서 $ds\,dy\sin\theta = dy\,dz$이므로 이것을 위식에 대입하면 다음과 같이 정리된다.

$$\therefore\ P_1\ dy\,dz - P_3\ dy\,dz = 0$$

그러므로 각항을 $dy\,dz$로 나눈 후에 정리하면 다음과 같이 된다.

$$\therefore\ P_1 = P_3$$

동일한 방법으로 중력방향인 z방향에 대해서도 힘의 평형상태 방정식을 적용하면 $\Sigma F_z = 0$가 된다. 그런데 여기서 힘의 평형상태 방정식을 세우면서 중력으로 발생되는 질량력을 잊어서는 안 된다.

$$\therefore\ P_2\ dx\,dy - (P_3\ ds\,dy)\cos\theta - \gamma\frac{dx\,dy\,dz}{2} = 0$$

여기에서도 $ds\,dy\cos\theta = dx\,dy$이므로 이 식을 위 식에 대입하고 똑같은 값, $dx\,dy$로 나누어 정리하면 다음과 같이 된다.

$$\therefore\ P_2 - P_3 - \gamma\frac{dz}{2} = 0$$

그런데 그림 2·1에 나타나 있는 것은 미소 입방체이므로 dz값도 아주 작은 값인데 dz를 2로 나누었으므로 무시할 수 있을 정도로 아주 작은 값임을 알 수 있다. 그러므로 $P_2 = P_3$로 된다.

$$\therefore\ P_1 = P_2 = P_3$$

이 식이 정지상태의 유체 내부에 작용하는 압력은 작용하는 방향에 관계없이 항상 일정하다는 파스칼 정리를 의미한다.

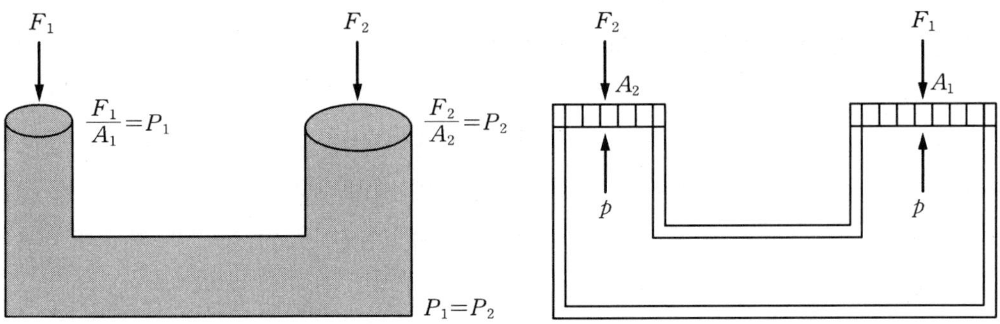

그림 2·2 수압기의 원리

점성과 압축성이 무시될 수 있는 비점성이고 비압축성 유체가 용기 속에 밀폐되어 있는 경우에 임의의 어느 부분에서 압력이 가해지더라도 그 압력은 모든 부분에서 똑같이 전달된다는 파스칼 이론을 이용하여 브라함(Braham)은 그림 2·2와 같이 수압기를 고안하였고, 요즈음은 이들의 수압기에 사용되는 물 대신에 기름을 사용하여 무거운 것을 쉽게 올리는 데 많이 사용되고 있는 유압기가 등장하도록 하였다. 이들의 수압기와 유압기에 이용되는 원리는 단위면적당 받는 압력은 같다는 다음의 식이 사용된다.

$$\frac{F_1}{A_1} = \frac{F_2}{A_2}$$

예제 2·1

두 개의 대 · 소 실린더가 물로 연통되어 있는데 작은 피스톤은 지름이 20 mm이고 큰 피스톤은 200mm이다. 큰 피스톤에 10 N의 힘이 아래로 작용 되었다면 작은 피스톤은 위로 얼마의 힘으로 작용 하겠는가?

● 풀이 ● 작은 피스톤의 단면적(A_1)

$$A_1 = \frac{\pi}{4} d^2 = \frac{\pi}{4} \times (0.02)^2 = 3.14 \times 10^{-4} \mathrm{m}^2$$

큰 피스톤의 단면적 (A2)

$$A_2 = \frac{\pi}{4} d^2 = \frac{\pi}{4} \times (0.2)^2 = 0.0314 \mathrm{m}^2$$

$$F_2 = 10 \mathrm{N}$$

$$\therefore \frac{F_1}{A_1} = \frac{F_2}{A_2} \text{에서} \quad \frac{F_1}{3.14 \times 10^{-4}} = \frac{10}{0.0314}$$

$$\therefore F_1 = 0.1 \mathrm{N}$$

2·2 유체 정역학의 기본 방정식

수조 안에 담겨있는 유체에서와 같이 정지유체 내에서는 전단력이 존재할 수 없으므로 표면력은 유일하게 압력에 의한 힘만이 작용하게 되고 정지상태로 있는 유체에 대한 힘의 평형상태 방정식은 $\sum F = 0$를 이루게 되는데, 소조안의 임의 깊이에서 검사체적을 가져와 x, y방향과 중력방향인 z방향으로 작용되는 힘을 그림 2·3(a)에 나타내었다. 여기에서 좌측에 있는 압력 P가 우측에서는 $P + \frac{\partial P}{\partial x} dx$로 표현되었는데 이것은

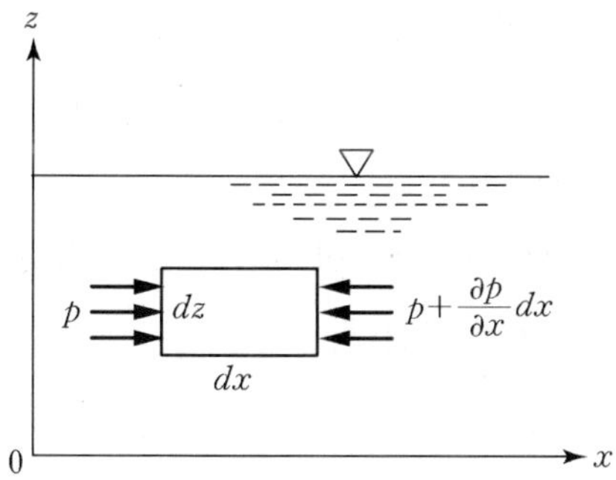

(a) x방향

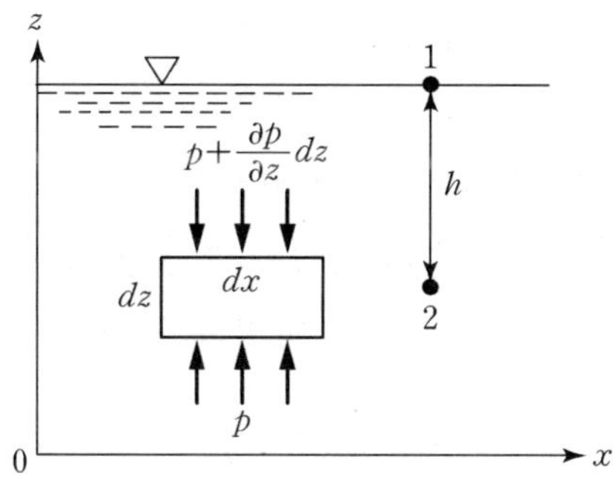

(b) z방향

그림 2·3 미소 입방체에 작용하는 압력

알고 있는 함수로 모르는 함수를 표현하는 방법인 테일러(Talor)의 급수전개 방법을 이용한 것인데 이들의 전개에서 고차항은 극한을 취하면 무시할 수 있을 정도로 아주 작으므로 2차이상의 항은 생략하고 정리하여 나타낸 것이다. 그러므로 우측에 나타난 식에서 ∂P는 작용값을 나타내고 ∂x는 방향을, dx는 거리를 의미한다.

파스칼 정리의 증명에서와 마찬가지 방법으로 각 방향에 대하여 힘의 평형상태 방정식을 전개하면 다음과 같이 정리된다. 먼저 x방향에 대하여 평형상태 방정식을 세우면 다음과 같이 된다.

$$P\ dA_x - \left(P + \frac{\partial P}{\partial x}dx\right)dA_x = 0$$

(여기서 dA_x: x축에 수직인 면적 $dA_x = dy \cdot dz$)

$$-\frac{\partial P}{\partial x}dx \cdot dA_x = -\frac{\partial P}{\partial x}dx \cdot dy \cdot dz = -\frac{\partial P}{\partial x}dV$$

(여기서 dV: 미소검사체적 $dV = dx \cdot dy \cdot dz$)

$$\therefore\ \frac{\partial P}{\partial x} = 0(\ dV\text{로 나누면})$$

이 식의 의미는 x방향에 따른 압력의 변화가 없음을 의미한다. 동일한 방법으로 y방향에 대해서도 전개를 해보면 위 식과 유사한 다음과 같은 식을 얻을 수 있다.

$$P \cdot dA_y - \left(P + \frac{\partial P}{\partial y}dy\right)dA_y = 0$$

$$\therefore\ \frac{\partial P}{\partial y} = 0$$

따라서, y방향에 따른 압력의 변화도 없음을 의미하므로 z가 일정한 x, y방향에는 압력이 변하지 않으므로 "연속되어 있는 정지유체 내에서 동일 수평면상의 임의의 두 점에서의 압력은 언제나 같다"는 것을 나타내고 있다.

마지막으로 중력방향인 z방향에 대해서는 중력으로 인하여 발생되는 질량력(dW)까지 적용하여 평형상태 방정식을 세우면 다음과 같이 정리된다.

$$P\ dA_z - \left(P + \frac{\partial P}{\partial z}dz\right)dA_z - \gamma \cdot dV = 0$$

(여기서, $dA_z = dx \cdot dy$)

$$-\frac{\partial P}{\partial z}dz \cdot dA_z - \gamma \cdot dV = 0$$

(여기서, $dz \cdot dA_z = dV$)

$$\therefore\ \frac{\partial P}{\partial z} = -\gamma = -\rho g$$

이 식이 아주 중요한 유체 정역학의 기본 방정식이다. 이러한 유체 정역학의 기본 방정식은 크게 비압축성 유체인 경우와 압축성 유체인 경우로 나누어 생각해 볼 수 있다.

2·2·1 비압축성 유체인 경우

정지유체 내의 압력은 단지 중력방향에만 의존하여 변화됨을 알 수 있는데 특히 비압축성 유체인 경우는 밀도(ρ)가 상수이므로 적분기호 밖으로 나올 수 있기 때문에 다음과 같이 그림 2·3(b)에 나타낸 점 1에서 점 2까지 아주 쉽게 적분을 할 수 있다.

$$\int_1^2 dp = -\gamma\int_1^2 dz$$

$$\therefore\ P_2 - P_1 = -\gamma(z_2 - z_1) = \rho g(z_1 - z_2)$$

그런데 그림 2·3에서 알 수 있듯이 $z_1 - z_2 = h$이므로 다음과 같이 정리된다.

$$\therefore\ P_2 - P_1 = \gamma h = \rho g h (\text{여기서 } P_1 : \text{절대압력},\ \ P_2 : \text{국소대기압})$$

만약 $P_1 = P_0$ 국소대기압을 무시하면 h 깊이의 2점 압력 $P_2 = \gamma h$가 된다.

예제 2·2

임의의 단면을 가진 원형용기에 비중이 0.85인 기름과 물이 층을 이루고 있다. 물이 이루고 있는 층의 높이는 200cm이고 기름의 층은 80cm라면 원형용기의 제일 밑바닥에서 받는 게이지 압력은?

● 풀이 ● 물과 기름의 경계면에서 받는 압력을 P_1이라고 하고, 원형용기 밑바닥의 압력을 P_2라고 하면

$$P_1 = \gamma h = s\rho g h = 0.85 \times 1000 \times 9.8 \times 0.8 = 6664\,\text{Pa}$$

$$\therefore\ P_2 = P_1 + \gamma_{물} h = 6664 + 1000 \times 9.8 \times 2 = 26264\,\text{Pa} = 26.264\,\text{kPa}$$

2·2·2 압축성 유체인 경우

압축성 유체에서는 밀도 ρ나 비중량 γ가 압력 P의 함수이므로 비압축성 유체인 경우와 마찬가지로 간단하게 적분을 할 수가 없다. 부연 설명을 하면 밀도나 비중량의 변화에 따라 압력이 변화되므로 밀도나 비중량을 상수취급을 할 수가 없다는 것이 적분을 쉽게 할 수 없는 이유이다.

먼저, 유체정역학의 기본 방정식 $\dfrac{dP}{dz} = -\rho g$에서 $z=0$에서 대기압을 P_0로 하고, 높이가 z인 지점에서의 압력을 P로 하면

$$\int_{P_0}^{P} dP = -\int_0^z \rho g\ dz = -\rho g z \tag{2·1}$$

여기에서, 기체의 변화에 속하는 등온변화와 단열변화 및 폴리트로픽 변화로 나누어 압력의 변화를 알아보고자 한다.

❶ 등온변화인 경우

보일의 법칙에 의하여 $Pv = \text{Constant}\left(\because\ v = \dfrac{1}{\rho}\right)$를 정리해 보면

$$\frac{P_0}{\rho_0} = \frac{P}{\rho} \quad 또는 \quad \frac{\rho}{P} = \frac{\rho_0}{P_0}$$

$$\therefore\ \rho = \frac{\rho_0}{P_0} P$$

이 식을 식(2·1)에 대입하여 보면 다음과 같이 정리된다.

$$\int_{P_0}^{P} dP = -\frac{\rho_0}{P_0} Pgz$$

$$\therefore \int_{P_0}^{P} \frac{dP}{P} = -\frac{\rho_0}{P_0} gz$$

$$\therefore \ln\left(\frac{P}{P_0}\right) = -\frac{\rho_0}{P_0} gz$$

$$\therefore P = P_0 e^{-\frac{\rho_0}{P_0} gz} \tag{2·2}$$

높이에 따른 온도의 감소율을 $-\dfrac{\Delta T}{\Delta z} = \alpha$로 정리하면

$$T = T_0 - \alpha(z - z_0) \tag{2·3}$$

$\dfrac{dP}{dz} = -\rho g$에 $\rho = \dfrac{P}{RT}$를 대입하면 $\dfrac{dP}{dz} = -\dfrac{Pg}{RT}$로 정리된다.

이 식에서 T에 식(2·3)을 대입한 후, 변수분리법을 이용하여 앞에서와 같은 방법으로 높이가 0인 지점의 압력을 대기압(P_0)으로 하고 높이가 z인 지점의 압력을 P로 하여 정적분을 함으로써 압력에 대한 식을 얻으면 다음과 같이 정리된다.

$$\therefore \frac{dP}{dz} = -\frac{Pg}{R\{T_0 - \alpha(z - z_0)\}}$$

$$\therefore \int_{P_0}^{P} \frac{dP}{P} = -\int_0^z \frac{g}{R\{T_0 - \alpha(z - z_0)\}} dz$$

$$= -\int_0^z \frac{\alpha R \cdot g}{\alpha R \cdot [R\{T_0 - \alpha(z - z_0)\}]} dz$$

$$= \frac{g}{\alpha R} \left[\ln R\{T_0 - \alpha(z - z_0)\}\right]_0^z$$

$$= \frac{g}{\alpha R} \ln\left[\frac{R\{T_0 - \alpha(z - z_0)\}}{RT_0}\right]$$

$$\therefore \ln\left(\frac{P}{P_0}\right) = \ln\left[\frac{\{T_o - \alpha(z - z_0)\}}{T_0}\right]^{\frac{g}{\alpha R}}$$

$$\therefore P = P_0\left[\frac{\{T_0 - \alpha(z - z_0)\}}{T_0}\right]^{\frac{g}{\alpha R}} \tag{2·4}$$

2 단열변화인 경우

단열변화인 경우에는 압력과 부피에 대한 상태의 식이 $Pv^k = \text{Constant}$ 이므로 $\dfrac{P}{\rho^k} = C$를 이용하면 다음과 같이 정리할 수 있다.

$$\therefore\ \frac{P_0}{\rho_0^k} = \frac{P}{\rho^k} \quad \text{또는} \quad \left(\frac{\rho_0}{\rho}\right)^k = \frac{P_0}{P}$$

$$\therefore\ \frac{\rho_0}{\rho} = \left(\frac{P_0}{P}\right)^{\frac{1}{k}}$$

여기에서도 $\dfrac{dP}{dz} = -\rho g$로부터 위에서와 마찬가지로 높이가 0인 지점의 압력을 대기압(P_0)으로 하고 높이가 z인 지점의 압력을 P로 하여 정적분을 함으로써 이제는 먼저 높이(고도)에 대한 식을 얻어 정리하였다.

$$\int_0^z dz = -\int_{P_0}^{P} \frac{dP}{\rho g} = -\int_{P_0}^{P} \frac{dP}{\dfrac{\rho_0}{\left(\dfrac{P_0}{P}\right)^{\frac{1}{k}}} \cdot g}$$

$$= -\int_{P_0}^{P} \frac{dP}{\rho_0 \times \left(\dfrac{P}{P_0}\right)^{\frac{1}{k}} \cdot g}$$

$$= -\frac{P_0^{\frac{1}{k}}}{\rho_0 g} \int_{P_0}^{P} P^{-\frac{1}{k}}\, dP$$

$$\therefore\ z = -\frac{k}{k-1} \cdot \frac{P_0^{\frac{1}{k}}}{\rho_0\, g}\left(P^{\frac{k-1}{k}} - P_0^{\frac{k-1}{k}}\right)$$

$$= -\frac{k}{k-1} \cdot \frac{P_0}{\rho_0\, g}\left\{\left(\frac{P}{P_0}\right)^{\frac{k-1}{k}} - 1\right\}$$

$$\therefore\ z = \frac{k}{k-1} \cdot \frac{P_0}{\rho_0\, g}\left\{1 - \left(\frac{P}{P_0}\right)^{\frac{k-1}{k}}\right\} \qquad (2\cdot5)$$

여기에서, 또한 $\dfrac{P}{\rho} = RT$이므로 $\dfrac{P_0}{\rho_0} = RT_0$로 쓸 수 있고, 이 식을 식(2·5)에 대입하면 높이에 대한 다음의 결과 식을 얻을 수 있다.

$$\therefore\ z = \frac{k}{k-1} \cdot \frac{RT_o}{g}\left\{1 - \left(\frac{P}{P_o}\right)^{\frac{k-1}{k}}\right\} \qquad (2\cdot6)$$

단열변화에서는 위에서도 언급하였듯이 $\dfrac{P}{\rho^k} = C$이므로 다음과 같이 정리할 수 있다.

$$\therefore \ \frac{P_0}{\rho_0^k} = \frac{P}{\rho^k} \quad \text{또는} \quad \left(\frac{\rho}{\rho_0}\right)^k = \frac{P}{P_0}$$

또한, 고도에 따른 온도의 변화를 알아보기 위하여 기체의 상태방정식으로부터 다음과 같은 식을 정리할 수 있다.

$$\frac{P}{\rho} = RT$$

$$\therefore \ \frac{\rho}{P} = \frac{1}{RT} \quad \text{또는} \quad \frac{\rho_0}{P_0} = \frac{1}{RT_0}$$

$$\therefore \ \left(\frac{\rho}{\rho_0}\right)^k = \left\{\frac{\dfrac{P}{RT}}{\dfrac{P_0}{RT_0}}\right\}^k = \left\{\frac{P}{P_0} \cdot \frac{T_0}{T}\right\}^k = \frac{P}{P_0}$$

$$\therefore \ \left(\frac{T_0}{T}\right)^k = \left(\frac{P}{P_0}\right)^{1-k}$$

$$\therefore \ \frac{T_0}{T} = \left(\frac{P}{P_0}\right)^{\frac{1-k}{k}} \quad \text{또는} \quad \therefore \ \frac{T}{T_0} = \left(\frac{P}{P_0}\right)^{\frac{k-1}{k}}$$

이들의 식을 식(2·6)에 대입하면 온도의 변화에 따른 고도에 대한 식은 다음과 같이 얻을 수 있다.

$$\therefore \ z = \frac{k}{k-1} \cdot \frac{RT_0}{g} \cdot \left(1 - \frac{T}{T_0}\right)$$

$$= \frac{k}{k-1} \cdot \frac{R}{g} \cdot (T_0 - T)$$

일반적으로 공기의 비열비 $k = 1.4$이고, 기체상수 $R \fallingdotseq 286.8\,\mathrm{J/kg \cdot {}^\circ K}$이므로 지면으로부터 고도에 따른 온도의 감소를 나타낸 식은 다음과 같이 얻어진다.

$$\therefore \ T = T_0 - \frac{z}{103} \tag{2·7}$$

이제는 고도에 따른 압력의 감소의 식을 얻기 위하여 식(2·5)를 변형하여 정리하면 다음과 같은 식이 얻어진다.

$$\therefore \ \left\{1 - \left(\frac{P}{P_0}\right)^{\frac{k-1}{k}}\right\} = \frac{k-1}{k} \cdot \frac{\rho_0}{P_0} gz$$

$$\therefore \left(\frac{P}{P_0}\right)^{\frac{k-1}{k}} = 1 - \frac{k-1}{k} \cdot \frac{\rho_0}{P_0} gz$$

$$\therefore P = P_0 \left\{1 - \frac{k-1}{k} \cdot \frac{\rho_0}{P_0} gz\right\}^{\frac{k}{k-1}}$$

$P_0 = \rho_0 RT_0$에서 $\dfrac{P_0}{\rho_0} = RT_0$를 위의 식에 대입하면 다음과 같은 결과 식을 얻을 수 있다.

$$\therefore P = P_0 \left\{1 - \frac{k-1}{k} \cdot \frac{gz}{RT_0}\right\}^{\frac{k}{k-1}} \tag{2·8}$$

❸ 폴리트로픽 변화인 경우

폴리트로픽 변화에 있어서 압력과 고도 및 온도에 따른 식을 얻는 과정은 단열변화인 경우에서 얻는 방법과 거의 비슷한 방법으로 얻는다. 폴리트로픽 변화인 경우는 $Pv^n =$ Constant이므로 다음과 같이 정리할 수 있다.

$$\therefore \frac{P_0}{\rho_0^n} = \frac{P}{\rho^n} \quad \text{또는} \quad \left(\frac{\rho_0}{\rho}\right)^n = \frac{P_0}{P}$$

$$\therefore \frac{\rho}{\rho_0} = \left(\frac{P}{P_0}\right)^{\frac{1}{n}}$$

여기에서도 단열변화인 경우와 마찬가지로 $\dfrac{dP}{dz} = -\rho g$로부터 높이가 0인 지점의 압력을 대기압(P_0)으로 하고 또한 이 때의 온도를 T_0로 하였으며, 높이가 z인 지점의 압력을 P, 온도를 T로 하여 정적분을 함으로써 폴리트로픽 변화인 경우에 있어서 고도와 압력의 관계를 나타낸 식을 얻으면 다음과 같이 정리할 수 있다.

$$\therefore dz = -\frac{1}{\rho g} dP = -\frac{dP}{\left(\frac{P}{P_0}\right)^{\frac{1}{n}} \cdot \rho_0 g}$$

$$= -\frac{1}{\rho_0 g} \cdot \left(\frac{P}{P_0}\right)^{-\frac{1}{n}} dP$$

$$\therefore \int_0^z dz = -\frac{P_0^{\frac{1}{n}}}{\rho_0 g} \int_{P_0}^{P} P^{-\frac{1}{n}} dP$$

$$\therefore\ z = -\frac{n}{n-1}\cdot\frac{P_0^{\frac{1}{n}}}{\rho_0\ g}\left(P^{\frac{n-1}{n}} - P_0^{\frac{n-1}{n}}\right)$$

$$= -\frac{n}{n-1}\cdot\frac{P_0}{\rho_0\ g}\left\{\left(\frac{P}{P_0}\right)^{\frac{n-1}{n}} - 1\right\}$$

$$\therefore\ z = \frac{n}{n-1}\cdot\frac{P_0}{\rho_0\ g}\left\{1 - \left(\frac{P}{P_0}\right)^{\frac{n-1}{n}}\right\} \qquad (2\cdot 9)$$

식(2·9)를 임의의 고도에서 압력을 구하는 식으로 변형을 하면 다음과 같은 식으로 정리될 수 있다.

$$\therefore\ z\cdot\frac{n-1}{n}\cdot\frac{\rho_0\ g}{P_0} = \left\{1 - \left(\frac{P}{P_0}\right)^{\frac{n-1}{n}}\right\}$$

$$\therefore\ \left(\frac{P}{P_0}\right)^{\frac{n-1}{n}} = 1 - \frac{n-1}{n}\cdot\frac{\rho_0\ g}{P_0}z$$

$$\therefore\ P = P_0\left\{1 - \cdot\frac{\rho_0\ g}{P_0}\frac{n-1}{n}z\right\}^{\frac{n}{n-1}} \qquad (2\cdot 10)$$

여기에서 $\frac{\rho}{\rho_0} = \left(\frac{P}{P_0}\right)^{\frac{1}{n}}$ 이므로 이 식을 이용하여 식(2·10)에 적용하면 다음과 같이 밀도에 대한 식으로도 변형할 수 있다.

$$\therefore\ \rho = \rho_0\left\{1 - \cdot\frac{\gamma_0}{P_0}\frac{n-1}{n}z\right\}^{\frac{1}{n-1}} \qquad (2\cdot 11)$$

또한, 고도에 따른 온도변화의 식을 얻고자 기체의 상태방정식을 조금 변형하면 다음과 같은 식이 얻어진다.

$$P = \rho RT \quad \left(\because\ \frac{P}{\rho T} = R\right)$$

$$\therefore\ \frac{P_0}{\rho_0 T_0} = \frac{P}{\rho T} = R$$

$$\therefore\ \frac{T}{T_0} = \left(\frac{P}{P_0}\right)\cdot\left(\frac{\rho_0}{\rho}\right)$$

$$\therefore \ \frac{T}{T_0}=\left\{1-\cdot\frac{\rho_0\, g}{P_0}\frac{n-1}{n}z\right\}^{\frac{n}{n-1}}\cdot\left\{1-\cdot\frac{\rho_0\, g}{P_0}\frac{n-1}{n}z\right\}^{-\frac{1}{n-1}}$$

$$\therefore \ T=T_0\left\{1-\frac{\rho_0}{P_0}\cdot\frac{n-1}{n}gz\right\} \tag{2·12}$$

고도에 따른 온도의 감소율을 구하기 위하여 식(2·12)를 미분하면 다음과 같이 정리된다.

$$\therefore \ dT=-T_0\frac{\rho_0}{P_0}\cdot\frac{n-1}{n}g\,dz$$

여기에서 $P_0=\rho_0 R T_0 \left(\because \ \frac{\rho_0}{P_0}=\frac{1}{RT_0}\right)$를 대입하고 고도에 따른 온도의 변화율은 $\frac{dT}{dz}=\frac{\varDelta T}{\varDelta z}$를 의미하므로 이들 식을 정리하면 다음과 같은 식으로 정리된다.

$$\therefore \ -\frac{\varDelta T}{\varDelta z}=\frac{g}{R}\cdot\frac{n-1}{n}=\frac{1}{29.27}\cdot\frac{n-1}{n} \tag{2·13}$$

2·3 압력의 측정

기압계(barometer)에는 수은을 이용하여 토리첼리(Torricelli)가 처음으로 만든 수은 기압계와 누르는 힘으로 탄성체가 변형을 일으키도록 하여 여기에 연결된 바늘이 눈금을 가리키도록 만들어진 아네로이드(aneroid) 기압계가 있다. 수은 기압계로 대기압(1atm)을 측정하게 되면 수은주가 얼마나 변화하는가 알아보자.

그림 2·4에서 보는 것처럼 수은주 상단 부분의 진공을 토리첼리 진공(Torricelli's vacuum)이라고 하고 점A와 점B의 압력은 동일한 평면(높이)에 있기 때문에 같다. 그러므로 대기압(P_0)은 진공압력(P_v)과 점 B의 압력을 더한 것과 같은데 수은주 상단의

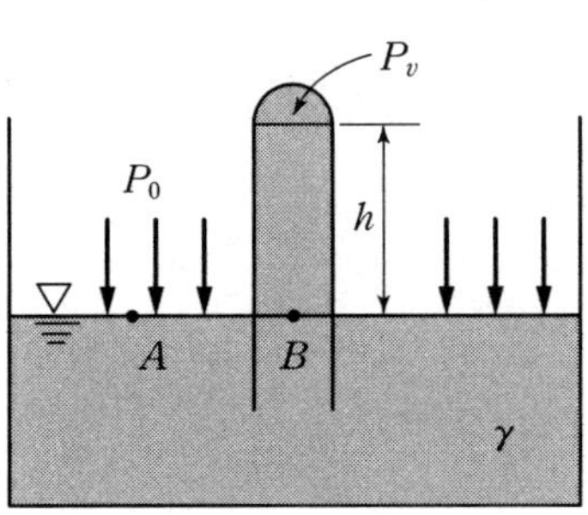

그림 2·4 수은 기압계

값(P_v)은 극히 작은 값을 가지므로 무시하면 다음과 같다.

$$\therefore\ P_0 = P_A = \gamma h = \rho g h$$

$$\therefore\ h = \frac{P_0}{\rho g} = \frac{101325}{13600 \times 9.8} = 0.76024\,\text{m}$$

그러므로 대기압의 수은주의 높이는 760mm 정도 올라감을 알 수 있다.

압력계는 임의의 액체를 이용하여 대기압이나 임의의 두 점 사이의 압력 차이 등을 측정하는 계기인데 일반적으로 액주의 높이로 압력이나 압력차를 측정하므로 액주계(manometer)라고도 한다. 이러한 액주계에서 대기압을 측정하는 가장 간단한 것이 위에서 언급한 기압계이고 일반적으로 피에조미터(piezometer)라고도 불리우는 U자형 마노미터와 시차 액주계(differential mamometer)로 나눌 수 있고 그 외에 아주 작은 미압을 측정할 수 있도록 제작된 미압계가 있다.

2·3·1 액주계

액주계에서 많이 사용되고 있는 유체는 대부분 알코올과 수은이 사용되고 있는데 알코올은 측정하고자 하는 압력범위가 작은 경우에 사용되고, 측정하고자 하는 압력범위가 높은 경우에 알코올을 사용하게 되면 아주 커다란 U자관과 같은 것이 필요하게 되므로 측정하기에 아주 불편함의 원인이 되게 된다. 그러므로 높은 압력을 측정할 때는 일반적으로 비중이 크기 때문에 변화가 적은 수은을 사용하는 이유가 여기에 있다. 이들의 액주계로 측정하는 압력이나 압력차를 알아보는 경우는 U자관 마노미터와 시차 액주계 두 가지 형태로 분류하여 설명할 수 있다.

액주계로 압력을 측정할 때는 "같은 유체의 동일 수평면상의 압력은 언제나 같다"는 것을 이용하면 어떠한 액주계의 문제라도 쉽게 해결할 수 있게 된다. 먼저 그림 2·5에서 ㉠과 ㉡은 동일 수평면상에 있으므로 $P_{㉠} = P_{㉡}$이 된다.

$$\therefore\ P_{㉠} = P_A + \gamma_1 \cdot h_1 (\text{A점의 압력과 } \gamma_1 \text{ 유체의 압력})$$

$$P_{㉡} = P_0 + \gamma_2 \cdot h_2$$

$P_{㉠} = P_{㉡}$이므로

$$\therefore\ P_A - P_0 = \gamma_2 \cdot h_2 - \gamma_1 \cdot h_1$$

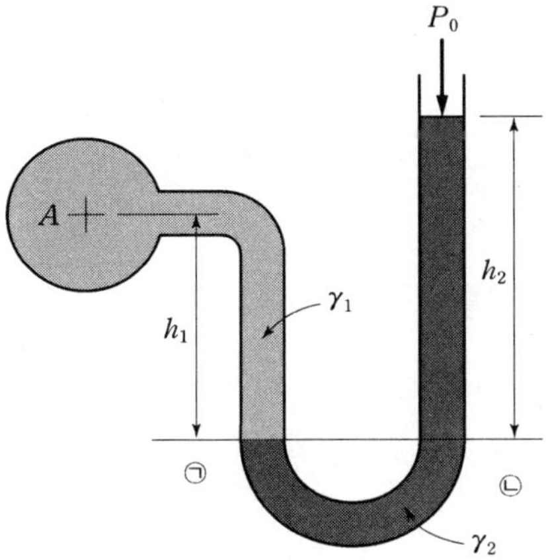

그림 2·5 U자관 마노미터

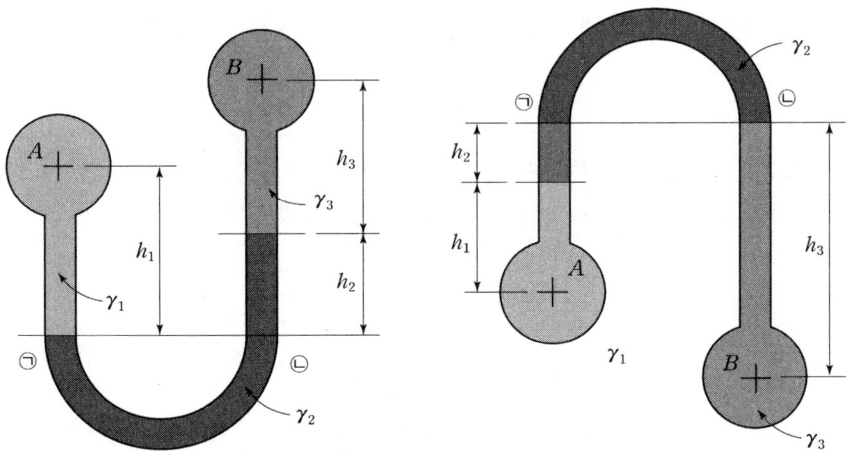

그림 2·6 시차 액주계

다음은 그림 2·6과 같이 시차 액주계에 대한 그림 2·6(a)와 (b)의 두 종류에 대하여 압력차를 구해 보도록 하자. 먼저 그림 2·6(a)의 경우는 시차 액주계가 옳게 놓여 있는 경우인데, 앞에서도 언급 하였듯이 동일 수평면상의 압력은 언제나 같다는 원리를 적용시켜 보면 $P_㉠ = P_㉡$이 되므로 다음과 같이 정리할 수 있다.

A유체와 B유체 사이의 압력차는

$$\therefore\ P_㉠ = P_A + \gamma_1 \cdot h_1$$

$$\therefore\ P_㉡ = P_B + \gamma_2 \cdot h_2 + \gamma_3 \cdot h_3$$

$$\therefore\ P_A - P_B = \gamma_2 \cdot h_2 + \gamma_3 \cdot h_3 - \gamma_1 \cdot h_1$$

그림 2·6(b)의 경우는 시차 액주계가 거꾸로 되어 있는 형태를 이루고 있는데 이 경우에도 동일 수평면상의 압력은 같다는 원리와 압력은 아래쪽이 높다는 것을 응용하면 다음과 같이 쉽게 식을 정리할 수 있다.

A유체와 B유체 사이의 압력차는

$$P_{㉠} = P_A - \gamma_1 \cdot h_1 - \gamma_2 \cdot h_2$$

$$P_{㉡} = P_B - \gamma_3 \cdot h_3$$

$P_{㉠} = P_{㉡}$ 이므로

$$\therefore\ P_A - P_B = \gamma_1 \cdot h_1 + \gamma_2 \cdot h_2 - \gamma_3 \cdot h_3$$

그 외에도 많은 액주계가 존재하지만, 위에서 언급한 세 가지 유형만 제대로 이해하고 있으면 다른 어떠한 유형의 액주계 문제도 쉽게 이해할 수 있을 것이다.

예제 2·3

다음에 나타난 그림처럼 관 속을 비중이 0.85인 기름이 흐르고 있는데, 여기에 U자관을 연결하였다. A지점의 압력이 58.31kPa이라면 h는 얼마인가?

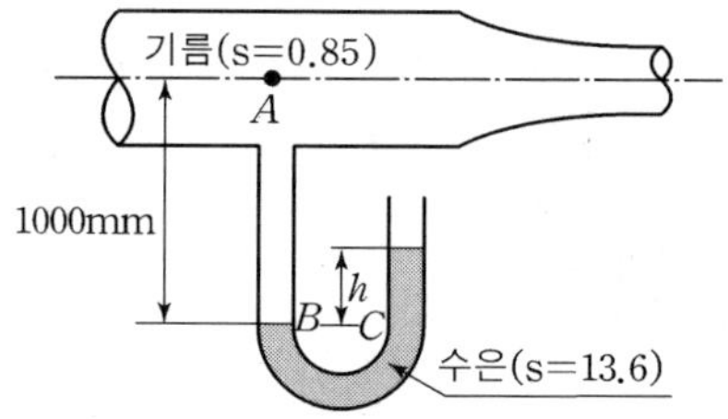

● 풀이 ● 동일 수평면상의 압력은 같으므로

$$P_B = P_C$$

$$P_B = P_A + 9800 \times 0.85 \times 1$$

$$P_C = 9800 \times 13.6 \times h$$

그런데 $P_A = 58.31 \times 10^3\text{Pa}$

$$\therefore\ h = 0.5\text{m}$$

예제 2·4

다음의 그림에서 비중이 0.8인 기름과 물이 시차 액주계에 들어 있다면 $P_x - P_y$는 몇 N/m^2인가?

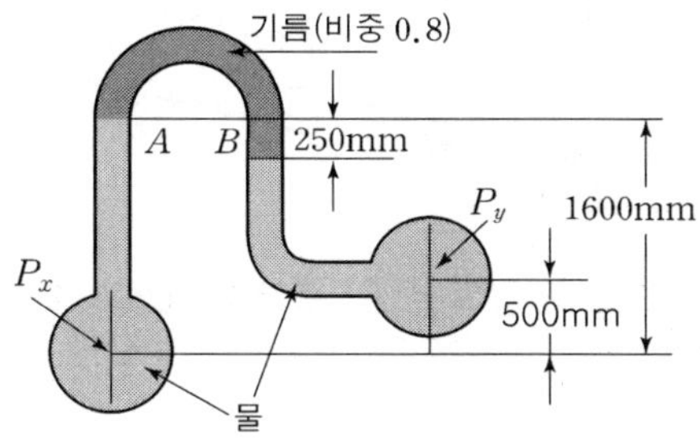

● **풀이** ● 동일 수평면에 해당하는 $P_A = P_B$

$$P_A = P_x - 9800 \times 1.6$$

$$P_B = P_y - 9800 \times (1.6 - 0.5 - 0.25) - (9800 \times 0.8 \times 0.25)$$

$$\therefore P_x - P_y = 5390\ N/m^2$$

2·3·2 미압계

미압계는 미소한 압력차를 정밀하게 측정할 목적으로 만들어진 것인데 일반적으로 감도를 높이기 위하여 현미경등을 부착하여 만들어졌기 때문에 아주 고가의 압력계이고, 또한 더욱더 미소한 압력을 더욱더 정밀하게 측정 하도록 만들어진 것을 마이크로 마노미터(micro-manometer) 라고 부른다. 이러한 방법과 유사하게 액주계의 관을 임의의 각도로 경사지게 놓음으로써 여현의 법칙에 의하여 매우 작은 높이를 경사지게 함으로써 수직 액주계보다 변위를 크게 확대시켜 읽을 수 있도록 감도를 좀 더 높게 만들어진 액주계가 경사 미압계(inclined manometer)이다. 이제부터 이러한 경사 미압계의 원리를 설명해 보려 한다.

그림 2·7에 나타난 것처럼 좌측의 커다란 용기의 단면적을 A라고 하고, 우측의 θ만큼 기울어진 유리관의 단면적을 a라고 했을 때 C와 D지점에 압력이 가해지지 않은 상태에서는 액체의 표면 위치가 점선으로 표시한 위치에 있었는데, 압력 P_C와 P_D가 가해지면 액체의 표면 위치가 실선으로 나타난 위치로 변화하게 된다. 큰 용기의 변화된 높이를 Δy, 경사진 유리관의 변화된 높이를 h라고 하면 줄어든 액체의 양과 늘어난 액체의 양은 같으므로 다음과 같은 식으로 정리할 수 있다.

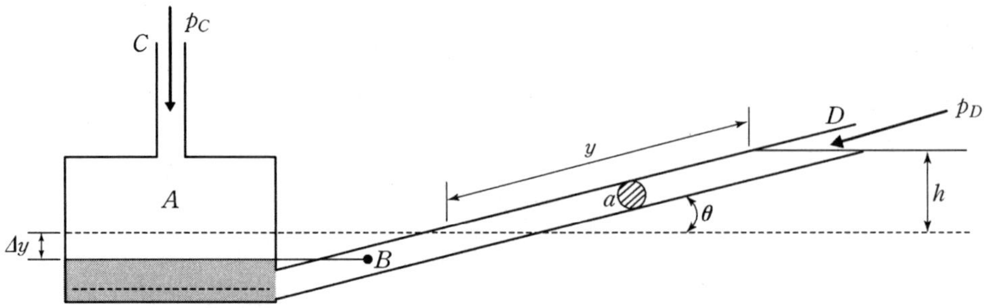

그림 2·7 경사 미압계의 원리

$$A \cdot \varDelta y = a \cdot y$$

$$\therefore\ \varDelta y = \frac{a}{A} y$$

그런데 큰 용기에 들어있는 액체의 표면에 작용하는 압력은 그림 2·7에서 보는 것처럼 P_C이고, 큰 용기에 들어있는 액체의 표면과 동일한 수평면에 해당하는 기울어진 유리관에서의 압력을 P_B라고 하면 $P_C = P_B$가 되어 P_C와 P_D의 압력 차이는 용기에 들어있는 액체의 밀도를 ρ라고 하면 다음과 같이 정리 된다.

$$P_B = P_D + \rho g h + \rho g \cdot \varDelta y = P_C$$

$$\begin{aligned} \therefore\ P_C - P_D &= \rho g h + \rho g \cdot \varDelta y \\ &= \rho g\, y \sin\theta + \rho g \frac{a}{A} y \\ &= \gamma y \left(\sin\theta + \frac{a}{A} \right) \end{aligned}$$

이러한 원리로 경사 미압계는 압력을 측정하는데, 이러한 경사 미압계로도 측정하기가 아주 곤란한 미압을 측정하고자 할 때는 앞에서 언급한 마이크로 마노미터를 이용하여 압력을 측정하게 된다.

예제 2·5

그림 2·7과 같은 경사 미압계에서 액체로는 비중이 0.75인 알코올을 사용하고 경사각도가 $\theta = 30°$ 정도 기울어져 있으며 경사관에서 y에 해당하는 액체 표면의 변위가 0.2 mm라면 $P_C - P_D$의 압력차는 얼마안가?(단, 큰 용기와 경사관의 단면적에 대한 비는 $\frac{a}{A} = \frac{1}{100}$으로 한다.)

● **풀이** ● $P_C - P_D = \rho g h + \rho g \cdot \Delta y$

$$= \gamma y\left(\sin\theta + \frac{a}{A}\right)$$

$$= 0.75 \times 1000 \times 9.8 \times \frac{0.2}{1000} \times \left(\sin 30° + \frac{1}{100}\right)$$

$$= 0.75\,\mathrm{N/m^2} = 0.75\,\mathrm{Pa}$$

2·4 정지유체 내에 잠긴 평판에 작용하는 힘

정지유체 내에 잠겨있는 평판의 경우는 크게 수평으로 잠겨 있는 경우와 수직(연직)으로 잠겨 있는 경우 및 경사지게 잠겨 있는 경우와 곡면이 잠겨 있는 경우의 4종류로 분류하여 살펴볼 수 있다. 이들의 정지유체 내에 잠겨있는 평판에 작용하는 힘을 정확하게 알고 해석을 할 수 있는 능력을 갖추게 되면 저수지와 댐의 수문설계를 하는 데 있어서 커다란 도움이 될 수 있을 것으로 기대한다. 또한 이러한 잠겨있는 평판에 작용하는 힘을 우리는 일반적으로 힘의 크기만을 알고 있으면서 그 힘에 대하여 전부를 알고 있는 것처럼 착각을 하는 경우가 많은데 실제로 평판에 작용하는 힘을 정확하게 안다고 하는 것은 힘의 크기와 방향 및 작용점을 모두 알아야만 힘을 안다고 할 수 있는 것이다. 그럼 앞에서 언급한 것처럼 4종류로 분류하여 작용하는 힘을 알아보자.

2·4·1 수평으로 평판이 잠겨있는 경우

먼저 전압력이라는 용어가 종종 사용되는데 전압력의 의미는 전체의 압력이라는 의미로 해석되어야 한다. 다시 말해서 압력은 단위면적에 수직하게 작용하는 힘으로 정의되므로 전압력은 압력과 단면적을 곱한 전체의 압력, 즉 힘의 의미로 사용된다. 그러므로 전압력은 $P_t = P\,(\mathrm{N/m^2}) \times A\,(\mathrm{m^2}) = \mathrm{F}\,(\mathrm{N})$이다.

정지유체 내에 수평으로 평판이 잠겨있는 경우는 평판이 자유표면으로부터 똑같은 깊이(h)에 놓여 있으므로 이 평판에 작용하는 압력은 평판의 모든 점에서 같게 된다. 따라서 압력을 P로 하고 잠겨있는 평판의 단면적을 A라고 하면 $P = \gamma h$에서 전압력, 즉 수평하게 잠겨있는 평판에 작용하는 힘의 크기는 $F = \gamma h A$가 된다. 압력은 어떠한 면에 수직하게 작용하므로 힘의 방향도 잠겨있는 평판에 수직하게 작용된다. 힘(전압력)

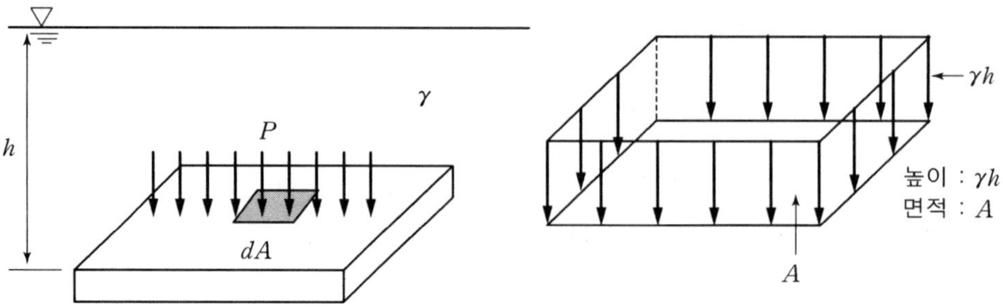

(a) (b) 압력프리즘

그림 2·8 수평으로 평판이 잠긴 경우

의 작용점은 전압력중심이라고 하는데 잠겨있는 평판의 중심점이 된다. 이러한 평판의 중심을 도심(centroid)이라고도 한다. 위의 그림 2·8(b)에서 화살표로 나타낸 부분을 압력 프리즘이라고 하는데 잠겨있는 평판에 작용하는 전압력의 크기는 이러한 압력프리즘의 체적과 같게 된다.

예제 2·6

그림과 같은 탱크에 물이 들어 있는 경우에 탱크의 밑바닥에 작용하는 힘을 구하시오.(단, 탱크의 폭은 2.5m로 한다.)

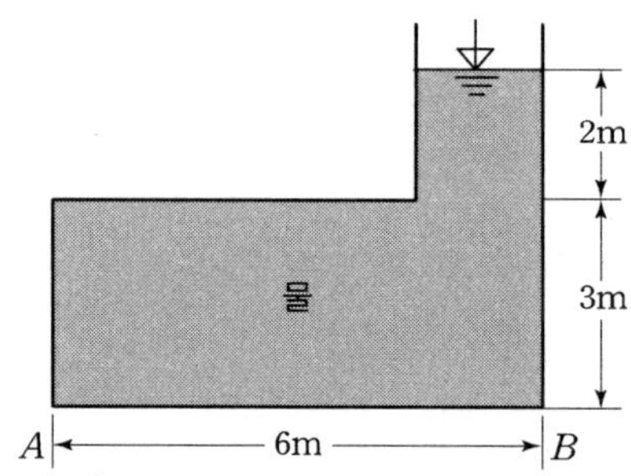

● 풀이 ● 탱크의 밑바닥에 작용하는 압력은

$$p = \gamma h = 9800 \times (2+3) = 49000\,\mathrm{N/m^2}$$

그러므로 탱크의 밑바닥에 작용하는 힘은

$$F = p \times A = 49000 \times (6 \times 2.5) = 735000\,\mathrm{N}$$

2·4·2 수직으로 평판이 잠겨있는 경우

그림 2·9에 나타난 것처럼 유체 속에 평판이 수직하게 잠겨있는 경우에 평판에 작용하는 전압력(힘)의 크기는 수평으로 평판이 잠겨있는 경우에서 언급한 것처럼 압력 프리즘의 체적과 같으므로 평판의 폭을 b라고 하면 압력이 유체의 자유표면으로부터의 깊이, h에 비례하여 증가해서 압력분포는 선형적인 증가 형태를 보이며 또한 압력 프리즘이 사다리꼴의 형태를 이루므로 다음과 같이 정리할 수 있다.

$$F = \frac{1}{2}(\gamma h_1 + \gamma h_2) \times (h_2 - h_1) \times b$$

$$= \frac{1}{2}\gamma(h_2 + h_1) \times (h_2 - h_1) \times b$$

$$= \frac{1}{2}\gamma b(h_2^2 - h_1^2)$$

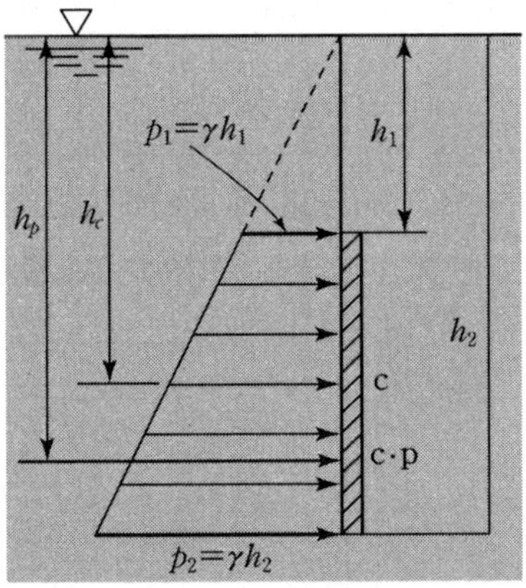

그림 2·9 수직으로 평판이 잠긴 경우

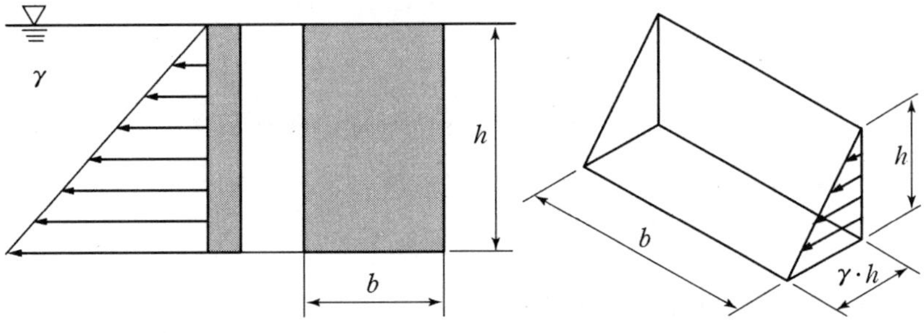

(a) (b) 압력프리즘

그림 2·10

그러나 그림에서 나타난 유체의 자유표면으로부터 평판의 중심점까지의 거리(h_c)를 알면 수직하게 잠겨 있는 평판에 작용하는 힘의 크기는 다음과 같이 쉽게 계산할 수 있다.

$$F = \gamma h_c A$$

힘의 방향은 잠겨 있는 평판에 수직한 방향으로 작용하며 자유표면으로부터 작용점까지의 거리는 다음과 같은 식으로 표현할 수 있다.

$$h_p - h_c = \frac{I_c}{h_c A}$$

여기에서 h_p는 자유표면으로부터 잠겨 있는 압력 프리즘의 중심에 해당하는 지점까지의 깊이, 즉 작용점까지의 깊이를 의미하고 h_c는 자유표면으로부터 잠겨 있는 평판의 중심까지의 깊이를, A는 잠겨 있는 평판의 단면적, I_c는 평판의 중심을 지나는 수평축에 대한 관성 모멘트(단면 2차 면적 모멘트)를 의미한다. 위의 식에 대한 자세한 유도과정은 다음의 경사지게 평판이 잠겨 있는 경우에서 설명하겠다.

예제 2·7

다음 그림과 같이 저수지에 3m×3m인 정사각형의 수문이 수직으로 설치되어 있다. 이 수문이 열리지 않게 하려면 p에 얼마의 힘으로 받쳐 주어야 하겠는가?

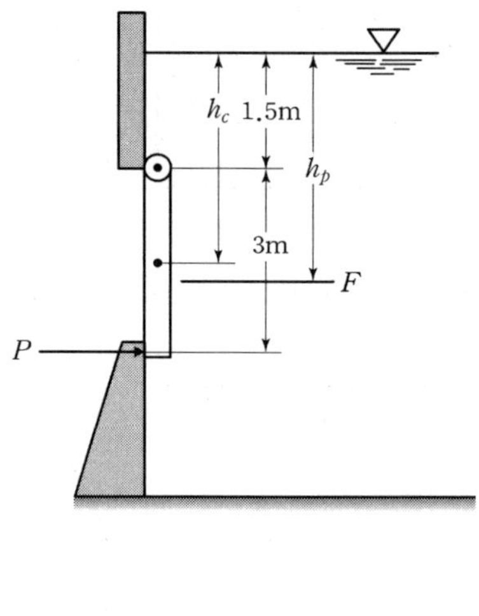

● **풀이** ● $F = \gamma h_c A$에서

$$h_c = 1.5 + 1.5 = 3\text{m}$$

$$\therefore\ F = 9800 \times 3 \times (3 \times 3)$$

$$= 264600\text{N}$$

수면으로부터 힘 F가 작용되고 있는 지점까지의 깊이를 h_p라면

$h_p - h_c = \dfrac{I_c}{h_c A}$ 에서

$$h_p = 3 + \frac{\frac{3\times3^3}{12}}{3\times(3\times3)} = 3.25\,\text{m}$$

그러므로 돌축(◉)을 모멘트의 중심으로하여 정리하면

$$F\times(3.25-1.5) = P\times3$$

$$\therefore\ P = \frac{264600\times(3.25-1.5)}{3} = 154350\,\text{N}$$

그러므로 P에 154350N 이상의 힘을 받쳐주어야 한다.

2·4·3 경사지게 평판이 잠겨있는 경우

그림 2·11에서 보이는 것처럼 유체 중에 평판이 θ의 각도를 갖고 경사지게 잠겨있는 경우는 자유표면으로부터 평판의 임의의 지점까지의 깊이를 h라고 하면 미소면적인 dA에 작용하는 힘은 압력에 단면적을 곱하면 되므로 다음과 같이 쓸 수 있다.

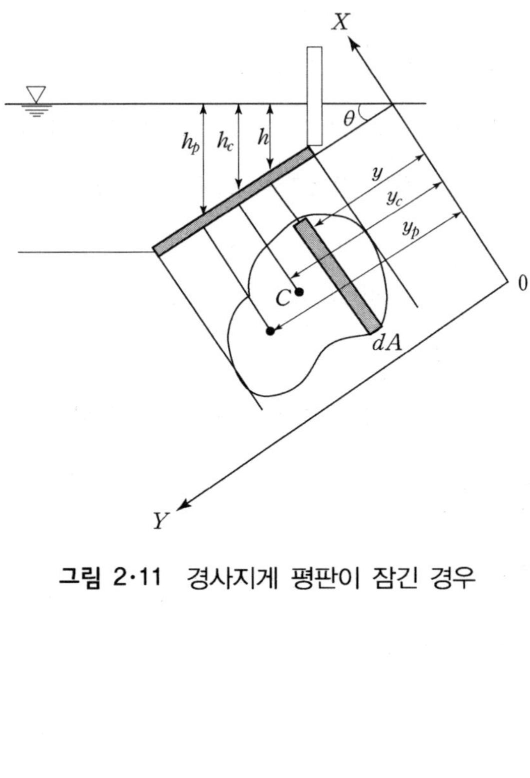

그림 2·11 경사지게 평판이 잠긴 경우

$$dF = \gamma h \ dA$$

여기에서 $h = y \ \sin\theta$이므로 다음과 같이 정리된다.

$$dF = \gamma y \ \sin\theta \ dA$$

그러므로 면적 A에 작용하는 전체적인 힘은 양변을 적분하여 다음과 같이 정리할 수 있다.

$$F = \gamma \sin\theta \int_A y \ dA$$

여기에서, $\int_A y \, dA$는 X축에 대한 단면 1차 면적 모멘트를 의미하며 잠겨있는 평판의 면적과 평판의 중심으로부터 축까지의 거리를 곱한 것, 즉 축으로부터 도심까지의 거리와 잠겨있는 평판의 면적을 곱한 것이므로 다음과 같이 정리된다.

$$\int_A y \ dA = y_c A$$

여기에서, y_c는 X축으로부터 면의 중심인 도심까지의 거리를 의미한다. 그러므로 잠겨있는 평판에 작용하는 힘은 다음과 같이 정리될 수 있다.

$$F = \gamma \sin\theta \, y_c A$$
$$= \gamma h_c A \quad (\because \ h_c = y_c \sin\theta)$$

힘의 방향은 앞의 두 가지 경우와 마찬가지로 잠겨있는 평판에 수직한 방향으로 작용한다. 그리고 축으로부터 작용점까지의 거리, y_p를 알기 위해서 X축으로부터 임의의 거리, y의 위치에 있는 미소면적에 작용하는 미소 힘, dF의 모멘트를 얻어 보면 다음과 같이 정리된다.

$$dM = y \ dF = y \ \cdot \gamma y \ \sin\theta \ dA$$
$$= \gamma y^2 \sin\theta \ dA$$

여기에서, 양 변의 적분을 이행하면 모멘트를 얻을 수 있다.

$$M = \gamma \sin\theta \int_A y^2 \ dA$$

$\int_A y^2 \ dA$는 X축에 대한 단면 2차 면적 모멘트(관성 모멘트)로 I_X로 놓고 모멘트를 정리하면 다음과 같이 된다.

$$M = \gamma I_x \sin\theta = y_p F$$

여기에서 축으로부터 작용점까지의 거리, y_p에 대한 식으로 정리하면 다음과 같이 된다.

$$\therefore\ y_p = \frac{\gamma I_x \sin\theta}{\gamma y_c \sin\theta A} = \frac{I_x}{y_c A}$$

I_x는 X축에 대한 관성 모멘트인데 이것을 평판의 중심을 지나는 축에 대한 관성 모멘트로 표현하고자 I_c로 놓고 정리하면(**관성 모멘트의 평행축 정리**) 다음과 같다.

$$I_c = \int_A (y - y_c)^2\, dA$$

$$= \int_A y^2\, dA - 2y_c \int_A y\, dA + y_c^2 \int_A dA$$

여기에서, $\int_A y\,dA = y_c A$($\because$ X축에 대한 단면 1차 면적 모멘트)이고, $\int_A dA = A$이므로 평행축 정리에 의한 평판의 중심을 지나는 축에 대한 관성 모멘트, I_c는 다음과 같이 정리된다.

$$\therefore\ I_c = I_X - 2y_c^2 A + y_c^2 A$$

$$= I_x - y_c^2 A$$

여기에서, I_c의 값은 평판의 단면적이 사각형일 때는 $\frac{bh^3}{12}$, 삼각형일 때는 $\frac{bh^3}{36}$이고 원형일 때는 $\frac{\pi d^4}{64}$이므로 문제에 잘 적용하여야 한다. 그리고, 위 식에서 I_x에 대한 식으로 정리한 후에 축으로부터 작용점까지의 거리, y_p에 대한 식으로 정리하면 다음과 같다.

$$\therefore\ I_x = I_c + y_c^2 A$$

$$\therefore\ y_p - y_c = \frac{I_c}{y_c A}$$

이와 동일한 방법으로 평판이 수직하게 잠겨있는 경우의 자유표면으로부터 작용점까지의 깊이를 나타낸 식도 얻어진 것이다.

예제 2·8

다음 그림처럼 45°로 경사지게 원형수문이 수면으로부터 약 5m 깊이에 설치되어 있다. 수문의 자체 하중을 무시하면 수문이 받는 전압력, F와 축으로부터 압력의 중심점까지의 거리, y_p를 구하여라.

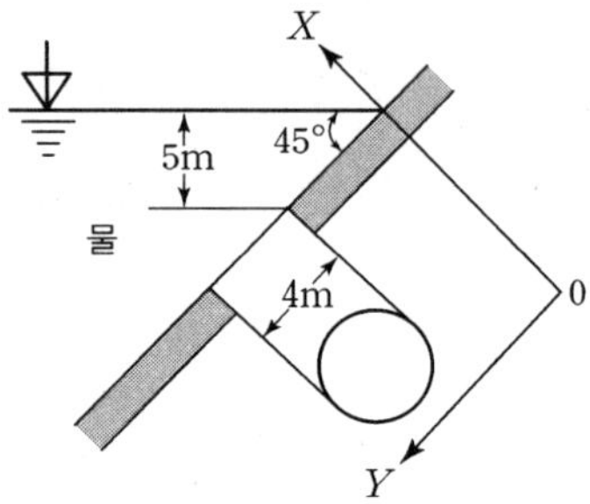

● **풀이** ● 원형수문에 작용하는 힘은 $F = \gamma \cdot \overline{h} \cdot A = \gamma \cdot \overline{y}\ \sin\theta \cdot A$

$$\therefore\ F = 9800 \times (5 + 2 \times \sin 45°) \times \frac{\pi \times 4^2}{4} = 789913.17\,\mathrm{N}$$

축으로부터 압력의 중심점까지의 거리, y_p는

$$\therefore\ y_p = \overline{y} + \frac{I_X}{A \cdot \overline{y}}$$

$$= \left(\frac{5}{\sin 45°} + 2\right) + \frac{\pi \times \frac{4^4}{64}}{\left(\frac{5}{\sin 45°} + 2\right) \times \pi \times \frac{4^2}{4}}$$

$$= 9.18\,\mathrm{m}$$

2·4·4 곡면판이 잠겨있는 경우

그림 2·12에 보이는 것처럼 곡면판이 유체에 잠겨있는 경우는 평판이 잠겨있는 경우와 동일한 방법으로 해석을 할 수 없으므로 유체 속에 잠겨있는 곡면에 대한 수평분력(horizontal component)과 수식분력(vertical component)으로 나누어 계산하게 된다.

수평분력은 수직한 연직평면에 곡면을 투영했을 때 투영평면에 작용하는 전압력으로 계산하고 힘의 방향은 곡면을 향하며 힘의 작용점은 투영평면에서 압력의 중심이 된다. 그러므로 유체의 자유표면으로부터 투영된 수직평판의 중심까지의 깊이를 $\overline{h}$로 하고 투영된 수직평판의 면적을 A로 표시하면 곡면판에 대한 수평분력(F_h)은 다음과 같이 정리된다.

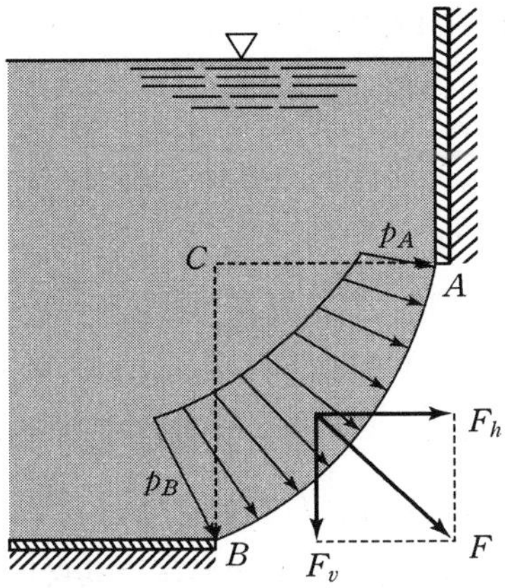

그림 2·12 곡면판이 잠긴 경우

$$\therefore\ F_h = \gamma \cdot \overline{h} \cdot A$$

그리고 수직분력은 곡면이 떠받치고 있는 유체의 무게와 같고 힘의 작용선은 유체의 무게중심을 지난다. 그러므로 유체의 비중량과 곡면 위에 있는 유체의 부피를 곱함으로써 수직분력(F_v) 을 구할 수 있다.

$$\therefore\ F_v = \gamma V$$

예제 2·9

다음 그림과 같이 폭이 3m인 4분원통의 AB 곡면판에 작용하는 힘의 수평분력, F_h와 수직분력, F_v는 각각 얼마인가?

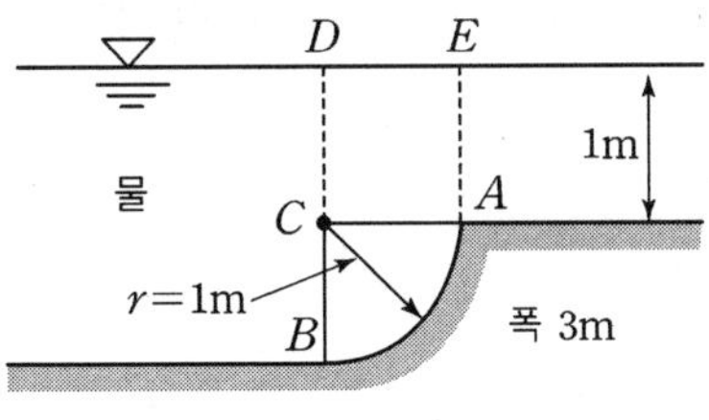

●풀이● $F_h = \gamma \cdot \overline{h} \cdot A = 9800 \times (1 + 0.5) \times (1 \times 3)$

$= 44100\,\text{N}$

$F_v = \gamma V = 9800 \times \left\{ (1 \times 1 \times 3) + \left(\frac{1}{4} [\pi \times 1^2] \times 3 \right) \right\}$

$= 52490.71\,\text{N}$

2·5 부력(buoyant force)

정지되어 있는 유체 속에 물체의 일부 또는 물체의 전부가 잠겨있는 경우에 유체와 접하고 있는 물체의 모든 표면에는 유체의 압력이 작용되고 있다. 그러한 표면에는 깊게 잠겨 있는 부분일수록 큰 압력이 작용되고 있다는 것은 자명한 사실이다. 이러한 압력의 영향으로 인하여 물체는 자신의 무게만큼 유체에 힘을 가하게 되고, 그러한 힘의 반작용으로 인하여 유체에 잠겨있는 물체는 유체로부터 밑에서 떠받치는 힘을 받게 되는데 이러한 힘을 부력(buoyance)이라고 한다. 다시 말하면 부력은 유체 속에 잠겨있는 물체가 압력의 영향으로 인하여 유체에 가하는 힘만큼, 즉 물체의 무게만큼 부력을 받게 되는 것이다. 그림 2·13에 나타난 것처럼 정지되어 있는 유체 속의 임의의 미소 단면적, dA와 미소체적, dV를 갖는 물체를 생각해 보자.

그림 2·13에서 잠겨있는 물체의 아래에서 순수하게 작용하는 수직력(F_B)은 유체의 표면에 대기압(P_0)이 작용되고 있을 때 물체가 유체에 가하는 힘만큼 반작용으로 인하여 현재 우리가 부력이라는 용어로 사용하고 있는, 윗 방향으로의 수직력을 받게 된다. 그러므로 부력은 물체의 아래 부분에서 받고 있는 압력에 의한 힘에서 물체의 윗부분에서 받고 있는 압력에 의한 힘을 제거함으로써 얻을 수 있으므로 다음과 같이 정리할 수 있다.

$$dF_B = (P_0 + \gamma \cdot z_2)\,dA - (P_0 + \gamma \cdot z_1)\,dA$$
$$= \gamma(z_2 - z_1)\,dA = \gamma \cdot h \cdot dA$$

여기에서, $h \cdot dA = dV$[단면적×높이=부피]이므로 윗 식은 다음과 같이 된다.

$$dF_B = \gamma dV$$

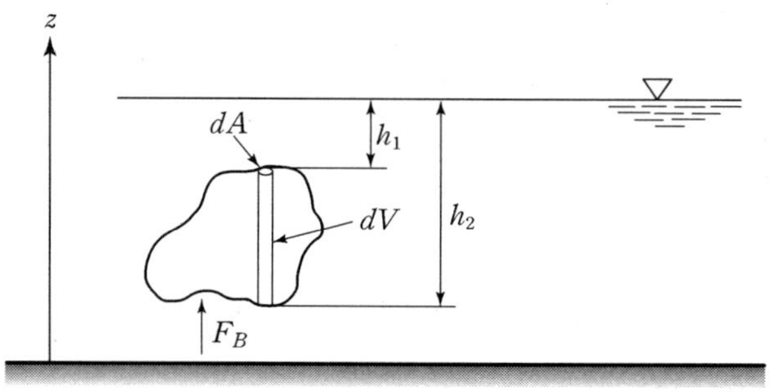

그림 2·13 정지유체에 잠긴 물체

그러므로 양변을 적분하여 정리하면 다음과 같이 된다.

$$\int dF_B = \gamma \int_V dV$$

$$\therefore\ F_B = \gamma V$$

여기에서, γ는 유체의 비중량을 의미하고, V는 유체 속에 잠겨있는 물체의 체적 또는 물체가 잠김으로써 배제된 유체의 부피를 의미한다. 그러므로 잠겨있는 물체에 순수하게 작용하는 수직력은 그 잠겨진 물체에 의하여 배제된 유체의 무게만큼 밑에서 떠받치는 힘, 부력을 받게 된다. 이것이 아르키메데스의 원리(principle of archimedes)이다. 그리고 부력의 작용선은 잠겨진 물체에 의하여 배제된 체적의 중심을 통과하므로 물체에 의하여 배제된 부분의 무게 중심을 부심이라고 한다. 나무배는 배 안의 빈 공간을 가지고 있어 같은 무게의 통나무보다 훨씬 큰 잠긴 체적을 갖게 되며 그 결과 더 많은 유체를 배제하게 되어 통나무보다 부력이 커져 운송수단으로 사용할 수 있게 된다.

예제 2·10

비중이 0.75인 나무를 물이 들어 있는 용기에 띄웠다면 나무의 몇 %가 물 속으로 잠기겠는가?

● 풀이 ● 나무의 전체 부피를 V, 물 속으로 잠긴 나무의 부피를 V_1라고 하면 나무의 무게 = 부력이므로

나무의 무게 $= \gamma V = 0.75 \times 9800 \times V$

부력 $= \gamma V_1 = 9800 \times V_1$

$$\therefore\ \frac{V_1}{V} = 0.75$$

그러므로 75%가 물속에 잠기게 된다.

2·6 부체의 안정도

전부나 일부분이 유체 속에 잠겨있거나 떠있는 물체로는 잠수함이나 선박 같은 물체가 있다. 이와 같이 부력에 의하여 유체에 떠있는 물체를 부체(floating body)라고 한다. 그런데 잠수함처럼 유체 속에 완전히 잠겨있는 물체가 안정될 조건은 물체의 무게 중심이 부력의 중심인 부심보다 아래에 위치해야 한다는 것이다. 그것은 약간의 각변위

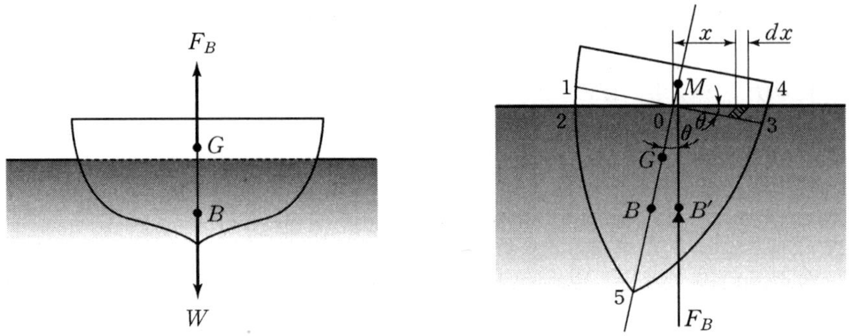

(a) (b)

그림 2·14 부체의 안정도

가 생기더라도 중력은 중심을 지나 연직 아래 방향으로 작용하고 부력은 부심을 지나 연직 윗 방향으로 작용하기 때문에 복원력(restoring force)이 생겨서 원래의 상태로 돌아오게 되나 중심이 부심의 위에 존재하게 되면 약간의 각 변위만 생기더라도 전복력이 발생하게 된다. 그러나 물체의 일부분이 잠겨 있는 부체의 경우는 이러한 조건이 반드시 성립되는 것이 아니라는 것을 알아야 한다. 그림 2·14(a)에 나타난 것처럼 일반적으로 선박과 같은 부체인 경우는 중심이 부심보다 위에 존재하기 마련이다.

그런데 그림 2·14(a)는 정지상태로 있는 부체를 보여주고 있기 때문에 윗 방향으로 작용하는 부력의 중심선과 아래 방향으로 작용하는 중력의 중심선이 동일선상에 있음을 관찰할 수 있다. 그림 2·14(b)는 부체가 θ만큼 각변위를 하였을 때 중심, G는 원래의 위치에 존재하고 있으나 부심, B는 위치가 B'로 변화하게 된다. 그 이유는 부체가 각변위로 인하여 오른쪽으로 잠기게 되는 부체의 부피는 증가하나 왼쪽으로 잠겨지는 부체의 부피는 감소하게 되어 유체에 잠기게 되는 부분의 형태가 변화하기 때문이다. 부심과 중심을 지나는 직선과 변위한 부심의 연직선이 만나는 점, M을 경심(metacenter)이라고 하는데, 그림 2·14에서처럼 경심이 중심보다 위에 존재하면 부체에 각변위가 발생하더라도 부력과 중력에 의한 복원력이 생겨서 안정한 상태를 유지하나, 경심이 부심보다 아래에 존재하는 경우는 전복우력(overturning couple)이 발생되어 불안정한 상태가 된다.

중심 G와 경심 M 사이의 거리를 경심 높이(metacentric height)라고 하는데, 부체가 안정할 상태가 될 조건은 경심 높이가 0보다 커야 하고 경심 높이가 0보다 작을 때는 불안정한 상태가 된다.

각변위로 인하여 부심은 B에서 B'로 옮겨지므로 원래의 부심, B를 모멘트의 중심으로 잡으면 부력에 의하여 받는 모멘트, M_B는 부력, F_B에 $\overline{BB'}$의 길이를 곱하면 얻어진다. 그런데, $\overline{BB'}$는 $\overline{BM} \cdot \sin\theta$이므로

$$M_B = F_B \cdot \overline{BM}\ \sin\theta$$

부체가 θ만큼 각변위를 일으켰을 때 부심, B'에 작용하는 부력은 다음과 같이 정리된다.

$$F_B = \gamma \times (\text{체적 } 2542)$$

$$= \gamma \times (\text{체적 } 1531) + \gamma \times (\text{체적 } O34) - \gamma \times (\text{체적 } O12)$$

그런데, 전체적으로는 배제된 체적이 변화가 없으므로

$$\gamma \times (\text{체적 } O34) = \gamma \times (\text{체적 } O12)$$

여기에서 $\gamma \times (\text{체적 } O34)$는 부체의 오른쪽 부분에서 배제된 체적의 증가로 인하여 부력이 증가하여 윗 방향으로 작용하고, $\gamma \times (\text{체적 } O12)$는 부체의 왼쪽 부분에서 배제된 체적의 감소로 인하여 부력이 감소하여 아래 방향으로 작용하게 된다. 이들의 두 힘은 크기는 같으나 방향이 반대로 작용하게 되어 우력이 작용되게 되는데, O로부터 x만큼 떨어진 부분에서의 미소길이를 dx로 하면 빗금 친 부분의 넓이는 $(dx \times x \sin\theta)$가 되고, dx에 대한 부체의 길이 방향을 y로 하면 미소 부분의 체적은 $dV = (dx \times x \sin\theta) \times y$가 된다. 또한, O를 중심으로 하여 x만큼 떨어진 거리와 부력을 곱하면 모멘트를 얻을 수 있으므로 이들의 두 힘이 만드는 우력 모멘트를 M_c라고 하면

$$M_c = \int_{034} x \times \gamma (dx \cdot x \sin\theta)\, y + \int_{012} x \times \gamma (dx \cdot x \sin\theta)\, y$$

그런데, $dx \cdot y = dA$를 의미하므로

$$M_c = \gamma \sin\theta \int_A x^2\ dA$$

결국에 이러한 우력 모멘트는 각변위에 의하여 생기는 것이므로 각변위에 따른 부심에 대한 모멘트와 부력, F_B에 대한 모멘트는 같으므로 $M_B = M_c$이다.

$$\therefore\ F_B \cdot \overline{BM}\ \sin\theta = \gamma \sin\theta \int_A x^2\ dA$$

$$\therefore\ \overline{BM} = \frac{\gamma \int_A x^2\, dA}{F_B}$$

여기에서 $I=\int_A x^2\,dA$는 Y축에 대한 단면 2차 면적 모멘트이고, 부력은 비중량과 부피를 곱하여 얻을 수 있으므로 $F_B=\gamma V$가 된다.

$$\therefore\ \overline{BM}=\frac{I}{V}$$

여기에서 V는 부체의 잠겨있는 부피를 의미한다. 그런데 경심 높이에 해당하는 $\overline{GM}$는 그림 2·14(b)에서 알 수 있듯이 다음과 같이 나타낼 수 있다.

$$\overline{GM}=\overline{BM}-\overline{BG}$$

$$\therefore\ \overline{GM}=\frac{I}{V}-\overline{BG}$$

그러므로 유체에 물체의 일부분이 잠겨있는 부체의 경우는 $\overline{GM}>0$인 경우에 부체가 안정된 상태가 되고, $\overline{GM}=0$인 경우에 중립상태가 되며 $\overline{GM}<0$인 경우에 불안정한 상태가 된다. 이러한 부체에 대한 안정상태를 알고 부체의 설계가 이루어져야만 전복우력이 쉽게 발생하지 않는 부체를 만들 수 있을 것이다.

예제 2·11

그림과 같이 길이가 36m이고 폭이 10m인 부체가 물 위에 떠 있다면 부체의 경심 높이를 구하여라.

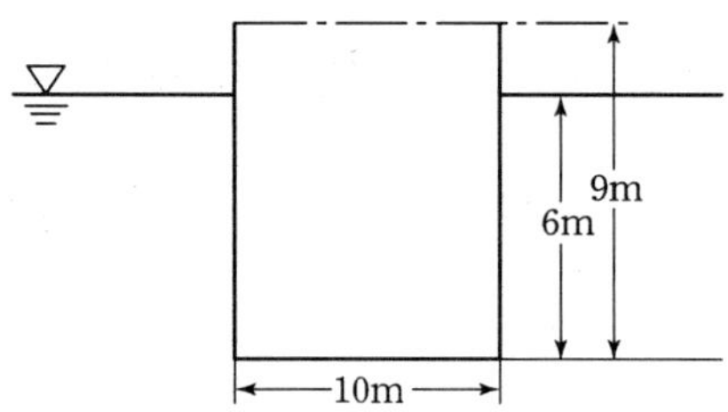

● 풀이 ● 먼저, 경심 높이를 구하는 식은

$$\therefore\ \overline{GM}=\frac{I}{V}-\overline{BG}$$

그런데 여기에서 I는 Y축에 대한 관성 모멘트이기 때문에 $b=36\,\text{m}$이고, $h=10\,\text{m}$가 되어 I값은

$$\therefore\ I=\frac{bh^3}{12}=\frac{36\times10^3}{12}=3000\,\text{m}^4$$

그리고 부체의 잠겨진 부분의 체적, $V = 10 \times 6 \times 36 = 2160\,\text{m}^3$이다.

그러므로 부심 B는 부체의 잠겨진 부분의 중심에 해당하므로 수면으로부터 3m의 깊이에 있고, 중심 G는 부체의 중심 부분에 해당하므로 물체의 윗부분으로부터 4.5m의 위치에 있게 된다. 그런데, 중심의 위치가 수면으로부터는 4.5−3=1.5m의 위치에 있게 된다.

$$\therefore\ \overline{BG} = 1.5\,\text{m}$$

$$\therefore\ \overline{GM} = \frac{3000}{2160} - 1.5 = -\ 0.11\,\text{m}$$

결론적으로 $\overline{GM} < 0$이므로 이 부체는 불안정한 상태이다.

2·7 상대적 평형

유체가 어떠한 용기 속에서 용기와 함께 등속도로 운동 하거나 또는 등가속도로 운동을 할 때 유체는 마치 고체(강체)가 운동하는 것처럼 움직이므로 유체의 입자들 사이에는 상대속도가 존재하지 않아 전단응력도 작용하지 않기 때문에 유체요소에 작용하는 유일한 표면력은 압력에 의한 것만 존재한다. 이와 같이 어떠한 유체가 운동을 하고 있지만 고체처럼 운동을 함으로써 유체가 움직이고 있지만, 유체 정역학적인 해석이 가능하게 되는 경우가 있는데, 이러한 유체의 상태를 일컬어 '유체가 상대적 평형(relative equilibrium)을 이루고 있다'고 한다.

2·7·1 선형 등가속 운동의 경우

그림 2·15는 뚜껑이 없는 용기 속의 유체가 선형 등가속 운동을 하는 경우를 보여주

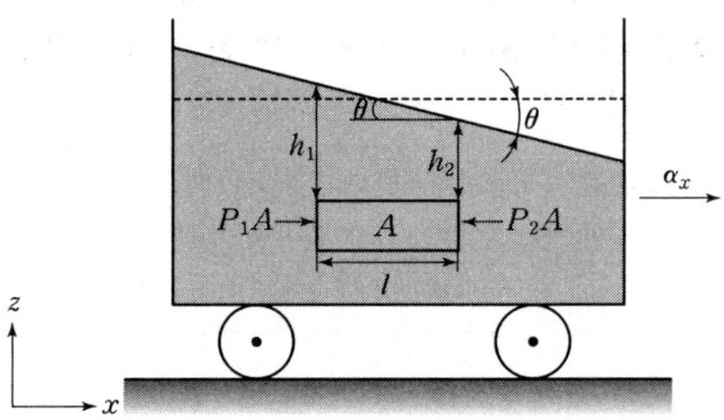

그림 2·15 선형 등가속 운동

고 있다. 앞에서도 잠깐 언급했듯이 유체가 등가속도로 운동을 한다는 것은 유체의 층 사이에 상대적 운동이 없다는 의미이고, 결국은 전단응력이 존재하지 않는다. 그러므로 유체의 층 사이에는 압력의 변화만 존재하게 된다.

그림 2·15에서 알 수 있듯이 단면적을 A로 하고 길이를 l로 하였을 때 x방향으로의 수평 등가속도가 a_x로 움직이게 되면 각 θ만큼 기울어져 상대적 평형을 이루게 되는데 이러한 상태에서 미소 체적에 대한 운동 방정식($F=ma$)를 적용하면 다음과 같이 정리된다.

$$P_1A - P_2A = \rho lAa_x$$

여기에서, $P=\gamma h$를 대입한 후에 양변을 $A\gamma l$로 나누어 정리하면

$$\frac{\gamma h_1 - \gamma h_2}{\gamma l} = \frac{\rho a_x}{\gamma}$$

$$\therefore \ \frac{h_1 - h_2}{l} = \frac{\rho a_x}{\gamma}$$

$$\therefore \ \tan\theta = \frac{a_x}{g}$$

여기에서 a_x도 수평 등가속도이므로 일정하고, g는 중력 가속도로 일정한 값이므로 기울기($\tan\theta$)도 일정한 값을 유지하고 있음을 간파할 수 있다. 다시 말해서 용기 속에 들어 있는 유체의 운동이 강체가 운동하는 것처럼 등가속도로 운동을 하게 되면 그림 2·15에서 보는 것처럼 각도($\tan\theta$)가 일정한 값을 유지 하면서 움직이고 있음을 관찰할 수 있다.

예제 2·12

용기에 물이 담겨져 있을 때 용기를 수평방향으로 9.81m/s^2의 운동을 하도록 하였다. 이렇게 선형 등가속 운동이 이루어지면 용기 속의 물은 수평에 대하여 얼마의 각도로 기울어지겠는가?

● 풀이 ● $\tan\theta = \dfrac{a_x}{g} = \dfrac{9.81}{9.81} = 1$

$\therefore \ \theta = 45°$

2·7·2 등회전 운동의 경우

유체가 회전운동을 하는 경우는 크게 자유 소용돌이(free vortex motion)와 어떠한 용기 안에 있는 유체가 강제로 등회전 운동을 하게 되는 강제 소용돌이(forced vortex motion)로 나눌 수 있다. 그런데 자유 소용돌이는 예를 들면 일명 '회오리 바람'으로 불리는 자연적으로 발생되는 '바람의 소용돌이'처럼 중심으로부터 거리에 반비례하여 속도가 변화되는 유동을 의미하므로 유체의 상대적 평형에 포함되지 않는다. 그러므로 여기서 자유 소용돌이에 대해서는 생략하기로 하고 강제 소용돌이에 대하여 살펴보면 용기 안에 있는 유체가 강제 회전운동을 할 때에는 유체의 모든 입자가 동일한 각속도를 갖고 움직이므로 고체가 회전운동을 하고 있는 것처럼 유체의 입자 사이에는 전단응력이 발생되지 않고 유체입자는 구심 가속도에 의한 원심력만을 받게 된다.

그러므로 유체입자는 연직 아래 방향으로의 중력과 반지름 방향의 원심력을 받게 되는데, 그림 2·16(a)에서처럼 중심으로부터 r만큼 떨어진 곳의 압력을 P로 하고 미소 면적, dA의 반지름 방향에 대한 미소 거리를 dr이라고 할 때 이들은 강제 회전운동으로 움직이고 있으므로 $F = ma$를 이용하여 힘의 평형상태 방정식을 적용하면 다음과 같이 정리된다.

$$P\ dA_r - \left(P + \frac{\partial P}{\partial r}dr\right)dA_r = \rho dA_r dr(-\omega^2 r)$$

여기에서 $\rho dA_r dr$는 질량, m을 나타내고 $(-\omega^2 r)$는 각가속도(구심 가속도)를 의미하는데, ($-$) 부호는 반지름이 바깥쪽 방향을 향하는 것에 대하여 구심 가속도의 방

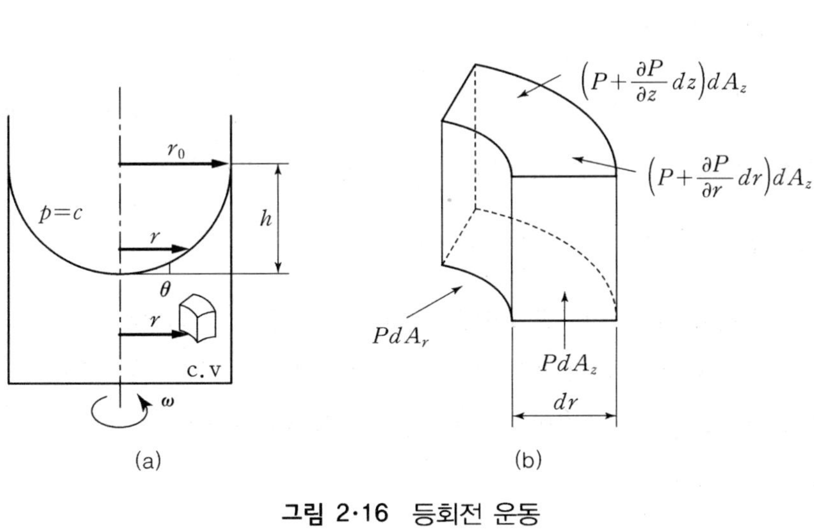

그림 2·16 등회전 운동

향이 안쪽으로 작용되고 있음을 의미한다. 그리고 위 식을 정리하면 다음과 같이 간단한 식으로 정리된다.

$$\therefore \ \frac{\partial P}{\partial r} = \rho r \omega^2$$

여기에서 압력, P는 반지름 방향, r와 높이 방향, z만의 함수이므로 전미분의 기호, dP는 다음 식처럼 표현할 수 있다.

$$dP = \frac{\partial P}{\partial z} dz + \frac{\partial P}{\partial r} dr$$

이 전미분 기호의 식에 위의 $\frac{\partial P}{\partial r} = \rho r \omega^2$와 유체 정역학의 기본 방정식인 $\frac{\partial P}{\partial z} = -\rho g$를 대입하면 다음과 같이 정리된다.

$$\therefore \ dP = -\rho g \, dz + \rho r \omega^2 dr$$

여기에서 각 항을 적분하고 정리하면 다음과 같이 정리된다.

$$\therefore \ P = -\rho g z + \frac{1}{2} \rho \omega^2 r^2 + C$$

적분상수 C를 구하기 위하여 경계조건으로 원점 $(r=0, \ z=0)$에서의 압력인 $P = P_0$를 대입하면 $C = P_0$가 된다. 그러므로 압력은

$$\therefore \ P = -\rho g z + \frac{1}{2} \rho r^2 \omega^2 + P_0$$

결국에는 압력을 계기압력으로 고려하면 $z = 0$에서 $P_0 = 0$가 되므로

$$\therefore \ P = \frac{1}{2} \rho r^2 \omega^2$$

그런데, $h = \frac{P}{\gamma}$이므로 윗 식을 대입하면 등회전 운동으로 인하여 용기의 벽면을 따라서 유체의 올라가게 되는 높이, h는 다음과 같이 정리된다.

$$\therefore \ h = \frac{\rho r^2 \omega^2}{2\gamma} = \frac{r^2 \omega^2}{2g} = \frac{u^2}{2g}$$

여기에서 $\gamma = \rho g$를 대입하여 정리하였고, u는 원주속도를 의미하므로 $u = r\omega$임을 참조해야 한다. 그리고 그림 2·16(b)에서 나타난 것처럼 강제로 회전하여 상승되는 유체의 최대 높이, $h_{\max}$는 용기의 반지름 방향에 있어서 용기의 반지름과 같아졌을 때 $(r = r_0)$ 최대가 된다.

$$\therefore\ h_{max} = \frac{\omega^2 r_0^2}{2g}$$

그림 2·16(b)에서처럼 강제로 회전함으로써 용기 안에서 상승하는 유체의 체적(V)을 얻어 보면 반지름이 r_0이고 높이가 $\frac{\omega^2 r_0^2}{2g}$인 체적의 대략 $\frac{1}{2}$에 해당 되므로 다음과 같이 얻어진다. 왜냐하면 용기의 벽을 타고 올라간 액면의 상승 높이와 중심의 회전축을 따라 액면이 하강한 깊이는 $\frac{1}{2}\frac{r_0^2\omega^2}{2g}$로 같기 때문이다.

$$\therefore\ V = \frac{1}{2}\pi r_0^2 \frac{\omega^2 r_0^2}{2g} = \frac{\pi}{4}\frac{\omega^2 r_0^4}{g}$$

예제 2·13

원형용기에 물이 담겨져 있을 때 중심축을 기준으로 110rpm으로 강제 회전운동을 하도록 하였다. 원형용기의 반지름이 50cm일 때 원형 용기의 벽면을 타고 올라가게 되는 최대 높이를 구하여라.

● 풀이 ●

$$h_{max} = \frac{r_0{}^2\omega^2}{2g} = \frac{0.5^2 \times \left(\frac{2\pi\times 110}{60}\right)^2}{2\times 9.8} = 1.69\,\text{m}$$

그러므로 최대로 올라갈 수 있는 높이는 1.69m이다.

연습문제

1. 그림과 같은 수압기에서 피스톤 A와 B의 지름이 각각 20cm와 100cm일 때 피스톤 B에는 10N의 힘이 가해지고 있다면 레버 C에 얼마의 힘이 가해져야만 이들의 두 피스톤이 평형을 이루겠는가?

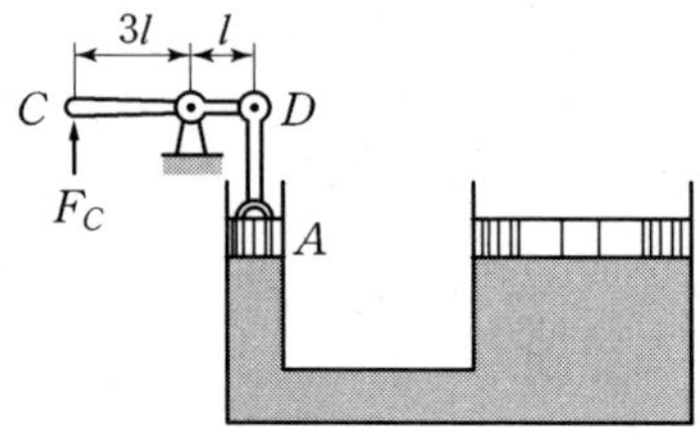

2. 두 피스톤의 지름이 각각 25cm와 5cm일 때 큰 피스톤에 50N의 힘이 작용되도록 하려면 작은 피스톤에 얼마의 힘을 가해야 되겠는가?

3. 절대압력에 대한 표현 중에서 틀린 것은?

① 절대압력 = 대기압 − 진공압력
② 절대압력 = 대기압 + 계기압력
③ 절대압력 = 대기압 + 진공압력
④ 대기압 = 절대압력 − 계기압력

4. 대기압이 750mmHg이고 계기압력이 0.5N/m^2이라면 절대압력은 몇 Pa이겠는가?

5. 유체내부의 한점에 작용하는 압력이 모든 방향에서 같을 경우는 다음 중 어느 것인가?

① 유체가 비압축성이고 마찰이 없는 경우
② 유체가 압축성이고 마찰이 없는 경우
③ 유체입자의 상호간에 상대운동이 없는 경우
④ 유체가 점성이 없는 경우

6. 다음 그림에서 공기의 압력, P_A를 구하여라.

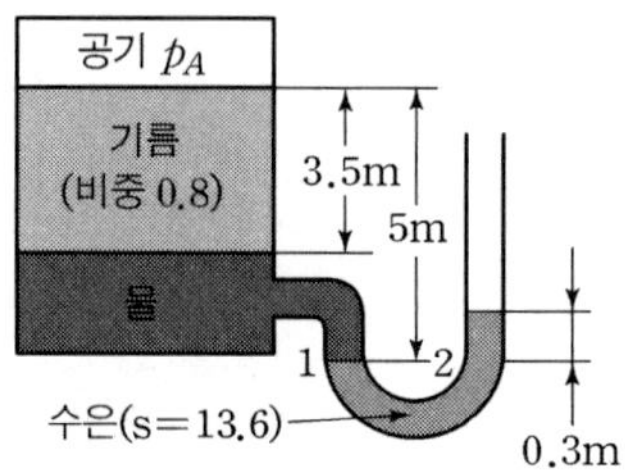

7. 다음 그림에서 수은의 비중은 13.6으로 하고 기름의 비중은 0.75로 했을 경우에 압력차 $P_A - P_B$를 구하여라.

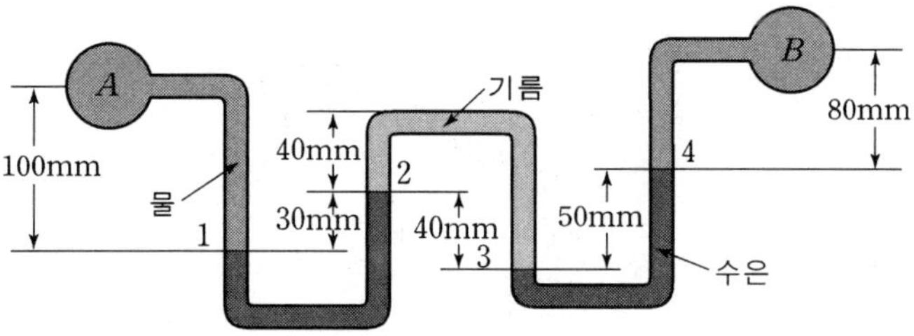

8. 바닷물의 20m 깊이에 잠겨있는 잠수부가 숨을 내뿜으려고 한다. 대기의 압력이 $10^5 N/m^2$이고, 바닷물의 비중이 1.025라면 얼마의 압력으로 숨을 내뿜어야 하겠는가?

9. 그림과 같은 탱크에 물이 들어 있다면 탱크의 밑바닥에 해당하는 AB부분에 작용하는 전압력을 구하라. (단, 탱크의 폭은 3m로 한다.)

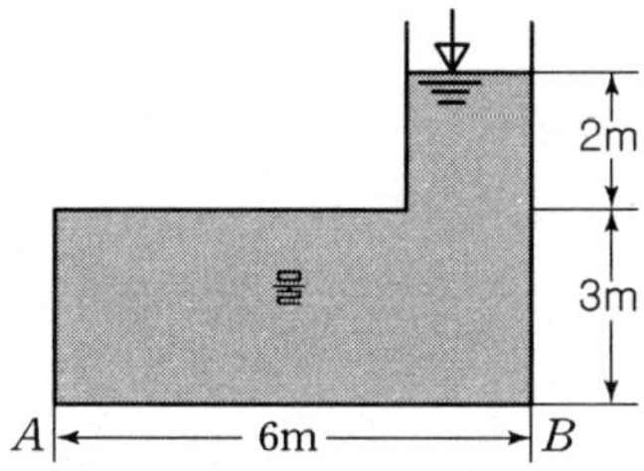

10. 그림과 같이 동심원판의 한 쪽 면에 작용하는 힘과 작용점을 구하여라.

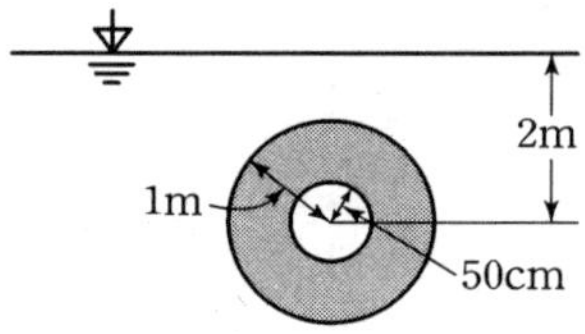

11. 그림과 같은 평면이 어떠한 유체 속에 잠겨 있다면 압력의 중심점은 자유표면으로부터 아래쪽으로 어느 지점이 되겠는가?

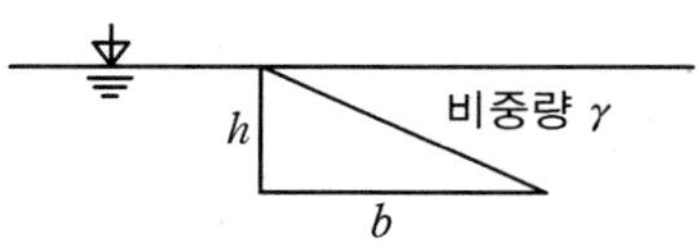

12. 폭×높이＝$a \times b$인 직사각형 수문의 도심이 자유표면으로부터 h의 깊이에 있다면 압력 중심의 위치는 수면으로부터 아래쪽으로 어느 지점이 되겠는가?

13. 그림과 같이 수문이 경사지게 설치되어 있다. 수문 AB의 단면적은 0.5m×3m이고 A점이 힌지 되어 있을 때 B지점에서 수문을 열기 위한 힘은 몇 N이 필요하겠는가?

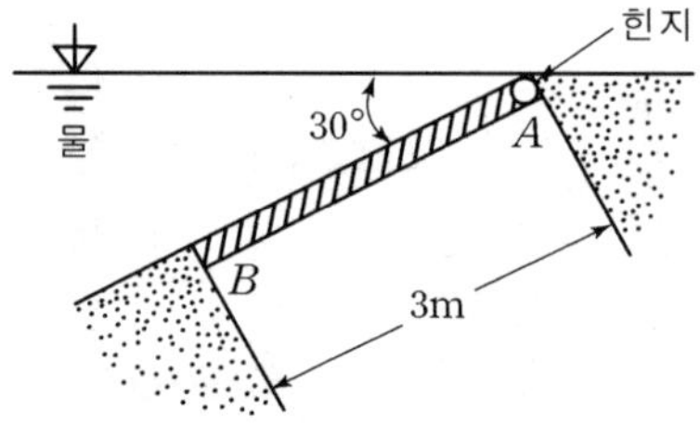

14. 유체 속에 경사지게 잠겨진 면에 작용하는 힘의 작용점에 대한 설명 중에서 올바르게 표현한 것은?

① 잠겨진 면의 중심에 힘이 작용한다.
② 잠겨진 면의 중심보다 위에 작용한다.
③ 잠겨진 면의 중심보다 아래에 작용한다.
④ 잠겨진 면의 중심과는 관계없이 작용한다.

15. 힘의 작용점에 대한 설명으로 올바른 표현은 어느 것인가?

① 합력의 작용선 상에 존재한다. ② 압력 프리즘의 중심이다.
③ 면적의 방향과 전혀 상관없다. ④ 잠긴 평판의 중심이다.

16. 그림과 같이 $\frac{1}{4}$ 원으로 된 곡면이 2m의 깊이에 잠겨 있다면 AB면에 작용하는 힘의 수직성분은 몇 Newton이겠는가? (단, 액체의 비중량은 γN/m^{3}이다.)

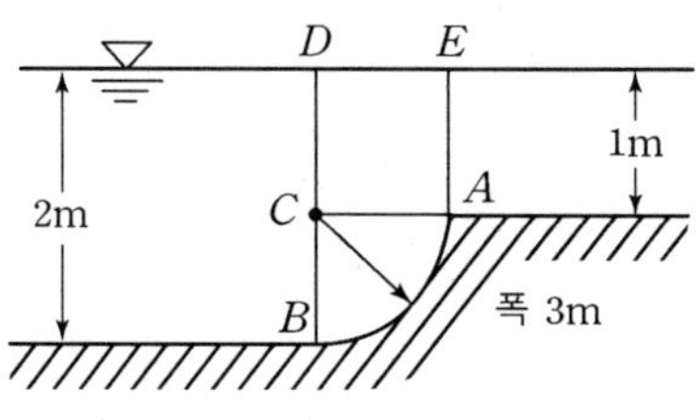

17. 비중이 0.35인 물체를 물위에 띄우면 물 밖으로 나오는 부분과 물속에 잠기는 부분으로 나뉘어지는데, 물 밖으로 나오는 부피는 전체 부피의 몇 분의 몇에 해당 되겠는가?

18. 유체 속에 잠겨진 물체에 작용하는 부력에 대한 설명 중에서 가장 올바른 표현은 어느 것인가?

① 물체에 의하여 배제된 유체의 무게와 같다.
② 물체의 중력과 같다.
③ 물체의 중력보다 크다.
④ 유체의 비중량과는 관계가 없다.

19. 부력의 작용선에 대한 설명 중에서 올바른 표현은 어느 것인가?

① 유체 속에 잠겨있는 체적의 중심을 통과한다.

② 부체의 중심을 통과한다.

③ 물체의 수직 투영면의 중심을 통과한다.

④ 잠겨진 물체의 위쪽에 있는 유체의 중심을 통과한다.

20. 부체가 안정할 수 있는 조건으로 맞게 표현한 것은?

① 경심의 높이가 0인 경우

② $\frac{I}{V}$(중심과 부심의 거리)=0이고 중심이 부심의 위에 있는 경우

③ $\frac{I}{V}=0$인 경우

④ 경심이 중심보다 위에 존재하는 경우

21. 비중이 1.025인 바닷물에 빙산이 떠 있다. 떠 있는 빙산의 부피는 바닷물 밖으로 전체 부피의 10%만 드러나 있다. 이러한 경우에 빙산의 비중을 구하여라.

22. 어떠한 직육면체의 용기에 들어 있는 유체가 용기를 수평 등가속도, a_x로 움직임에 따라 수평방향에 대하여 30도의 각도를 갖고 움직이고 있다면 수평 등가속도, a_x는 몇 m/s^2로 움직이고 있었을까?

23. 반지름이 30cm인 원형용기에 물을 담아서 중심축에 대하여 180rpm으로 강제 회전운동을 시켰을 때 중심에서의 물의 높이와 벽면을 타고 올라간 물의 높이의 차를 구하여라. 또한, 벽면을 타고 올라간 물의 부피도 구하여라.

24. 그림과 같이 4×10m인 직사각형의 평판이 물의 자유표면과 30°로 기울어져서 물속에 놓여 있다면 평판의 윗면에 작용하는 전압력을 구하여라.

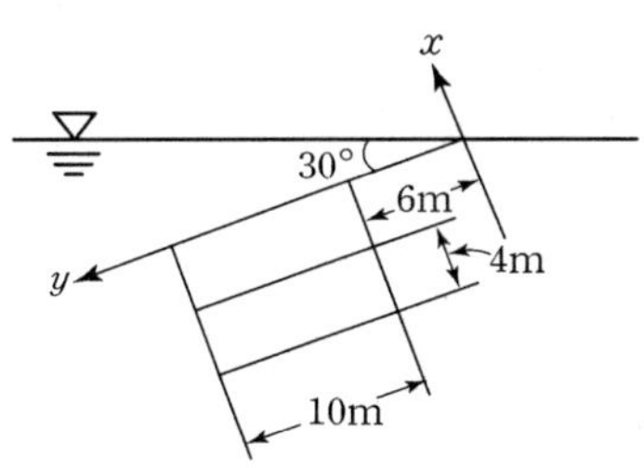

25. 그림과 같이 직경이 d인 원형 평판이 물 속에 있을 때 C는 원판의 도심을 의미하고, P는 압력의 중심을 의미한다면, 물의 자유 표면으로부터 압력의 중심점 P까지의 깊이 h_p를 구하여라.

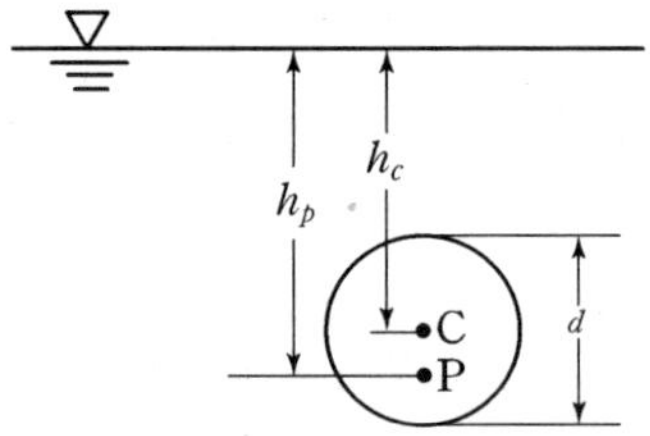

26. 그림과 같이 수문이 AB의 위치에 설치되어 있다. A점이 힌지되어 있는 경우에 수문 AB가 평형을 유지하려면 공기의 합력을 얼마로 하여야 하는가?

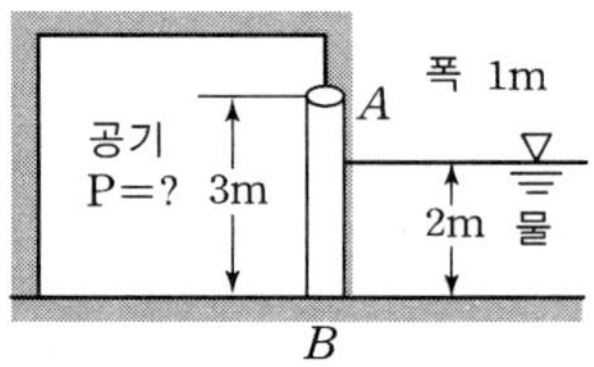

27. 강제 회전운동을 가장 적절하게 표현한 것은?

① 자유 회전운동이 일어날 때 동시에 발생한다.
② 속도가 중심으로부터의 거리에 반비례하여 변화한다.
③ 자유 회전운동과 회전방향이 반대이다.
④ 유체가 강체가 움직이는 것처럼 회전할 때 발생한다.

28. 원형용기에 들어있는 액체가 고체처럼 일정한 등각속도로 연직축 주위를 회전운동 할 때 유체 내에서의 압력은 어떻게 변화하는가?

① 원형용기 반지름의 제곱에 비례해서 변화한다.
② 원형용기에 들어있는 액체의 깊이에 비례하여 변화한다.
③ 원형용기의 반지름에 비례해서 변화한다.
④ 원형용기 반지름의 제곱에 반비례해서 감소한다.

29. 경심 높이를 가장 적절하게 표현한 것은?

① 부심과 중심 사이의 거리
② 중심과 경심 사이의 거리
③ 부심과 경심 사이의 거리
④ 옮겨진 부심에서 경심까지의 거리

30. 지름이 2m이고, 깊이가 3m인 원형용기에 어떠한 액체가 가득 채워져 있다. 이러한 용기를 수평방향으로 등가속운동을 시켰더니, 그 용기에 들어있는 액체의 $\frac{1}{3}$이 넘치게 되었다면, 얼마의 수평 등가속도로 움직였겠는가?

3장

유체 동역학

유체 동역학은 쉽게 서술하면 유체 정역학과 구별해서 유체가 움직이고 있는 상태를 다루는 학문이기 때문에 모든 상태가 뉴턴의 제2법칙인 $F = ma$에 의하여 해석된다. 앞에서 언급했듯이 유체는 점성 유체와 비점성 유체 그리고 압축성 유체와 비압축성 유체로 구분할 수 있는데 이 장에서는 주로 비점성 유체와 비압축성 유체만을 다루기로 한다.

유체 동역학은 유체입자의 특성이나 어떠한 힘이 유체입자의 운동에 미치는 영향을 고려하지 않고 기하학적인 방법에 있어서 유체입자의 운동을 고찰하는 분야이다. 유체 동역학적인 견지에서 유체입자의 운동 형태는 변형과 이동 및 회전으로 분류할 수 있다. 그런데, 이들 유체입자의 운동 형태는 독자적인 형태로 발생되는 경우도 있고 또한 서로의 운동 형태가 조합되어 일어나는 경우도 발생한다.

3·1 비점성 유체의 유동

비점성 유체는 앞에서도 언급했지만, 뉴턴의 점성법칙을 따르지 않는 유체이기 때문에 $\tau = 0$인 상태의 유동에서 유체입자의 운동형태를 다루려는 것이다.

3·1·1 유체유동의 분류

유체유동은 여러 가지 관점에 따라 분류할 수 있다. 먼저 시간과 위치에 따라 유동형태를 구분하여 보면, 정상유동과 비정상유동 및 균일유동과 불균일유동으로 구분될 수 있는데, 정상유동은 유체의 어느 한점에서의 유동조건이 시간에 상관없이 일정한 유동을 의미하며 비정상유동은 시간의 경과와 함께 유동조건이 변화되는 유동을 의미한다. 그리고, 균일유동은 어떠한 임의의 한 영역에서 위치에 따라 유동조건이 바뀌지 않는 유동을 의미하고 불균일유동은 임의의 한 영역에서 위치에 따라 유동조건이 변화되고 있는 유동을 의미하는데, 이들을 조합하여 분류하면 다음과 같이 4종류로 분류될 수 있다.

1 정상 균일유동(steady uniform flow)

정상 균일유동은 임의의 어떠한 위치에서나 일정한 속도를 갖고 들어오는 유동에서 유속이나 유량이 시간의 경과에 따라 변화되지 않는 유동이므로 이들에 속하는 유동은 예를 들면 단면적이 일정한 직관 유동에서 위치나 시간에 따라서 유속을 $u=f(s,\ t)$로 나타낼 때 유속이 일정함을 나타내는 아래의 식으로 표현할 수 있다.

$$\frac{\partial u}{\partial t}=0, \qquad \frac{\partial u}{\partial s}=0$$

2 비정상 균일유동(unsteady uniform flow)

비정상 균일유동은 임의의 어떠한 위치에서나 일정한 속도를 갖고 들어오는 유동에서 유속이 시간에 따라 변화되는 유동이므로 이들에 속하는 유동은 예를 들면 단면적이 일정한 직관 유동에서 가속이나 감속이 발생되는 유동으로 아래의 식으로 표현될 수 있다.

$$\frac{\partial u}{\partial t}\neq 0, \qquad \frac{\partial u}{\partial s}=0$$

3 정상 불균일유동(steady nonuniform flow)

정상 불균일유동은 유속이 시간의 경과에는 상관없이 일정하나, 위치에 따라 변화되는 유동이므로 이러한 유동은 단면적이 일정하지 않는, 어떠한 변화를 갖고 있는 관 내의 유동인데 식으로는 아래와 같이 표현될 수 있다.

$$\frac{\partial u}{\partial t}=0, \qquad \frac{\partial u}{\partial s}\neq 0$$

4 비정상 불균일유동(unsteady nonuniform flow)

비정상 불균일유동은 위치나 시간에 따라 유속이 변화되는 유동이므로 예를 들면 단면적이 일정하지 않는 관의 유동에서 가속이나 감속이 발생되는 유동이 이러한 부류에 속하며 식으로는 아래와 같이 표현될 수 있다.

$$\frac{\partial u}{\partial t} \neq 0, \qquad \frac{\partial u}{\partial s} \neq 0$$

또한, 방향에 따라 유동형태를 분류하면 속도의 변화를 나타내는데 필요한 좌표의 수에 따라 1차원, 2차원, 3차원 유동인 3종류로 분류할 수 있는데, 그 중에서 첫번째로 1차원 유동(one-dimensional flow)은 유체 유동의 모든 물리적 성질과 특성을 하나의 공간좌표와 시간의 함수로 표현할 수 있는 유동을 의미하는데, 식으로는 $u=f(x,\ t)$로 나타낼 수 있다. 원형관이나 개수로에서의 유체 유동은 엄밀한 의미에서 1차원 유동으로 취급할 수 없지만, 수직 방향에 대한 유체 유동의 물리적 성질과 특성을 무시할 수 있는 경우에 이들의 물성과 특성을 수직 방향에 있어서 균일하게 분포되어 있는 것으로 가정함으로써 1차원유동으로 취급하는 경우가 있다. 아래의 그림에서 그림 3·1(a)가 1차원 유동의 속도분포를 보여주고 있는 것이다.

2차원 유동 (two-dimensional flow)은 유체 유동의 모든 물리적 성질과 특성을 2개의 공간좌표와 시간의 함수로 표현할 수 있는 유동을 의미한다. 그러므로 식으로 표현하면, $u=f(x,\ y,\ t)$로 나타낼 수 있는데 단면이 일정하고 길이가 무한하게 긴 날개 주위의 유동이나 길이가 무한하게 길고 단면이 일정한 댐 위를 넘쳐흐르는 유동이 2차원 유동에 속한다. 마지막으로 유체의 유동 중에서 가장 일반적인 유동이 3차원유동(three-dimensional flow)인데, 유체 유동의 모든 물리적 성질과 특성이 3개의 공간좌표와 시간의 함수로 표현될 수 있는 유동이며, 식으로는 $u=f(x,\ y,\ z,\ t)$로 나타낼 수 있다. 예를 들면, 일정 길이를 갖는 날개 끝점 부근에서의 유동이나 관의 유입구 부근에서의 유체유동, 또는 자유분사노즐에서 유체를 분사시킬 때 회전시켜 분사하거나 하는 경우에 발생하는 복잡한 충돌유동 등이 3차원 유동에 포함된다. 대부분의 유동이 실제로는 이들의 2차원 유동이나 3차원 유동에 포함되나, 유체 유동의 물리적 성질이나 특성이 유동방향의 수직한 단면에 균일하게 분포되어 있는 경우로 가정하여 1차원 유동의 문제로 다루는 경우가 있고, 이들의 2차원이나 3차원 유동은 대부분의 유동이 아주

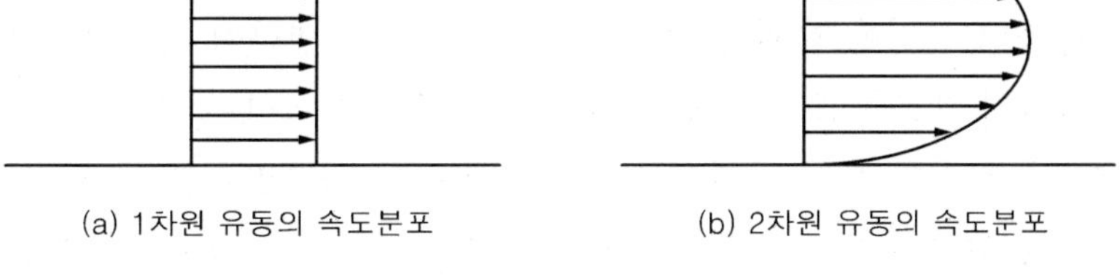

(a) 1차원 유동의 속도분포 (b) 2차원 유동의 속도분포

그림 3·1 속도분포

복잡하여 그 유동을 수학적으로 해석하기가 일반적으로 불가능한 경우가 종종 있기 때문에 기하학적 유동에 대하여 간단한 경계조건을 갖는 유동만을 해석적으로 다루고 있을 뿐이다.

예제 3·1

비정상 불균일유동을 가장 적절하게 표현한 식은?
(단, ρ는 밀도, u는 속도벡터, t는 시간, s는 위치를 나타낸다.)

① $\frac{\partial u}{\partial t}=0$, $\frac{\partial u}{\partial s}\neq 0$ ② $\frac{\partial u}{\partial t}=0$, $\frac{\partial u}{\partial s}=0$

③ $\frac{\partial u}{\partial t}\neq 0$, $\frac{\partial u}{\partial s}\neq 0$ ④ $\frac{\partial u}{\partial t}\neq 0$, $\frac{\partial u}{\partial s}=0$

●**풀이**● 비정상유동은 시간의 변화에 따라 속도가 변화하는 유동이고, 불균일유동은 위치에 따라 속도가 변화하는 유동이므로 정답은 ③이다.

3·1·2 유체유동의 묘사 방법

연속적인 유체의 유동을 묘사하는 방법은 일반적으로 라그란지안 묘사 방법과 오일러 묘사 방법을 사용하고 있다. 라그란지안 묘사 방법(Lagrangian description method)은 연속체의 입자, 하나하나에 착안하여 각 입자가 시간 경과에 따라 어떠한 경로를 밟아 어떻게 움직이는가를 입자를 추적하면서 관찰하는 방법으로 특정한 유체입자의 운동에 착안하여 그 운동을 묘사하는 방법이다. 즉 주어진 유체입자가 주어진 시간에 어느 곳에 위치하여 있는가를 묘사하는 방법이 라그란지안 묘사 방법이고, 오일러 묘사 방법(Eulerian description method)은 공간의 어느 특정한 지점을 주시하면서 각 순간에 그 점 부근을 지나는 유체 입자들의 유동특성을 관찰하는 방법으로 공간내의 특정한 위치를 지나는 임의의 유체입자에 대한 운동을 묘사하는 방법이다. 즉, 특정한 유체입자의 운동을 관찰하는 것이 아니고, 주어진 시간에 주어진 위치를 어떤 입자가 지나가는가를 묘사하는 것이 오일러 묘사 방법이다. 유체유동에 대한 이들의 2가지 묘사 방법 중에서 실제 유동의 특정한 유체입자를 주위의 유체와 구별하여 관측한다고 하는 것은 아주 어려운 일이기 때문에 오일러 묘사 방법을 더욱 선호한다는 주장이 강하게 제기되고 있으나, 이들 두 가지 묘사 방법의 근본적인 차이는 라그란지안 묘사 방법은 보기에는 식이 매우 간단하게 보이나 비선형이라는 특성 때문에 풀기가 극히 어려워지게 되는 입자의 좌표가 시간의 함수로 표시 되어지는 반면에, 오일러 묘사 방법은 입자의 속도가 공간상 점의 좌표와 시간의 함수로 표시된다고 하는 것이다. 그러므로 오일러 묘사 방법에 있어서 좌표 x, y, z는 관측하는 지점의 위치를 의미하는 독립변수이지만, 라그란지안 묘사 방법에 있어서 좌표 x, y, z는 임의의 시각 t에서의 입자의 위치를 나타내므로 시간과 초기위치만을 독립변수로 하는 종속변수이다. 예를 들면, 물 속에서 놀고 있는 물고기의 거동을 사람이 다리 위에서 관찰 하고자 할 때 다리 밑의 어느 점에 시선을 고정하여 놓고 물고기의 운동을 관찰 하는 방법은 오일러 묘사 방법이고, 물고기에 시선을 고정하여 놓고 물고기를 따라 가면서 물고기의 운동을 관찰 하는 방법은 라그란지안 묘사 방법이 된다.

3·1·3 유선, 유적선, 유맥선

유체의 유동을 직접적으로 관찰하고 해석하려면 유동장내의 유체의 움직임을 한눈에 볼 수 있도록 나타내는 방법이 필요한데, 이러한 방법으로 가시화시킨 것들이 유선(streamline), 유적선(pathline), 유맥선(streakline) 등이다. 유선은 어떤 순간에 유동장내에 그려진 가상곡선으로 이 곡선상의 임의의 모든 점을 지나는 유체입자의 속도방향과 각 점에서의 접선방향이 일치하도록 그려진 연속적인 선으로 입자의 속도가 공간점의 좌표와 시간의 함수로 나타나는 오일러 묘사 방법을 이용한 것이다. 유속이 시간의 함수라면 유선은 시간에 따라 변하는데, 유선상의 각 점에서 속도벡터는 유선에 접하기 때문에 유선을 가로지르는 유동은 존재하지 않는다. 그러므로 주어진 시각에 무수히 많은 유선들이 유동장내에 그려질 수 있고, 이 선들은 서로 교차하지 않게 된다. 이

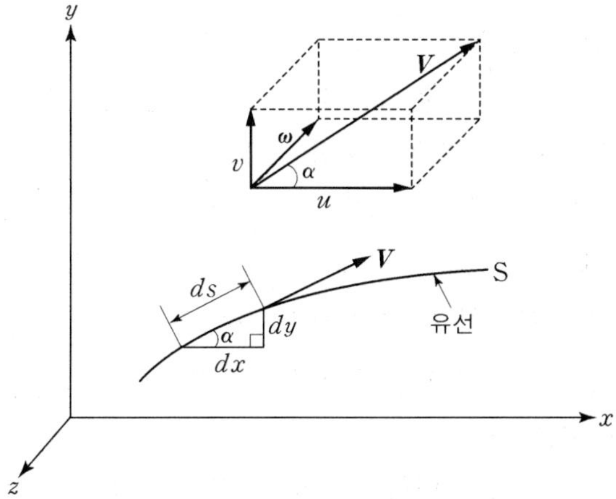

그림 3·2 유선의 좌표와 방향

와 같이 유체입자는 어떠한 시각에 있어서도 유선방향으로 운동을 하게 되는데, 그 유체입자의 미소한 변위를 ds로 하면, 각 x, y, z방향의 성분은 dx, dy, dz가 되고, 그 x, y, z방향의 속도성분을 u, v, w라고 하면 속도벡터 $\boldsymbol{V}$는 다음과 같이 나타낼 수 있다.

$$\boldsymbol{V} = ui + vj + wk$$

여기에서 속도벡터 $\boldsymbol{V}$가 x, y, z방향과 이루는 각도를 각각 α, β, γ로 하면, 방향여현은 다음과 같이 나타낼 수 있다.

$$\cos\alpha = \frac{u}{\boldsymbol{V}}, \quad \cos\beta = \frac{v}{\boldsymbol{V}}, \quad \cos\gamma = \frac{w}{\boldsymbol{V}}$$

그런데, 그림 3·2에 나타난 것처럼 변위벡터 ds와 속도벡터 $\boldsymbol{V}$의 방향이 같으므로 다음과 같이 정리될 수 있다.

$$\cos\alpha = \frac{dx}{ds}, \quad \cos\beta = \frac{dy}{ds}, \quad \cos\gamma = \frac{dz}{ds}$$

$$\therefore \frac{u}{\boldsymbol{V}} = \frac{dx}{ds}, \quad \frac{v}{\boldsymbol{V}} = \frac{dy}{ds}, \quad \frac{w}{\boldsymbol{V}} = \frac{dz}{ds}$$

그러므로 이들 식은 다음과 같이 변형해서 정리될 수 있다.

$$\therefore \frac{ds}{\boldsymbol{V}} = \frac{dx}{u}, \quad \frac{ds}{\boldsymbol{V}} = \frac{dy}{v}, \quad \frac{ds}{\boldsymbol{V}} = \frac{dz}{w}$$

$$\therefore \frac{dx}{u} = \frac{dy}{v} = \frac{dz}{w}$$

이 식을 우리는 유선의 미분 방정식이라고 부르는데, 이 식은 유선이 갖는 일반적인 특성을 수학적으로 표현한 것이다. 그러므로 이 미분 방정식을 만족하는 연속적인 곡선이 유선이 되는 것이다. 유적선은 특정한 유체입자가 일정한 시간동안에 움직인 자취를 나타낸 선으로 라그란지안 묘사 방법을 이용한 것이다. 반면에 유동장내 공간상의 특정한 지점을 일정한 시간동안 지나간 유체입자들의 특정한 시각에서의 위치를 연결한 선, 즉 유체입자들의 순간궤적을 유맥선이라고 하는데, 액체의 흐름인 경우는 색소를 착색한 액이나 감광하기 쉬운 분자를 흘러 보낸다거나 기체인 경우에는 흐름 속의 어떠한 정해진 장소에 연기의 선이나 열기를 흘러 보내게 되면 미소 입자가 나타내는 자취인 유맥선을 쉽게 관찰할 수 있다.

그런데, 속도가 시간에 따라서 변화되지 않는 경우는 유선도 시간의 함수가 되지 않을 뿐더러 유선상의 한점에 해당하는 유체입자는 계속하여 동일한 유선 위를 흘러가게

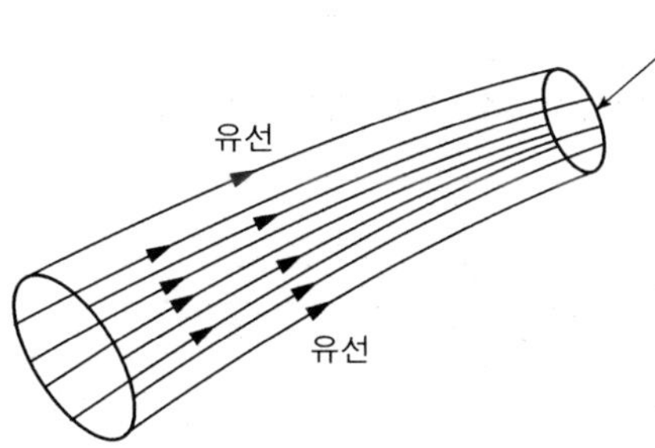

그림 3·3 유선과 유관

되므로 유적선과 유맥선 및 유선이 일치하게 된다. 그림 3·3에 나타난 것처럼, 이웃하는 유선들의 묶음, 즉 유선들에 의하여 형성된 공간을 유관(stream tube)이라고 한다. 그러므로 미소 단면적의 유체유동은 마치 하나의 유선과 같은 유관이 되며 이러한 유관의 단면적이 아주 작아서 그 내부에 존재하는 유선들의 속도차이를 무시할 수 있을 정도로 아주 작은 경우는 유사(stream filament)라고 한다.

3·1·4 유체입자의 가속도

유체의 속도는 거리를 시간에 대하여 미분시킴으로써 얻을 수 있는 것이고, 가속도는 속도를 시간에 대하여 미분시킴으로써 얻을 수 있는 유체의 물성 값이다. 독자가 잘 알고 있듯이 Newton의 제2법칙에 의하여

$$F = ma$$

여기에서 a는 가속도를 의미한다.

속도를 위치와 시간의 함수로 표현하면 $u = f(s, t) = f(x, y, z, t)$이다.

그러므로 속도 u에 대한 전미분 기호 du를 나타내면

$$du = \frac{\partial u}{\partial s} ds + \frac{\partial u}{\partial t} dt$$

이 식을 dt로 나누면 가속도가 얻어지므로

$$\frac{du}{dt} = a = \frac{\partial u}{\partial s} \cdot \frac{ds}{dt} + \frac{\partial u}{\partial t} \cdot \frac{dt}{dt} = u\frac{\partial u}{\partial s} + \frac{\partial u}{\partial t}$$

여기에서 $\frac{du}{dt}$는 실질 가속도 혹은 전 가속도(substantial or total acceleration)라 하고, $u\frac{\partial u}{\partial s}$는 대류 가속도(convective acceleration), $\frac{\partial u}{\partial t}$는 순간 가속도(temporal acceleration)라고 부른다.

이들의 식을 3차원으로 나타내면 속도에 대한 전미분 기호 dV가 다음과 같이 정리된다.

$$dV = \frac{\partial V}{\partial x} dx + \frac{\partial V}{\partial y} dy + \frac{\partial V}{\partial z} dz + \frac{\partial V}{\partial t} dt$$

그러므로 가속도는 다음과 같이 표현된다(양변을 dt로 나누면).

$$\frac{dV}{dt} = a = u\frac{\partial V}{\partial x} + v\frac{\partial V}{\partial y} + w\frac{\partial V}{\partial z} + \frac{\partial V}{\partial t}$$

위의 가속도에 대한 식을 3차원으로 나타내면 다음과 같이 정리할 수 있다.

$$a_x = u\frac{\partial u}{\partial x} + v\frac{\partial u}{\partial y} + w\frac{\partial u}{\partial z} + \frac{\partial u}{\partial t}$$

$$a_y = u\frac{\partial v}{\partial x} + v\frac{\partial v}{\partial y} + w\frac{\partial v}{\partial z} + \frac{\partial v}{\partial t}$$

$$a_z = u\frac{\partial w}{\partial x} + v\frac{\partial w}{\partial y} + w\frac{\partial w}{\partial z} + \frac{\partial w}{\partial t}$$

이들 가속도에 대한 세 개의 식에서 오른쪽의 마지막 항에 해당하는 $\frac{\partial}{\partial t}$는 하나의 공간 점에서 시간에 대한 변화율을 나타내므로 국소 가속도 혹은 순간 가속도(local or temporal Acceleration)라 하고, 이러한 이유로 정상유동에서는 이항의 값이 0가 된다.

그리고 그 외의 나머지 세 개의 항 $u\frac{\partial}{\partial x} + v\frac{\partial}{\partial y} + w\frac{\partial}{\partial z}$는 유체 입자의 운동으로 인하여 발생하는 위치의 변화에 대한 가속을 대류 가속도(convective acceleration)라고 부른다.

유체 입자가 구부러진 어떠한 곡로를 따라 운동하게 될 때는 가속도가 곡률 중심을 향하게 되는데, 곡률 반지름을 R이라 하면 유체 입자의 가속도는 $\frac{u^2}{R}$이므로 유선의 반지름을 r로 나타내면 곡률 중심을 향한 유체 입자의 가속도는 $\frac{u^2}{r}$이 되고, 곡률 중심을 향한 속도 성분을 u_r로 표현하면 곡률 중심을 향한 전 가속도는 다음과 같이 정리될 수 있다.

$$a_r = \frac{u^2}{r} + \frac{\partial u_r}{\partial t}$$

여기에서 $\frac{\partial u_r}{\partial t}$는 순간 가속도를 의미하며 정상유동인 경우는 0가 된다.

3·2 연속 방정식

흐르는 유체에 질량보존의 법칙을 적용하여 수식으로 표현한 것이 연속 방정식(continuity equation)이다. 물리적으로는 어떠한 계(system)를 통하여 흘러 들어온 유입질량과 흘러 나간 유출질량은 같다는 의미로 단위시간에 흘러 들어오는 질량으로부터 흘러 나가는 질량을 제거하면 0가 된다는 것을 나타낸다. 여기에서 계(system)는 특정한 물체들만을 포함하는 영역을 의미한다.

3·2·1 1차원 유동의 경우

앞에서도 언급했지만 어떠한 유동을 1차원 유동으로 가정함은 임의의 단면에서의 모든 특성이 하나의 단면에서 균일하게 분포한다는 의미를 함축하고 있다. 그러므로 그림 3·4에서처럼 단면이 일정하지 않은 관 내의 유체유동에서 점 1과 점 2에서 단면을 A_1 과 A_2로 할 때 dt시간 동안의 유입질량과 유출질량은 질량보존의 법칙에 의하여 같으므로

$$m_1 = \rho_1 \, A_1 \, dx_1$$

$$m_2 = \rho_2 \, A_2 \, dx_2$$

$$\therefore \; m_1 = m_2$$

또한 단위시간에 유입질량에서 유출질량을 뺀 값이 변화가 없어야 된다는 의미는 0이 되어야 한다는 것이고, 바꾸어 말하면 단위시간에 흘러간 두 질량은 같다. 그러므로 이들을 식으로 나타내면

$$\frac{\rho_1 \, A_1 \, dx_1}{dt} = \frac{\rho_2 \, A_2 \, dx_2}{dt}$$

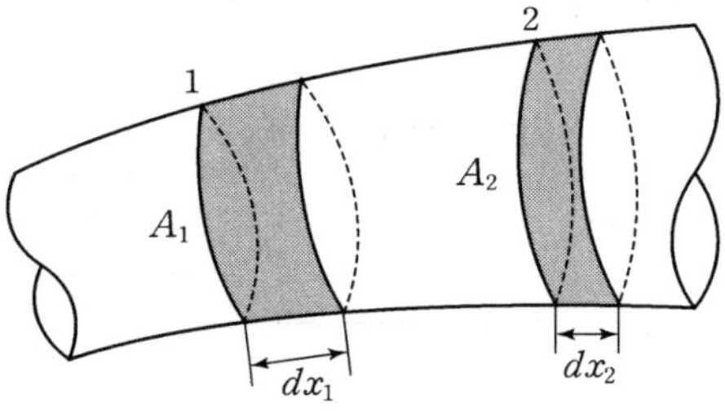

그림 3·4 1차원 유동에서의 연속 방정식

여기에서 $\dfrac{dx_1}{dt}$ 이나 $\dfrac{dx_2}{dt}$ 는 시간에 대한 거리의 변화율을 의미하므로 속도 V_1과 V_2로 나타낼 수 있다.

$$\therefore\ \rho_1 A_1 V_1 = \rho_2 A_2 V_2 \tag{3·1}$$

$$\therefore\ \rho A V = c \tag{3·2}$$

이 식은 질량유량, $\dot{m}$ (kg/s)이 항상 일정함을 의미한다. 그런데 정상유동이면서 비압축성 유동인 경우는 밀도 ρ가 일정하므로

$$\therefore\ A V = C \tag{3·3}$$

로 나타내기도 하는데, 이 식은 체적유량, $Q\,(\mathrm{m^3/s})$이 항상 일정함을 의미한다. 위의 식 (3·1), (3·2), (3·3)은 1차원 유동에서의 연속 방정식을 표현하고 있다. 그리고 중량유량(N/s)은 질량유량에 중력 가속도를 곱한 것으로 N $\dot{G} = \gamma A V$를 의미한다.

예제 3·2

단면이 0.4×0.5m인 도관 속을 공기가 흐르고 있는데, 이 공기의 유량이 $0.9\mathrm{m^3/s}$ 이라면 공기의 질량유량, $\dot{m}$과 평균속도, V를 구하여라. 단, 공기의 밀도는 $\rho = 2\,\mathrm{kg/m^3}$으로 한다.

● 풀이 ● 질량유량 $\dot{m} = \rho A V$인데, 유량 $Q = A, V = 0.9\,\mathrm{m^3/s}$이므로

$$\therefore\ \dot{m} = \rho Q = 2\times 0.9 = 1.8\,\mathrm{kg/s}$$

평균속도 $V = \dfrac{Q}{A} = \dfrac{0.9}{0.4\times 0.5} = 4.5\,\mathrm{m/s}$

예제 3·3

아래에 나타낸 그림처럼 관내를 비압축성 유체가 흐르고 있는데, 관 A의 지름은 d이고, 관 B의 지름은 $\dfrac{1}{4}d$이라면 관 A에서의 속도를 V라고 할 때 관 B에서 유체의 유속은 얼마인가?

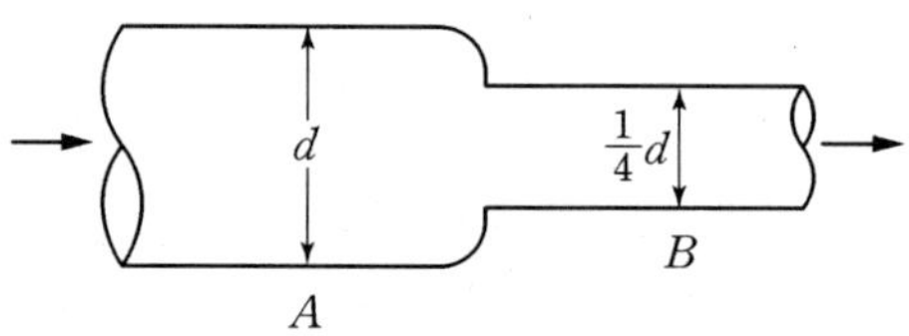

● 풀이 ● 비압축성 유동이므로 연속 방정식은

$$AV = C$$

$$\therefore A_1 V_1 = A_2 V_2 \quad \rightarrow \quad \therefore A V_1 = B V_2$$

그런데 $A = \frac{\pi}{4} d^2$, $B = \frac{\pi}{4}\left(\frac{d}{4}\right)^2 = \frac{\pi}{4} \cdot \frac{d^2}{16}$

그러므로 단면적 B는 단면적 A의 $\frac{1}{16}$ 배이다.

그런데, 연속 방정식에 의해서 A와 B지점에서의 유량은 같아야 하므로 A지점에서의 속도, $V_1 = V$라고 하면 B지점에서는 A지점의 16배가 되어야 등식이 성립하므로 $V_2 = 16\,\text{V}$이다.

3·2·2 3차원 유동의 경우

3차원 유동에 대한 연속 방정식을 유도하기 위해서는 그림 3·5에서처럼 직교 좌표계를 설정하여 미소 입방체 $dx\,dy\,dz$에 유입되는 질량과 유출되는 질량에 대하여 알아보면 된다.

x, y, z방향에 있어서 유체의 속도를 각각 u, v, w라 할 때, 먼저 x방향으로 dt시간 동안 흘러 들어온 유입질량과 흘러 나간 유출질량은 다음과 같이 정리된다.

$$\text{유입질량} = \rho u \; dy\,dz\,dt$$

$$\text{유출질량} = \left(\rho + \frac{\partial \rho}{\partial x} dx\right) \cdot \left(u + \frac{\partial u}{\partial x} dx\right) dy\,dz\,dt$$

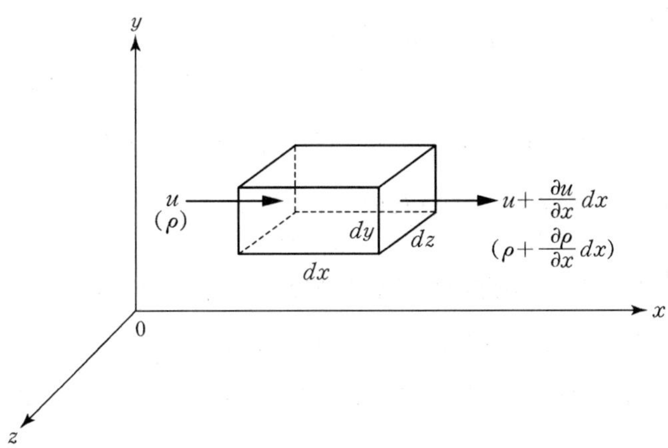

그림 3·5 직각 좌표계에서 3차원 유동의 연속 방정식

단위시간 동안에 미소 입방체 내에 축적된 질량은 단위시간 동안에 미소 입방체 내부에서 발생되는 질량의 변화와 같은 것이 질량보존의 법칙이므로, 먼저 x방향에 있어서 단위시간 동안에 미소 입방체 내에 축적된 질량은 $\frac{유입질량}{dt} - \frac{유출질량}{dt}$ 이므로 다음과 같이 정리된다.

$$\therefore \ \rho u\,dy\,dz - \left(\rho + \frac{\partial \rho}{\partial x}dx\right)\cdot\left(u + \frac{\partial u}{\partial x}dx\right)dy\,dz$$

여기에서 고차 미분항은 아주 작은 값이므로 무시하고 정리하면 다음과 같다.

$$\therefore \ -\left(u\frac{\partial \rho}{\partial x} + \rho\frac{\partial u}{\partial x}\right)dx\,dy\,dz = -\frac{\partial(\rho u)}{\partial x}\,dx\,dy\,dz4$$

동일한 방법으로 y방향에 대해서는

$$\therefore \ -\left(v\frac{\partial \rho}{\partial y} + \rho\frac{\partial v}{\partial y}\right)dx\,dy\,dz = -\frac{\partial(\rho v)}{\partial y}\,dx\,dy\,dz$$

z방향에 대하여 단위시간 동안에 축적된 질량은

$$\therefore \ -\left(w\frac{\partial \rho}{\partial z} + \rho\frac{\partial w}{\partial z}\right)dx\,dy\,dz = -\frac{\partial(\rho w)}{\partial z}\,dx\,dy\,dz$$

그러므로 전체적으로 미소 입방체 내에 축적된 질량은 다음과 같이 정리된다.

$$\therefore \ -\left\{\frac{\partial(\rho u)}{\partial x} + \frac{\partial(\rho v)}{\partial y} + \frac{\partial(\rho w)}{\partial z}\right\}dx\,dy\,dz \qquad (3\cdot4)$$

또한, 단위시간 동안에 질량의 변화를 정리하면

$$\therefore \ \frac{\left\{\left(\rho + \frac{\partial \rho}{\partial t}dt\right) - \rho\right\}dx\,dy\,dz}{dt} = \frac{\partial \rho}{\partial t}\,dx\,dy\,dz \qquad (3\cdot5)$$

여기에서 식(3·4)와 식(3·5)는 같으므로 다음과 같이 정리된다.

$$\frac{\partial(\rho u)}{\partial x} + \frac{\partial(\rho v)}{\partial y} + \frac{\partial(\rho w)}{\partial z} + \frac{\partial \rho}{\partial t} = 0$$

이 식이 직각 좌표계에서 **3차원 유동의 연속 방정식**이다. 그런데 또한 비압축성 유동이면서 정상유동인 경우는 시간에 대한 밀도의 변화가 없으므로 $\frac{\partial \rho}{\partial t} = 0$가 되고 밀도, ρ는 상수이기 때문에 각항을 밀도, ρ로 나누면 연속 방정식은 다음과 같이 간략하게 정리된다.

$$\frac{\partial u}{\partial x} + \frac{\partial v}{\partial y} + \frac{\partial w}{\partial z} = 0$$

이들의 3차원 연속 방정식에 대한 유도를 벡터(vector)의 기호를 사용하면 다음과 같이 아주 간단하게 유도할 수 있다.

먼저 x, y, z방향에 대한 단위벡터를 i, j, k로 표기하면 라플라스 연산자(laplacian operator)인 ∇(del)은 다음처럼 표기되고 사용된다.

$$\nabla = i\frac{\partial}{\partial x} + j\frac{\partial}{\partial y} + k\frac{\partial}{\partial z}$$

그런데, 속도벡터는 x, y, z방향의 속도를 u, v, w라고 하면 다음처럼 표기된다.

$$\boldsymbol{V} = iu + jv + kw$$

이 식에 밀도 ρ를 곱하여 델(∇)과 스칼라 적(dot product)을 구하여 정리하면 다음과 같이 정리된다.

$$\nabla \cdot (\rho \boldsymbol{V}) = \left(i\frac{\partial}{\partial x} + j\frac{\partial}{\partial y} + k\frac{\partial}{\partial z}\right) \cdot (i\rho u + j\rho v + k\rho w)$$
$$= \frac{\partial(\rho u)}{\partial x} + \frac{\partial(\rho v)}{\partial y} + \frac{\partial(\rho w)}{\partial z}$$

그러므로 연속 방정식을 벡터로 표기하면 다음과 같이 정리할 수 있다.

$$\therefore \ \nabla \cdot (\rho \boldsymbol{V}) = -\frac{\partial \rho}{\partial t}$$

또한 비압축성 유동이고 정상유동인 경우는 연속 방정식이 벡터로 다음과 같이 표기된다.

$$\therefore \ \nabla \cdot \boldsymbol{V} = 0$$

여기에서 $\nabla \cdot \boldsymbol{V}$는 속도벡터의 발산(divergence of velocity vector)이라 하고, $div\,\boldsymbol{V}$로 표기하기도 한다.

다른 방법으로 Euler는 연속 방정식을 유도하였는데, 먼저 밀도 ρ가 $\rho = f(x, y, z, t)$의 함수일 때 ρ에 대한 전미분 기호, $d\rho$를 미소시간 dt로 나누어 정리하면 다음처럼 표기된다.

$$\frac{d\rho}{dt} = u\frac{\partial \rho}{\partial x} + v\frac{\partial \rho}{\partial y} + w\frac{\partial \rho}{\partial z} + \frac{\partial \rho}{\partial t}$$

그러므로 이 식을 $\frac{\partial(\rho u)}{\partial x} + \frac{\partial(\rho v)}{\partial y} + \frac{\partial(\rho w)}{\partial z} + \frac{\partial \rho}{\partial t} = 0$인 연속 방정식에 적용하면 다음과 같이 정리된다.

$$\frac{d\rho}{dt} + \rho\left(\frac{\partial u}{\partial x} + \frac{\partial v}{\partial y} + \frac{\partial w}{\partial z}\right) = 0$$

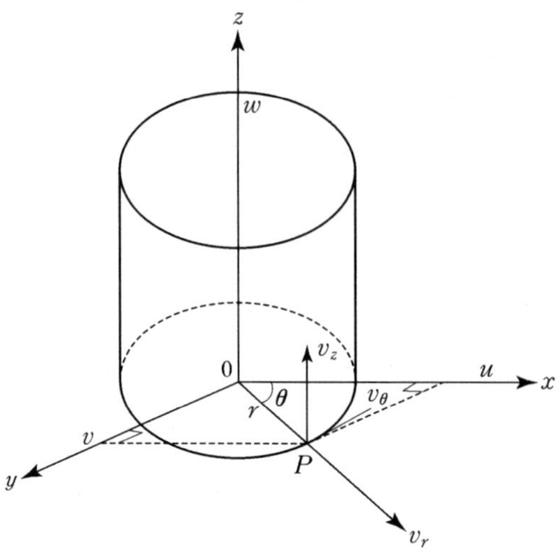

그림 3·6 원통 좌표계에서의 연속 방정식

이 식을 벡터로 표기하면

$$\frac{d\rho}{dt} + \rho \ div\, \boldsymbol{V} = 0$$

이 식이 **오일러의 연속 방정식**이다.

그리고 이들 직각 좌표계에 대한 연속 방정식을 그림 3·6과 같은 원통 좌표계로 변환하여 정리하면 다음과 같이 정리된다(유도과정은 부록을 참조).

$$\therefore \ \frac{\partial(\rho u)}{\partial x} + \frac{\partial(\rho v)}{\partial y} + \frac{\partial(\rho w)}{\partial z} + \frac{\partial \rho}{\partial t}$$

$$= \frac{1}{r}\frac{\partial(\rho r v_r)}{\partial r} + \frac{1}{r}\frac{\partial(\rho v_\theta)}{\partial \theta} + \frac{\partial(\rho v_z)}{\partial z} + \frac{\partial \rho}{\partial t} = 0$$

예제 3·4

2차원 비압축성유동에서의 속도가 $\boldsymbol{V} = (5x^2 + 3y^2)\,\boldsymbol{i} + (-10xy)\,\boldsymbol{j}$의 벡터로 표시될 때 이 유동이 연속방정식을 만족함을 증명하여라.

● 풀이 ● 2차원유동의 연속방정식은 $\frac{\partial u}{\partial x} + \frac{\partial v}{\partial y} = 0$이므로 $10x - 10x = 0$가 되어 이 유동은 연속방정식을 만족한다.

3·3 오일러의 운동 방정식

오일러의 운동 방정식은 뉴턴의 운동법칙을 다른 방법으로 표현한 식으로 생각하면 쉽게 이해할 수 있다. 그림 3·7에서처럼 1차원 유동인 경우에 오일러의 운동 방정식을 유도해 보도록 하자.

그림 3·7에서 유동하고 있는 유체의 운동하고 있는 방향에 대한 미소 단면적을 dA로 하면 양쪽 두 단면 사이의 압력 변화로 인한 힘은 다음과 같이 정리되고

$$\therefore\ PdA-\left(P+\frac{\partial P}{\partial s}ds\right)dA=-\frac{\partial P}{\partial s}dsdA\ \fallingdotseq\ -dPdA$$

유체의 유동에서 미소한 요소의 중력으로 인한 질량력의 운동방향 성분은 미소한 요소의 미소 질량을 $dm=\rho dsdA$로 놓으면 다음처럼 정리된다.

$$-\gamma dV=-\rho g\,dsdA\cos\theta=-\rho g\,dA\,dz \quad \leftarrow \quad \left(\because \cos\theta=\frac{dz}{ds}\right)$$

또한, 이들의 유체 유동에 대한 운동의 식을 간단하게 하기 위하여 각각의 유체 입자가 미끄러질 때 발생하는 내부마찰, 즉 전단응력을 생략하면 점성계수, $\mu=0$로 위에서 언급한 압력에 의한 힘과 중력에 의한 질량력만 유체의 미소요소에 작용하므로 뉴턴의 제2법칙 $dF=dma$을 적용하여 운동 방정식을 전개하면 다음과 같이 정리된다.

$$\therefore\ -dPdA-\rho g dA\,dz=F=dma$$

그런데, 가속도 a는 시간에 대한 속도의 변화율을 나타내므로 다음과 같이 표기할 수 있다.

$$a=\frac{dv}{dt}=\frac{d}{dt}\left(\frac{ds}{dt}\right)=\frac{ds}{dt}\cdot\frac{dv}{ds}=v\frac{dv}{ds}$$

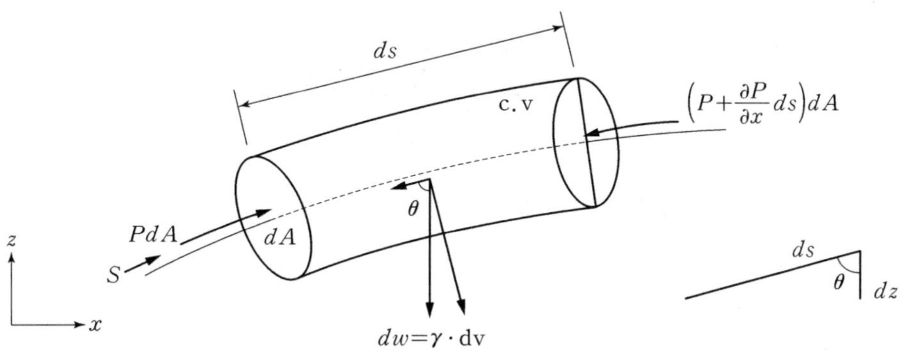

그림 3·7 1차원 유동에서 유체입자에 작용하는 힘

그러므로 운동방정식은 다음과 같이 정리된다.

$$\therefore\ -dP\,dA-\rho g\,dA\,dz=(\rho ds\,dA)\cdot v\frac{dv}{ds}$$

여기에서 양변을 ρdA로 나누고 음의 부호를 제거하기 위하여 전체를 이항시키고 정리하면 다음과 같은 식이 얻어진다.

$$\therefore\ \frac{dP}{\rho}+v\,dv+g\,dz=0 \tag{3·6}$$

이 식을 중력 가속도 g로 나누고 전 항을 미분의 형태로 만들기 위하여 다시 한번 변형하면 다음과 같이 정리된다.

$$\therefore\ \frac{dP}{\gamma}+d\left(\frac{v^2}{2g}\right)+dz=0 \tag{3·7}$$

위의 식(3·6)과 식(3·7)이 1차원 흐름에 대한 오일러의 운동 방정식이다.

이제는 3차원 유동에 대한 오일러의 운동 방정식을 유도하기 위하여 그림 3·8과 같은 직교 좌표계에서 미소 입방체 $dx\,dy\,dz$에서 각 방향에 대한 분력을 f_x, f_y, f_z라고 하면 각 방향에 대한 질량력은 $f_x\cdot\rho dx\,dy\,dz$, $f_y\cdot\rho dx\,dy\,dz$, $f_z\cdot\rho dx\,dy\,dz$로 표기할 수 있다.

먼저, x방향에 있어서 뉴턴의 운동법칙 $(F=ma)$을 적용하여 정리하면

$$\therefore\ P\,dy\,dz+f_x\cdot\rho dx\,dy\,dz-\left(P+\frac{\partial P}{\partial x}dx\right)dy\,dz=\rho dx\,dy\,dz\cdot a_x$$

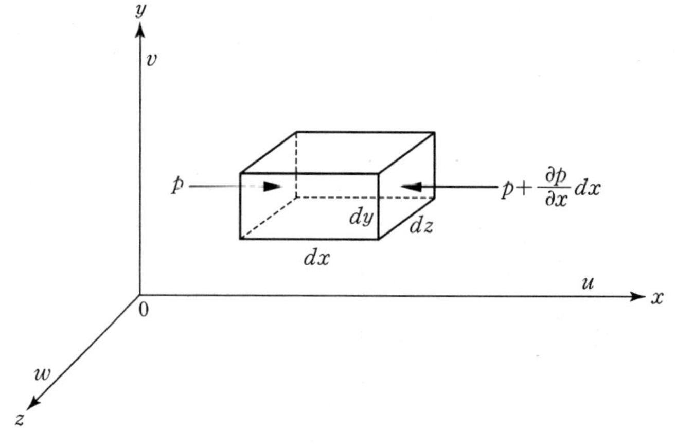

그림 3·8 3차원 유동에서 유체입자에 작용하는 힘

여기에서 $\rho dx\,dy\,dz$로 나누어 x방향에 대한 운동 방정식을 얻으면 다음과 같이 정리된다.

$$\therefore\ f_x - \frac{1}{\rho}\frac{\partial P}{\partial x} = a_x \tag{3·8}$$

동일한 방법으로 y방향과 z방향에 대해서도 다음과 같이 정리된다.

$$\therefore\ f_y - \frac{1}{\rho}\frac{\partial P}{\partial y} = a_y \tag{3·9}$$

$$\therefore\ f_z - \frac{1}{\rho}\frac{\partial P}{\partial z} = a_z \tag{3·10}$$

여기에서 a_x, a_y, a_z는 각 방향에 작용하는 가속도를 의미한다. 또한 각 방향에 대한 속도 성분을 u, v, w로 했을 때 전미분 기호로 표시하면 다음과 같이 표기된다.

$$du = \frac{\partial u}{\partial x}dx + \frac{\partial u}{\partial y}dy + \frac{\partial u}{\partial z}dz + \frac{\partial u}{\partial t}dt$$

이 식의 양변을 dt로 나누어 정리하면 다음과 같이 된다.

$$\therefore\ \frac{du}{dt} = a_x = u\frac{\partial u}{\partial x} + v\frac{\partial u}{\partial y} + w\frac{\partial u}{\partial z} + \frac{\partial u}{\partial t} \tag{3·11}$$

동일한 방법으로 y방향과 z방향에 대한 가속도는 다음과 같이 정리된다.

$$\therefore\ \frac{dv}{dt} = a_y = u\frac{\partial v}{\partial x} + v\frac{\partial v}{\partial y} + w\frac{\partial v}{\partial z} + \frac{\partial v}{\partial t} \tag{3·12}$$

$$\therefore\ \frac{dw}{dt} = a_z = u\frac{\partial w}{\partial x} + v\frac{\partial w}{\partial y} + w\frac{\partial w}{\partial z} + \frac{\partial w}{\partial t} \tag{3·13}$$

이들 식(3·8), (3·9), (3·10)을 식(3·11), (3·12), (3·13)에 각각 대입하여 정리하면 다음과 같은 3차원 유동에 대한 오일러의 운동 방정식이 얻어진다.

$$\therefore\ f_x - \frac{1}{\rho}\frac{\partial P}{\partial x} = u\frac{\partial u}{\partial x} + v\frac{\partial u}{\partial y} + w\frac{\partial u}{\partial z} + \frac{\partial u}{\partial t} \tag{3·14}$$

$$\therefore\ f_y - \frac{1}{\rho}\frac{\partial P}{\partial y} = u\frac{\partial v}{\partial x} + v\frac{\partial v}{\partial y} + w\frac{\partial v}{\partial z} + \frac{\partial v}{\partial t} \tag{3·15}$$

$$\therefore\ f_z - \frac{1}{\rho}\frac{\partial P}{\partial z} = u\frac{\partial w}{\partial x} + v\frac{\partial w}{\partial y} + w\frac{\partial w}{\partial z} + \frac{\partial w}{\partial t} \tag{3·16}$$

위에서 유도하는 과정에서도 언급되었지만, 전단응력이 존재하지 않는 유동에 대한 운동 방정식이 오일러의 운동 방정식이다.

3·4 베르누이의 방정식

응용 범위가 아주 넓게 사용되고 매우 중요한 베르누이 방정식을 유도하고 적용시키려면 우선 몇 가지의 조건이 선행되어야만 한다. 첫째, 임의의 두 점이 같은 유선상에 있어야만 하고, 비압축성 유동이며 정상상태의 유동으로 규정되어야 하고, 또한 마찰이 없는 유동으로 가정되어야만 그들의 유동에 베르누이 방정식을 적용시킬 수 있다.

이렇게 응용 범위가 광범위한 베르누이 방정식은 전 에너지를 이용하는 방법과 1차원 오일러 운동방정식을 적분시키는 방법인 두 가지로 유도할 수 있다.

3·4·1 전 에너지를 이용하는 방법

그림 3·9와 같이 임의의 관내를 유동하는 유체의 에너지 총합은 압력에너지 (PAl)와 운동에너지 $\left(\frac{1}{2}mv^2\right)$ 및 위치에너지 (mgh)의 총합을 의미하는데, 그들의 같은 유선상에 있는 각 지점에서의 에너지 총합은 일정하다는 에너지 보존의 법칙을 적용해 보려 한다. 그림에서 기준면으로부터 유동의 중심까지의 높이가 z_1인 지점의 단면을 A_1, 그 지점에서의 속도를 v_1으로 하고, 높이가 z_2인 지점의 단면을 A_2, 그 지점에서의 속도를 v_2로 했을 경우에 동일한 시간에 ①지점에서는 l_1만큼 움직이고, ②지점에서는 l_2만큼 움직이게 된다. 그러므로 유체의 에너지 손실이 전혀 없다고 간주하고 ①지점에서의 압력을 P_1, ②지점에서의 압력을 P_2라고 한다면 ①지점에서의 전 에너지의

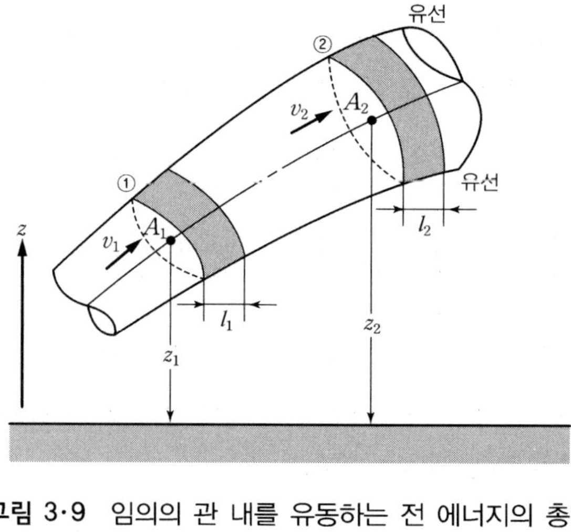

그림 3·9 임의의 관 내를 유동하는 전 에너지의 총합

총합(E_1)과 ②지점에서의 전 에너지의 총합(E_2)은 같게 되므로 두 지점에서 얻은 전 에너지의 총합을 등식으로 놓고 정리하면 베르누이 방정식이 얻어지게 된다.

$$E_1 = PAl + \frac{1}{2} mv^2 + mgh$$
$$= P_1 A_1 l_1 + \frac{1}{2} \rho A_1 l_1 v_1^2 + \rho A_1 l_1 g z_1$$
$$E_2 = PAl + \frac{1}{2} mv^2 + mgh$$
$$= P_2 A_2 l_2 + \frac{1}{2} \rho A_2 l_2 v_2^2 + \rho A_2 l_2 g z_2$$

그런데, $E_1 = E_2$에서 연속 방정식에 의한 $A_1 v_1 = A_2 v_2$이므로 두 지점에서의 유량은 같게 된다는 원리와 마찬가지로 $A_1 l_1 = A_2 l_2$(유량)가 되므로 양변을 $\rho A_1 l_1$ 또는 $\rho A_2 l_2$로 나누어 정리하면 다음과 같이 전개된다.

$$\therefore \ \frac{P_1}{\rho} + \frac{1}{2} {v_1}^2 + g z_1 = \frac{P_2}{\rho} + \frac{1}{2} {v_2}^2 + g z_2$$
$$\therefore \ \frac{P}{\rho} + \frac{v^2}{2} + gz = \text{C(SI 단위)}$$

여기에서 각 항을 g로 나누어 정리하면 다음의 식이 얻어진다.

$$\therefore \ \frac{P}{\gamma} + \frac{v^2}{2g} + z = \text{C(공학단위)} \tag{3·17}$$

이 식(3·17)이 베르누이 방정식이다.

3·4·2 1차원 오일러 운동방정식을 적분시키는 방법

1차원 오일러 운동방정식(3·3·1)을 적분형으로 나타내면 매우 중요하고 응용 범위가 넓은 다음의 식이 얻어진다.

$$\therefore \ \int \frac{dP}{\rho} + \int v\,dv + \int g\,dz = C(\text{일정})$$
$$\therefore \ \frac{P}{\rho} + \frac{1}{2} v^2 + gz = C$$

각 항을 g로 나누어 정리하면 첫 번째 방법에서 얻은 식(3·18)과 동일한 베르누이 방정식을 얻는다.

$$\therefore \ \frac{P}{\gamma} + \frac{v^2}{2g} + z = C = H \tag{3·18}$$

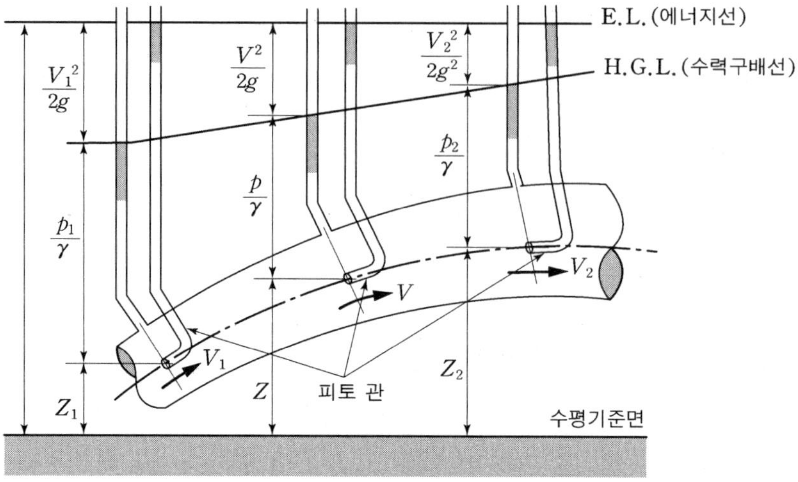

그림 3·10 베르누이 방정식에서의 수두

여기에서 C는 적분상수로서 베르누이 상수라고도 부른다. 그리고 식(3·4·2)에서 왼쪽의 첫 번째 항은 단위 질량당의 유체가 갖는 압력에너지 또는 유동 일(pressure energy or flow work)이라 하고, 두 번째 항은 운동에너지(kinetic energy), 세 번째 항은 위치에너지(potential energy)라고 한다. 또는 그림 3·10에서처럼 H를 전수두(전양정)라고 하여 제1항을 압력수두, 제2항을 속도수두, 제3항을 위치수두라고도 부른다. 이러한 베르누이 방정식에 대한 각 항의 물리적 의미를 알아 두는 것은 베르누이 방정식을 응용하는 데 있어서 매우 유용하게 사용된다.

또한, 그림 3·10에서 E.L.(Energy Line)은 어느 지점에서나 전 에너지는 일정하다는 에너지선을 보여주고 있고, H.G.L.(Hydraulic Grade Line)은 유체 흐름의 각 지점에서 압력수두와 위치수두를 합한 지점들을 계속하여 이은 수력 구배선을 나타내고 있다. 그러므로 수력구배선은 에너지선보다 항상 속도수두, $\frac{v^2}{2g}$ 만큼 아래에 위치하는 점들을 이은 선임을 인식해야 한다.

위에서 살펴보았듯이 베르누이 방정식은 마찰이 없는 정상, 비압축성 유동에서 하나의 유선을 따라 전체적인 기계적 에너지는 항상 일정하다는 것을 말해주고 있다.

예제 3·5

기준면으로부터 5.4m 위에 있는 어떤 파이프 내에 물이 흐르고 있는데, 물의 속도는 19.6m/s이고, 압력은 196kPa이라면 전수두(m)는 얼마인가?

● 풀이 ● 전수두 $H = \frac{P}{\gamma} + \frac{v^2}{2g} + z$

$$= \frac{196 \times 10^3}{9800} + \frac{19.6^2}{2 \times 9.8} + 5$$

$$= 45\,\text{m}$$

3·5 베르누이 방정식의 응용

베르누이 방정식은 유도과정에서도 몇몇의 가정이 설정되었듯이 유체의 유동 중에 생기는 압력손실을 고려하지 않고 단지 에너지 보존의 법칙만을 이용하여 유도되었다. 그러므로 실제적인 유동에서 발생하는 고체면과 접함으로서 생기는 마찰력의 발생 문제, 유체입자들의 상호간의 충돌에 의한 에너지 손실 문제, 점성의 영향으로 인한 전단력 발생의 문제 등으로 인하여 압력손실이 발생하게 되는데 이들의 손실요인을 정확하게 계산하기가 어렵기 때문에 이들의 손실을 전체적으로 손실수두(H_L)로 나타냄으로써 다음에 설명하는 것처럼 베르누이 방정식을 약간씩 변형하여 실제의 유동에 적용하기도 한다.

3·5·1 마찰이 있는 실제유체에 적용시키는 경우

마찰이 존재하는 유체인 경우는 ① 지점에서 ② 지점으로 유체가 유동하면서 마찰로 인하여 에너지의 손실을 가져오게 되므로 ① 지점에서의 전 에너지와 ② 지점에서의 전 에너지는 등식을 이루지 못하게 된다. 그러므로 ① 지점과 ② 지점에서의 전 에너지가 등식을 이루려면 ① 지점에서 ② 지점으로 유동하면서 잃어버린 에너지에 해당하는 손실수두(h_L)을 ② 지점에 더 해 주어야만 등식을 이루게 되므로 다음과 같이 변형시켜서 베르누이 방정식을 실제 유체에 응용하게 된다.

$$\therefore \ \frac{P_1}{\gamma} + \frac{v_1^2}{2g} + z_1 = \frac{P_2}{\gamma} + \frac{v_2^2}{2g} + z_2 + h_L$$

그리고 여기에서 발생되는 손실수두(h_L)는 단위중량당 유체가 잃는 에너지를 의미하므로 이것을 보충할 동력(L)으로 환산하면 다음의 식이 된다.

$$\therefore \ L = \gamma h_L Q$$

여기에서 L은 단위시간당 에너지율을 의미하므로 동력의 단위인 kW나 ps(마력)으로 표현하면 다음의 식이 얻어진다.

$$\therefore\ L(\text{kW}) = \frac{\gamma h_L Q}{1000}$$

$$\therefore\ L(\text{ps}) = \frac{\gamma h_L Q}{735}$$

여기에서 γ는 유체의 비중량[N/m^3]을, Q는 유량[m^3/s], H는 손실수두[m]를 의미한다.

예제 3·6

아래의 그림에서 ②지점을 통하여 흘러나오는 물의 유속(m/s)은 얼마인가? 단, $H = 30\,\text{m}$이고, 총 손실수두는 $\frac{5{v_2}^2}{2g}$이다.

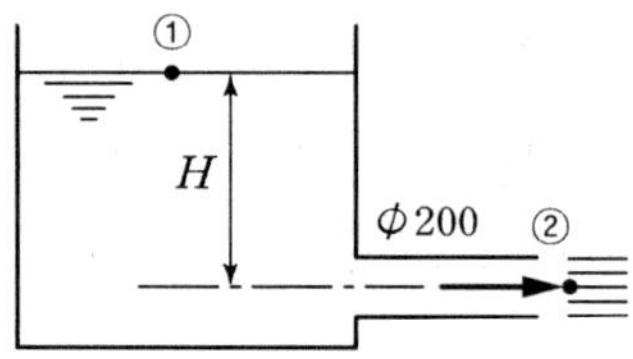

● 풀이 ● $\therefore\ \frac{P_1}{\gamma} + \frac{v_1^2}{2g} + z_1 = \frac{P_2}{\gamma} + \frac{v_2^2}{2g} + z_2 + h_L$에서

$P_1 = P_2$(대기압), $v_1 \fallingdotseq 0$, $z_1 - z_2 = 30$이므로

$$\therefore\ 30 = \frac{{v_2}^2}{2g} + \frac{5\,{v_2}^2}{2g} = \frac{6\,{v_2}^2}{2g}$$

$$\therefore\ v_2 \fallingdotseq 9.9\,\text{m/s}$$

3·5·2 펌프가 설치되어 있는 경우

펌프가 설치되어 있는 경우에 펌프는 유체에 에너지를 가해주는 역할을 하기 때문에 펌프가 설치된 이후의 지점에서는 에너지가 증가하게 된다. 그러므로 베르누이 방정식이 등식을 이루려면 펌프가 설치되기 이전의 지점에 펌프 에너지(E_p)를 더해 주어야만 되므로 베르누이 방정식은 다음과 같이 변화된다.

$$\therefore\ \frac{P_1}{\gamma} + \frac{{v_1}^2}{2g} + z_1 + E_p = \frac{P_2}{\gamma} + \frac{{v_2}^2}{2g} + z_2 + h_L$$

예제 3·7

아래의 그림에서처럼 펌프의 입구와 출력에 압력계가 설치되어 있는데, 그들의 값은 각각 $-3330\,\mathrm{N/m^2}$, $2.6\times10^5\,\mathrm{N/m^2}$을 나타내고 있다. 이 펌프의 배출 유량이 $0.15\,\mathrm{m^3/s}$일 때 펌프에 공급되어야 할 동력은 몇 kW인가?

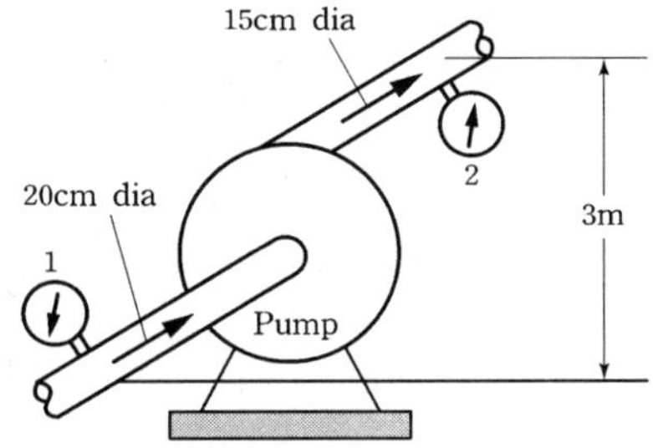

● 풀이 ● 유량과 직경을 알고 있으므로 먼저, 입구와 출구의 속도를 구해보면

$$v_1 = \frac{Q}{A_1} = \frac{0.15}{\frac{\pi}{4}\times(0.2)^2} = 4.77\,\mathrm{m/s}$$

$$v_2 = \frac{Q}{A_2} = \frac{0.15}{\frac{\pi}{4}\times(0.15)^2} = 8.49\,\mathrm{m/s}$$

여기에서 펌프가 물에 준 수두를 H_p로 놓고 Bernoulli 방정식을 적용하면

$$\therefore\ \frac{P_1}{\gamma} + \frac{v_1^2}{2g} + z_1 + H_p = \frac{P_2}{\gamma} + \frac{v_2^2}{2g} + z_2$$

$$\therefore\ -\frac{3330}{9800} + \frac{4.77^2}{2\times9.8} + H_p = \frac{2.6\times10^5}{9800} + \frac{8.49^2}{2\times9.8} + 3$$

$$\therefore\ H_p = 32.39\,\mathrm{m}$$

그러므로 펌프에 소요되는 동력을 구해 보면

$$\therefore\ L(\mathrm{kW}) = \frac{\gamma H_p Q}{1000} = \frac{9800\times32.39\times0.15}{1000} = 47.6133\,\mathrm{kW}$$

3·5·3 터빈이 설치되어 있는 경우

터빈이 설치되어 있는 경우에 터빈은 펌프와는 반대로 유체로부터 에너지를 받아서 일을 하는 장치이기 때문에 터빈이 설치된 이후의 지점에서는 에너지가 감소하게 되므로 베르누이 방정식이 등식을 이루려면 터빈이 설치된 후의 지점에 터빈 에너지(E_T)를 더해 주어야만 한다. 그러므로 베르누이 방정식은 다음과 같이 변화하게 된다.

$$\therefore\ \frac{P_1}{\gamma} + \frac{{v_1}^2}{2g} + z_1 = \frac{P_2}{\gamma} + \frac{{v_2}^2}{2g} + z_2 + E_T + h_L$$

예제 3·8

아래의 그림과 같은 터빈이 설치되어 있는 경우에 터빈의 입구 A와 출구 B의 압력은 각각 20000Pa과 −2000Pa이었는데, 이때 터빈에는 $0.5\,m^3/s$의 물이 공급되고 있었다. 이 때 터빈이 물로부터 얻는 동력은 몇 ps인가?

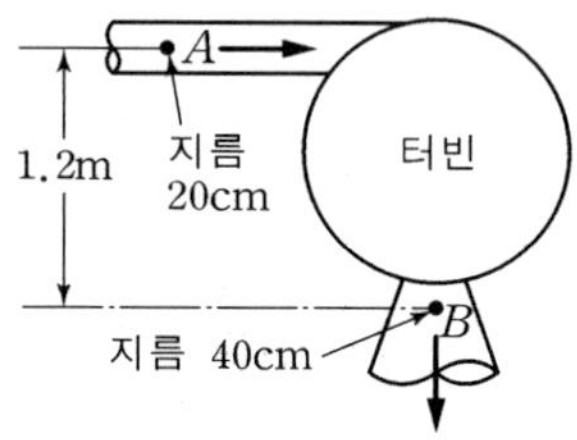

● 풀이 ● 유량과 직경을 알고 있으므로 먼저, 입구와 출구의 속도를 구해보면

$$v_A = \frac{0.5}{\frac{\pi}{4}\times(0.2)^2} = 15.92\,m/s$$

$$v_B = \frac{0.5}{\frac{\pi}{4}\times(0.4)^2} = 3.98\,m/s$$

여기에서 물로부터 터빈에 전달된 수두를 H_T로 놓고 Bernoulli 방정식을 적용하면

$$\therefore \frac{P_1}{\gamma} + \frac{v_A^2}{2g} + z_1 = \frac{P_2}{\gamma} + \frac{v_B^2}{2g} + z_2 + H_T$$

$$\therefore \frac{20000}{9800} + \frac{(15.92)^2}{2\times9.8} + 1.2 = -\frac{2000}{9800} + \frac{(3.98)^2}{2\times9.8} + H_T$$

$$H_T = 15.57\,m$$

그러므로 터빈이 얻는 동력을 구해 보면

$$\therefore L(\text{ps}) = \frac{\gamma H_T Q}{735} = \frac{9800\times15.57\times0.5}{735} = 103.8\,\text{ps}$$

3·5·4 유량을 측정하는 경우

유량을 측정하는 경우에 물론, 요즈음은 과학의 발달로 인하여 거의 디지털 형식을 갖춘 여러 가지 유량 측정기를 이용하고 있는데, 그들 중에서 아주 기초적인 방법으로 베르누이 방정식을 응용하여 유량을 측정하는 방법으로 오리피스를 이용하는 방법과 벤

튜리 미터(Venturi Meter)를 이용하는 두 가지 방법을 소개하려 한다.

1 오리피스를 이용하여 유량을 측정하는 경우

오리피스란 마찰손실을 줄이기 위하여 유체와 접촉하는 면적을 최소화 하도록 설계하여 유량을 측정하는 장치인데, 그림 3·11처럼 커다란 수조에 오리피스를 설치하여 그 부분을 통하여 흘러 나가는 유량을 측정하려고 한다면 어떠한 방법으로 유량을 측정해야 되겠는가를 생각해 보자.

그림 3·11에서처럼 수조의 수면을 ①지점으로 하고, 오리피스를 통하여 흘러 나가는 물줄기의 중심부분을 ②지점으로 하여 에너지 손실이 전혀 없는 것으로 간주하고 베르누이 방정식을 적용하면 다음의 식으로 정리된다.

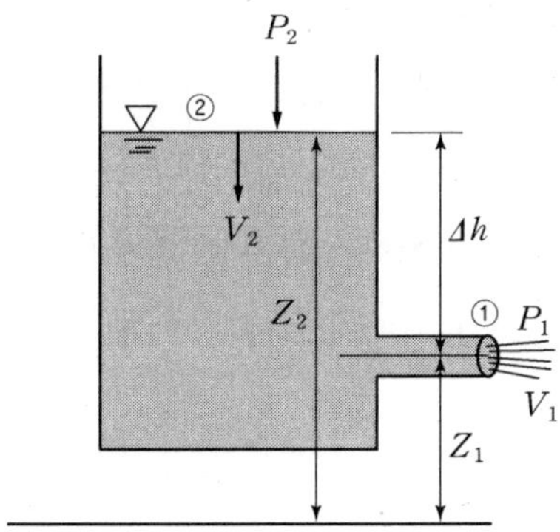

그림 3·11 오리피스를 이용한 유량의 측정

$$\therefore \ \frac{P_1}{\gamma} + \frac{{v_1}^2}{2g} + z_1 = \frac{P_2}{\gamma} + \frac{{v_2}^2}{2g} + z_2$$

여기에서 P_1과 P_2는 똑같은 대기압이므로 없어지고, ② 지점의 단면은 아주 커다란 수조의 단면적이고 ① 지점의 오리피스를 통하여 흘러나가는 물줄기의 단면적에 비하여 아주 크기 때문에 ② 지점의 속도 v_2은 거의 $v_2 \fallingdotseq 0$가 되므로 위 식은 다음과 같이 아주 간단하게 변화된다.

$$\therefore \ \frac{{v_1}^2}{2g} + z_1 = z_2$$

$$\therefore \ v_1 = \sqrt{2g(z_2 - z_1)} = \sqrt{2g\Delta h} \tag{3·19}$$

그러므로 수조 수면의 높이로부터 오리피스가 설치된 부분까지의 높이를 Δh 라 하면 오리피스를 통하여 흘러 나가는 물의 속도는 식(3·19)로 구해지며, 이 식은 가장 최초로 토리첼리가 유도한 식이기 때문에 토리첼리의 식이라고도 부른다. 그런데, 이 식은 이론식일 뿐 실제적으로 적용하기가 곤란하여 이론속도에 다음과 같이 속도계수(C_v)를 곱하여 실제속도(v_{act})를 구하게 된다.

$$\therefore\ v_{act} = C_v \sqrt{2g\Delta h}$$

여기에서 속도계수(coefficient of velocity)는 이론속도에 대한 실제속도의 비를 의미하므로 다음의 식으로 나타낼 수 있다.

$$\therefore\ C_v = \frac{v_{act}}{v_{id}}$$

여기에서 v_{id}는 이론속도의 식(3·19)을 의미한다.

또 한 가지 오리피스를 통하여 볼 수 있는 기이한 현상은 그림 3·12와 같이 오리피스를 통하여 흘러나오는 유체의 단면적이 오리피스의 단면적을 A_o라고 했을 때, 그 보다 더 적은 단면적 A_c로 된다는 것이다. 이러한 현상을 수축현상(vena contracta)이라 하고 수축계수(C_c)는 다음과 같이 규정한다.

$$\therefore\ C_c = \frac{A_c}{A_o}$$

또한, 유량도 실제유량과 이론유량의 차이가 발생하는데 이들의 비에 대한 계수를 유량계수 (C_d)로 명하여 다음과 같은 식으로 표현한다.

$$\therefore\ C_d = \frac{\text{실제 유량}}{\text{이론 유량}} = \frac{A_c \times v_{act}}{A_o \times v_{id}} = C_c \times C_v$$

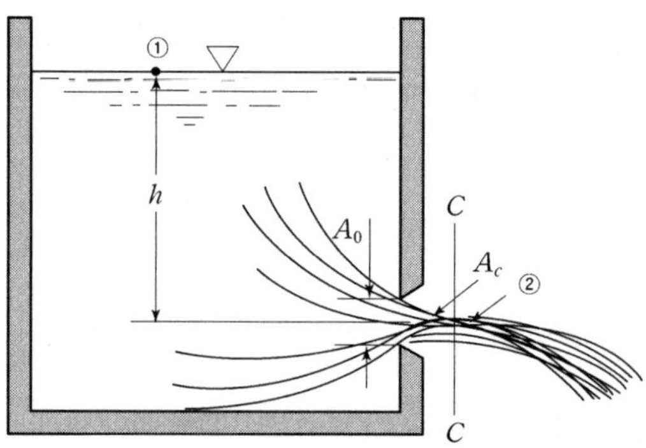

그림 3·12

예제 3·9

물이 담겨있는 커다란 탱크가 있는데, 그 탱크의 밑바닥 옆면에 10ϕ의 구멍이 뚫려 있고 그것이 오리피스의 역할을 한다. 단, 이 오리피스의 단면에 비하여 탱크의 단면은 무한히 크다고 할 때, 오리피스를 통하여 20m/s로 물이 분출되려면 오리피스의 중심부로부터 물이 몇 m의 높이까지 탱크에 담겨있어야 하는가?
(단, 속도계수 $C_v = 0.95$로 한다.)

● 풀이 ● 오리피스를 통하여 분출되는 실제속도는

$$\therefore\ v_{act} = C_v \sqrt{2gh}$$

$$\therefore\ 20 = 0.95 \times \sqrt{2 \times 9.8 \times h}$$

$$\therefore\ h = \frac{20^2}{0.95^2 \times 2 \times 9.8} = 22.62\,\text{m}$$

그림 3·13과 같이 오리피스가 어떠한 관내에 설치되어 있는 경우에 유량을 계산할 때는 오리피스가 설치되기 이전의 관의 중심부분을 ①지점으로 하여 단면적은 A_1으로 하고 ①지점의 윗부분에서 조그마한 모세관을 타고 ①지점의 중심으로부터 올라간 액주의 높이를 h_1으로 한 다음, 오리피스의 단면적은 A_o, 오리피스를 통하여 흘러간 유체의 수축현상으로 인하여 수축된 부분을 ②지점으로 하여 단면적은 A_2, ②지점의 윗부분에 설치된 조그마한 모세관을 타고 ②지점의 중심으로부터 올라간 액주의 높이는 h_2로 하여 ①지점과 ②지점에 마찰손실이 전혀 없는 것으로 간주하고 베르누이 방정식을

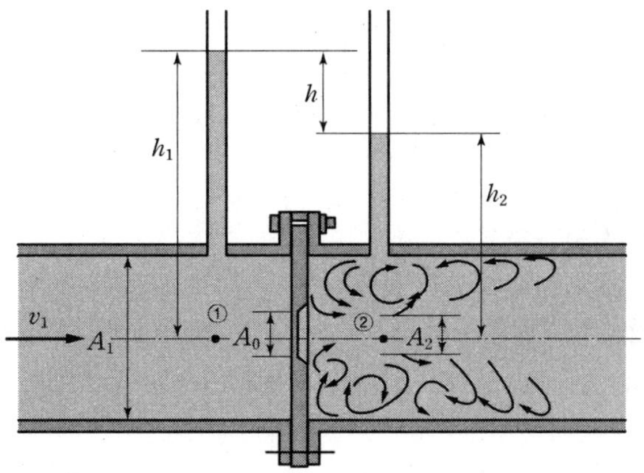

그림 3·13 관 내에서 오리피스를 이용한 유량의 측정

적용하여 전개하면 다음과 같은 식이 된다.

$$\therefore\ \frac{P_1}{\gamma}+\frac{{v_1}^2}{2g}+z_1=\frac{P_2}{\gamma}+\frac{{v_2}^2}{2g}+z_2$$

여기에서 $z_1=z_2$이므로 $z_1-z_2=0$이고, $\frac{P_1}{\gamma}=h_1$, $\frac{P_2}{\gamma}=h_2$이므로 $\frac{P_1}{\gamma}-\frac{P_2}{\gamma}=h_1-h_2=h$가 되어 위 식은 다음과 같이 간단하게 정리된다.

$$\therefore\ h+\frac{{v_1}^2}{2g}=\frac{{v_2}^2}{2g}$$

$$\therefore\ v_2=\sqrt{2g\left(h+\frac{{v_1}^2}{2g}\right)} \tag{3·20}$$

위의 식(3·20)은 오리피스를 통하여 흘러 나가는 유체의 이론속도이므로 실제속도를 구하려면 식(3·20)에 속도계수를 곱한 다음의 식이 이용된다.

$$\therefore\ v_{2,act}=C_v\sqrt{2g\left(h+\frac{{v_1}^2}{2g}\right)} \tag{3·21}$$

여기에서도 연속방정식에 의하여 $A_1v_1=A_2v_2$로부터 $v_1=\frac{A_2}{A_1}v_2$와 수축계수에 대한 식 $C_c=\frac{A_2}{A_o}$로부터 $A_2=C_c\cdot A_o$를 얻어 식(3·21)에 대입하면 다음과 같은 식이 얻어진다.

$$\therefore\ v_{2,act}=C_v\sqrt{2g\left(h+\frac{\{(A_o/A_1)\cdot C_c\cdot v_2\}^2}{2g}\right)} \tag{3·22}$$

여기에서 양변을 제곱하여 이항시키고 다시 정리하면 관내에 설치된 오리피스를 통하여 흘러 나가는 실제속도가 다음과 같이 얻어진다.

$$\therefore\ {v_{2,act}}^2={C_v}^2\frac{2gh}{\{1-{C_v}^2\cdot{C_c}^2\cdot(A_o/A_1)^2\}}$$

$$\therefore\ v_{2,act}=C_v\sqrt{\left\{\frac{2gh}{1-{C_v}^2\cdot{C_c}^2\cdot(A_o/A_1)^2}\right\}} \tag{3·23}$$

여기에서 앞에서도 언급되었지만, $C_c\times C_v=C_d$인 유량계수를 의미하므로 관내에 설치된 오리피스를 통하여 흘러 나가는 유량은 다음과 같이 얻어진다.

$$\therefore\ Q=A_2v_2=C_cA_ov_2=C_d\cdot A_o\sqrt{\left\{\frac{2gh}{1-{C_d}^2\cdot(A_o/A_1)^2}\right\}} \tag{3·24}$$

그런데, 요즈음은 오리피스를 제작하는 회사에서 많은 실험을 통하여 오리피스 계수(C^*)를 설정해 놓았기 때문에 관내에 설치된 오리피스를 통하여 흘러 나가는 유량을 종종 다음의 식을 이용하여 계산한다.

$$\therefore\ Q = C^* \cdot A_o \sqrt{\left\{\frac{2gh}{1-(A_o/A_1)^2}\right\}} \tag{3·25}$$

예제 3·10

아래의 그림과 같이 내경이 10cm인 관로에 지름이 4cm인 오리피스를 설치하였다. 그리고 이부분에 수은을 넣은 U자관으로 압력을 측정하였더니, 수은주가 약 6cm의 차이를 나타냈다. 오리피스의 계수를 0.68로 한다면 실제유량(m^3/s)은 얼마인가?

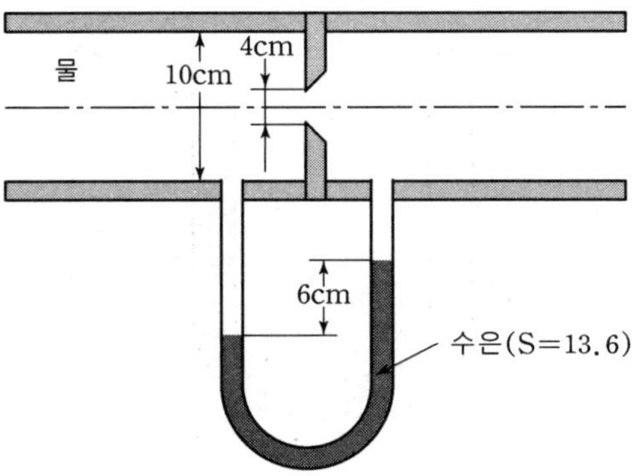

● 풀이 ● $\therefore\ Q = C^* \cdot A_o \sqrt{\left\{\frac{2gh}{1-(A_o/A_1)^2}\right\}}$ 에서

$$A_o = \frac{\pi}{4} \times (0.04)^2 = 0.00126\,\text{m}^2$$

$$A_1 = \frac{\pi}{4} \times (0.1)^2 = 0.0079\,\text{m}^2$$

그런데, $\sqrt{2gh} = \sqrt{2g\frac{h(\gamma_m - \gamma_w)}{\gamma_w}}$

$$= \sqrt{2 \times 9.8 \times 0.06 \times \frac{(13.6 \times 9800 - 9800)}{9800}}$$

$$= \sqrt{14.8176}$$

$$\therefore\ Q = 0.68 \times 0.00126 \times \sqrt{\frac{14.8176}{1-\left(\frac{0.00126}{0.0079}\right)^2}} = 0.00334\,\text{m}^3/\text{s}$$

❷ 벤튜리 미터를 이용하여 유량을 측정하는 경우

그림 3·14에서처럼 벤튜리 미터는 관내에 유동하는 유량을 측정하는 측정기로서 수축각이 20° 정도인 수축부(convergent part)와 목 부분(throat part) 및 약 5~7°로 확대되는 확대부(divergent part)로 구성되어 있다. 이 측정기를 이용하여 유량을 측정하는 원리는 그림에서 ①지점과 ②지점에 베르누이 방정식을 적용하는 것이다.

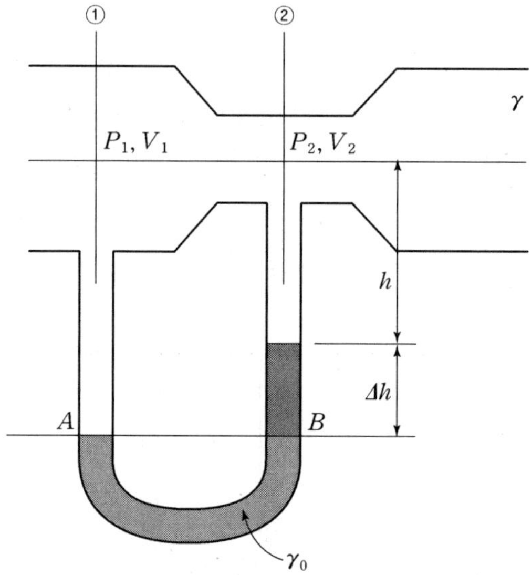

그림 3·14 벤튜리 미터를 이용한 유량의 측정

$$\therefore \ \frac{P_1}{\gamma}+\frac{v_1^2}{2g}+z_1=\frac{P_2}{\gamma}+\frac{v_2^2}{2g}+z_2$$

여기에서 관의 중심 높이는 같으므로 $z_1=z_2$를 대입하여 정리하면

$$\therefore \ \frac{P_1-P_2}{\gamma}=\frac{{v_2}^2-{v_1}^2}{2g}=\frac{{v_2}^2\cdot\{1-(v_1/v_2)^2\}}{2g}$$

수평면 AB의 압력은 동일하므로

$$P_A=P_1+\gamma(h+\Delta h),\quad P_B=P_2+\gamma h+\gamma_0\Delta h$$

$$P_1+\gamma(h+\Delta h)=P_2+\gamma h+\gamma_0\Delta h$$

$$\therefore \ P_1-P_2=\Delta h(\gamma_0-\gamma)$$

를 넣어 정리하면

$$\therefore \ \Delta h = \frac{v_2^2 \cdot \{1-(v_1/v_2)^2\}}{2g}$$

여기에서도 연속방정식 $A_1 v_1 = A_2 v_2$로부터 $\dfrac{v_1}{v_2} = \dfrac{A_2}{A_1}$를 얻어 위의 식에 대입하면 다음과 같은 식으로 정리된다.

$$\therefore \ v_2^2 = \frac{2g\Delta h}{1-(A_2/A_1)^2}$$

$$\therefore \ v_2 = \sqrt{\frac{2g\Delta h}{1-(A_2/A_1)^2}} \tag{3·26}$$

그러므로 식(3·26)으로부터 벤튜리 미터를 이용한 유량은 다음처럼 계산된다.

$$\therefore \ Q = A_1 v_1 = A_2 v_2 = \sqrt{\frac{2g\Delta h}{1-(A_2/A_1)^2}} \times A_2 \tag{3·27}$$

여기에서 얻은 식(3·27)은 이론유량에 해당하므로 실제유량은 식(3·27)에 유량계수를 곱한 다음의 식을 이용하면 된다.

$$\therefore \ Q = C_d \sqrt{\frac{2g\Delta h}{1-(A_2/A_1)^2}} \times A_2 \tag{3·28}$$

이외에도 물론 유량을 측정하는 측정기에는 3각위어, 4각위어 등 여러 가지가 있지만 여기에서는 생략하기로 한다.

예제 3·11

아래의 그림과 같은 벤튜리 미터에 물이 유동하고 있다. 입구와 목부분의 압력차이는 수은주로 7cm이었다. 유량(m^3/s)과 단면 A_1, A_2에서의 유속(m/s)을 구하여라. (단, 유량계수는 0.6이고, U자관에 사용된 액체의 비중은 13.6이다.)

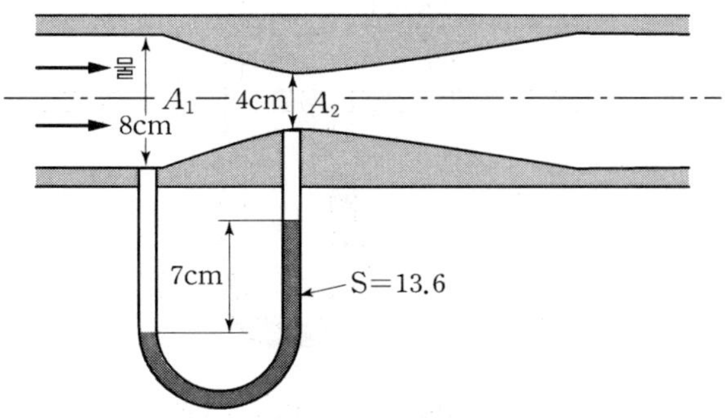

● 풀이 ● $\therefore\ Q = C_d\sqrt{\dfrac{2g\Delta h}{1-(A_2/A_1)^2}} \times A_2$에서

$$A_1 = \frac{\pi}{4}\times(0.08)^2 = 0.005\,\text{m}^2$$

$$A_2 = \frac{\pi}{4}\times(0.04)^2 = 0.00126\,\text{m}^2$$

그런데, $\sqrt{2gh} = \sqrt{2g\dfrac{h(\gamma_m - \gamma_w)}{\gamma_w}}$

$$= \sqrt{2\times9.8\times0.07\times\frac{(13.6\times9800-9800)}{9800}}$$

$$= \sqrt{17.2872}$$

$$\therefore\ Q = 0.6\times\sqrt{\frac{17.2872}{1-\left(\dfrac{0.00126}{0.005}\right)^2}}\times0.00126 = 0.00325\ \text{m}^3/s$$

$$\therefore\ v_1 = \frac{Q}{A_1} = \frac{0.00325}{0.005} = 0.65\,\text{m/s}$$

$$\therefore\ v_2 = \frac{Q}{A_2} = \frac{0.00325}{0.00126} = 2.58\,\text{m/s}$$

3·5·5 유속을 측정하는 경우

유속을 측정하는 측정기에도 여러 가지가 있지만, 베르누이 방정식을 응용해서 유속을 측정하는 측정기로 대표적인 피토 관(Pitot tube)을 소개하려 한다. 그림 3·15에서처럼 ② 지점에 어떠한 물체가 놓여 있을 때 유체가 ① 지점을 통과하여 ②지점에 도달하

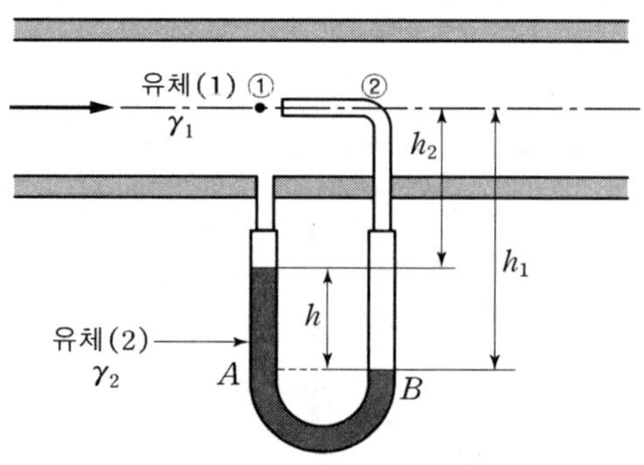

그림 3·15 피토 관의 원리

면 유속이 0가 되는데, 속도가 멈추었다하여 이 점을 정체점(stagnation point)라고 한다. 그림 3·15에서 ① 지점과 ② 지점에 베르누이 방정식을 적용하면 다음과 같이 정리된다.

$$\therefore \ \frac{P_1}{\gamma} + \frac{{v_1}^2}{2g} + z_1 = \frac{P_2}{\gamma} + \frac{{v_2}^2}{2g} + z_2$$

여기에서 $z_1 = z_2$이고, $v_2 = 0$이므로 다음과 같은 간단한 식으로 변형된다.

$$\therefore \ \frac{P_1}{\gamma} + \frac{{v_1}^2}{2g} = \frac{P_2}{\gamma}$$

$$\therefore \ P_2 = P_1 + \frac{1}{2}\rho\, {v_1}^2 \tag{3·29}$$

이 식(3·29)에서 P_2는 정체압이라고 부르는데, v의 속도를 갖고 움직이는 유체가 어느 점에서 속도가 0로 됨으로써 압력은 $P_1 + \frac{1}{2}\rho\, {v_1}^2$으로 증가가 이루어짐을 확인할 수 있고, 이것은 속도가 감소한 만큼 압력은 증가하게 되어 에너지가 항상 일정하다는 물리적 의미를 설명해 주기도 한다. 또한, 식(3·29)에서 P_1을 정압(static pressure)이라 하고, $\frac{1}{2}\rho v_1^2$을 동압(dynamic pressure)이라고 한다. 이제 관 내에서 실제적인 유동의 흐름에 피토 관이 설치된 경우에는 속도가 어떻게 얻어지는지 그림 3·16에서 ① 지점과 ② 지점에 베르누이 방정식을 적용시키면 다음과 같이 된다.

$$\therefore \ \frac{P_1}{\gamma} + \frac{{v_1}^2}{2g} + z_1 = \frac{P_2}{\gamma} + \frac{{v_2}^2}{2g} + z_2$$

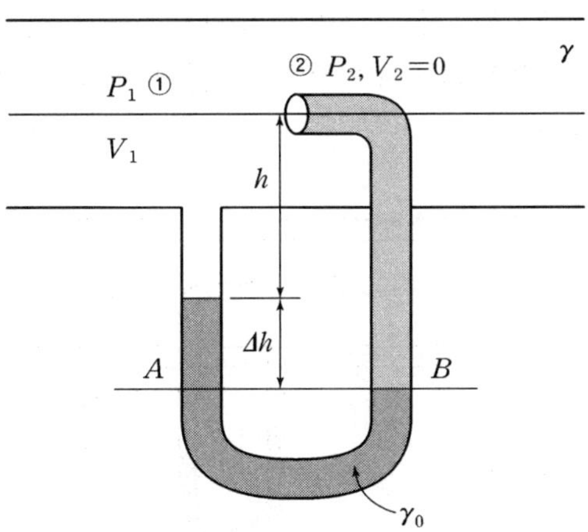

그림 3·16 관 내에서 피토 관을 이용한 유속의 측정

여기에서 $z_1 = z_2$와 $v_2 = 0$를 대입하면 다음과 같이 간단하게 정리된다.

$$\therefore \frac{v_1^2}{2g} = \frac{P_2 - P_1}{\gamma}$$

그런데, 그림에서 보는 것처럼 피토 관에 연결된 U자관의 A지점과 B지점의 압력은 같기 때문에 등식을 만들어 정리하면 다음과 같은 식이 얻어진다.

$$P_A = P_1 + \gamma h + \gamma_0 h$$

$$P_B = P_2 + \gamma(h + \Delta h)$$

$$\therefore P_2 - P_1 = \Delta h(\gamma_0 - \gamma)$$

위 식에 대입하면

$$\frac{v_1^2}{2g} = \frac{\Delta h(\gamma_0 - \gamma)}{\gamma}$$

$$\therefore v_1 = \sqrt{\frac{2g\Delta h(\gamma_0 - \gamma)}{\gamma}} \tag{3·30}$$

이 식(3·30)가 피토 관을 이용하여 속도를 측정할 때 이용되는 식인데, 피토 관을 제작하는 회사에서 피토 관을 사용하는 경우에 적용시켜야 할 실험계수(k)를 주기 때문에 피토 관을 이용한 실제유동의 속도 측정은 다음의 식에서 계산한다.

$$\therefore v = k\sqrt{\frac{2g\Delta h(\gamma_0 - \gamma)}{\gamma}} \tag{3·31}$$

예제 3·12

아래의 그림과 같이 관 내를 유동하는 물의 유속을 측정하고자 U자 관을 피토 관에 연결하였더니, 그림과 같은 수은주의 차이를 보였다. 이때의 유속 v(m/s)를 구하여라. (단, $k = 1$로 한다.)

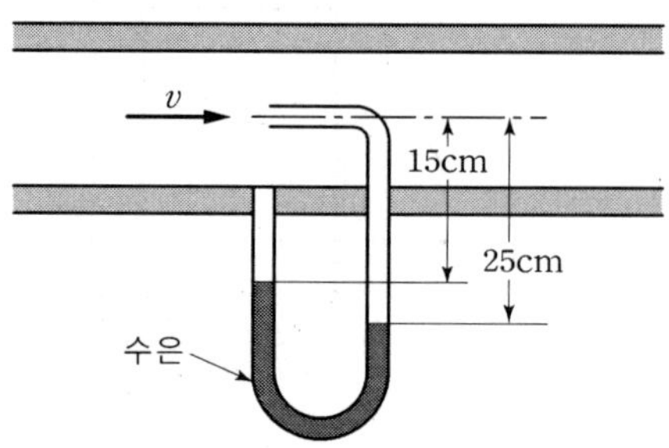

●풀이● $\therefore\ v = k\sqrt{\dfrac{2g\Delta h(\gamma_0-\gamma)}{\gamma}}$ $(\because \gamma_0 = $ 수은, $\gamma = $ 물$)$

$$= 1\times\sqrt{2\times 9.8\times\frac{0.1\times(13600\times 9.8-9800)}{9800}} = 4.97\,\mathrm{m/s}$$

3·6 점성유동의 운동 방정식

우선 점성유동은 비점성유동와 비교하여 점성의 영향을 고려한 유동이므로 반드시 전단응력의 작용으로 인한 힘인 전단력을 고려해야 한다. 그러므로 실제의 유체유동은 이러한 점성유동에 해당하는 것이다. 그리고 이러한 실제유동은 크게 분류하면 층류유동과 난류유동으로 구분할 수 있는데, 이러한 실제유동은 5장에서 다루기로 하고, 여기서는 실제유동에 해당하는 점성유동의 운동방정식을 유도해 보고자 한다. 그런데, 이러한 층류유동과 난류유동의 구분은 레이놀즈(Reynolds)에 의하여 제일 먼저 시도되었다. 레이놀즈가 다음의 그림 3·17에 나타낸 것처럼 실험장치를 만들어서 유체가 흘러나가는 부분에 속도를 조절할 수 있는 밸브와 관로의 단면적을 바꿀 수 있도록 설치하여 흘러가는 유체에 색소가 들어있는 염료가 함께 흘러가도록 하여 관찰한 결과로 유동현상이 유량에 관계되는 속도와 관로의 단면적에 의하여 크게 영향을 받는다고 생각하여 레이놀즈 수(Reynolds number)라는 무차원 수를 만들었고, 그림 3·17의 (a)와 같은 유동을 층류유동(laminar flow)이라 하고, 그림 3·17의 (b)를 천이유동(transient flow), 그림 3·17의 (c)를 난류유동(turbulent flow)으로 하였다. 물론, 제 7장의 차원해석부분에서도 다루겠지만 레이놀즈 수는 관성력을 점성력으로 나누어서 만들어진 무차원 수이

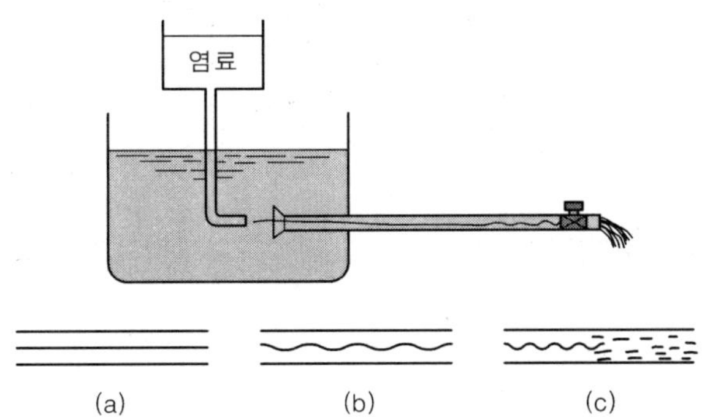

그림 3·17 레이놀즈 수의 실험장치

다. 이것을 수식으로 표현하면 다음과 같이 표현할 수 있다.

$$Re = \frac{\text{관성력}}{\text{점성력}} = \frac{ma}{\tau A} = \frac{\rho Va}{A \cdot \mu \frac{du}{dy}} = \frac{[\rho L^2 v^2]}{[L \mu v]}$$

$$\therefore \ Re = \frac{\rho L v}{\mu} = \frac{\rho d v}{\mu} = \frac{vd}{\nu}$$

그리고 앞에서 언급한 오일러의 운동방정식은 점성의 영향을 고려하지 않은 비점성유동에서의 운동방정식이었다. 이제는 점성을 고려한 점성유동에서의 운동방정식을 유도하려고 하는데, 먼저 앞에서 유도된 비점성유동에 대한 오일러의 운동방정식인 (3·3·9), (3·3·10), (3·3·11)식을 다시 한 번 나열하면 다음과 같이 정리된다.

$$\therefore \ u\frac{\partial u}{\partial x} + v\frac{\partial u}{\partial y} + w\frac{\partial u}{\partial z} + \frac{\partial u}{\partial t} = f_x - \frac{1}{\rho}\frac{\partial P}{\partial x} \qquad (3\cdot3\cdot9)$$

$$\therefore \ u\frac{\partial v}{\partial x} + v\frac{\partial v}{\partial y} + w\frac{\partial v}{\partial z} + \frac{\partial v}{\partial t} = f_y - \frac{1}{\rho}\frac{\partial P}{\partial y} \qquad (3\cdot3\cdot10)$$

$$\therefore \ u\frac{\partial w}{\partial x} + v\frac{\partial w}{\partial y} + w\frac{\partial w}{\partial z} + \frac{\partial w}{\partial t} = f_z - \frac{1}{\rho}\frac{\partial P}{\partial z} \qquad (3.3.11)$$

이들의 오일러 운동방정식에서는 점성의 영향을 무시하고 압력 P를 수직력으로만 고려하여 유도되었다. 그러나 점성유동에서는 힘의 성분이 수직력과 전단력으로 작용하게

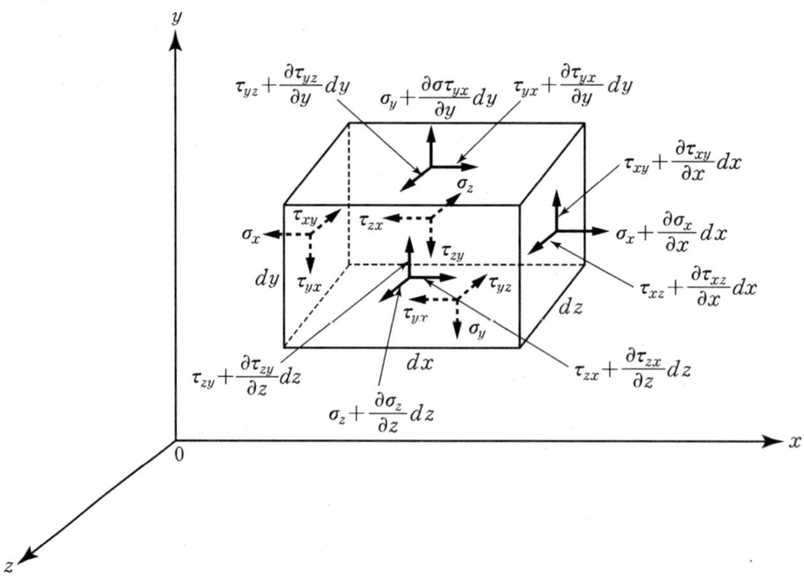

그림 3·18 미소입방체에 작용하는 응력

됨과 아울러 각 축방향으로 작용하는 수직응력의 평균값이 유동층 사이에서 발생되는 장력을 일으키며 또한 질량력과 함께 유체입자의 가속도를 발생시키게 된다. 우선 세 방향으로 작용하는 표면력의 합은 다음과 같이 표현할 수 있다.

$$\left\{\frac{\partial P_x}{\partial x}+\frac{\partial P_y}{\partial y}+\frac{\partial P_z}{\partial z}\right\}dx\,dy\,dz$$

그러므로 단위 체적에 해당하는 표면력의 합은 $\left\{\frac{\partial P_x}{\partial x}+\frac{\partial P_y}{\partial y}+\frac{\partial P_z}{\partial z}\right\}$으로 정리된다.

그런데, 표면력은 수직력과 전단력으로 나타내므로 다음의 식으로 사용한다.

$$P_x = i\sigma_x + j\tau_{xy} + k\tau_{xz}$$

$$P_y = i\tau_{yx} + j\sigma_y + k\tau_{yz}$$

$$P_z = i\tau_{zx} + j\tau_{zy} + k\sigma_z$$

우선 수직력은 면에 수직하게만 작용하여 회전운동과 무관하므로 그림 3·18의 미소입방체에서 회전운동을 일으킬 수 있는 힘은 오직 전단응력뿐이다. 그런데, 여기에서는 회전유동을 다루고 있는 것이 아니므로 그림 3·19에 나타낸 전단응력에 의하여 발생되는 회전 모멘트의 합을 0로 놓을 수 있다.

$$\therefore \left\{\tau_{xy}+\frac{\partial \tau_{xy}}{\partial x}\frac{dx}{2}+\tau_{xy}-\frac{\partial \tau_{xy}}{\partial x}\frac{dx}{2}\right\}dy\,dz\,\frac{dx}{2}$$

$$-\left\{\tau_{yx}+\frac{\partial \tau_{yx}}{\partial y}\frac{dy}{2}+\tau_{yx}-\frac{\partial \tau_{yx}}{\partial y}\frac{dy}{2}\right\}dz\,dx\,\frac{dy}{2}=0$$

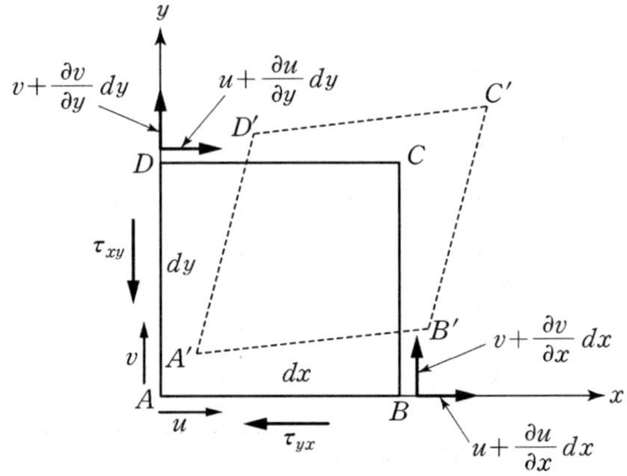

그림 3·19 전단응력에 의한 회전 모멘트

그런데 $\tau_{xy}=\tau_{yx}$, $\tau_{xz}=\tau_{zx}$, $\tau_{yz}=\tau_{zy}$이므로 그림 3·18에서 x방향에 대하여 작용하는 표면력 성분만을 고려하면 $y-z$평면에는 수직력만 작용하고, $x-y$평면과 $x-z$평면에는 전단력이 작용되므로 다음과 같이 정리된다.

$$y-z\text{평면}: \left\{\left(\sigma_x+\frac{\partial\sigma_x}{\partial x}dx\right)-\sigma_x\right\}dy\,dz=\frac{\partial\sigma_x}{\partial x}dx\,dy\,dz$$

$$x-y\text{평면}: \left\{\left(\tau_{xy}+\frac{\partial\tau_{xy}}{\partial y}dy\right)-\tau_{xy}\right\}dx\,dz=\frac{\partial\tau_{xy}}{\partial y}dx\,dy\,dz$$

$$x-z\text{평면}: \left\{\left(\tau_{xz}+\frac{\partial\tau_{xz}}{\partial z}dz\right)-\tau_{xz}\right\}dx\,dy=\frac{\partial\tau_{xz}}{\partial z}dx\,dy\,dz$$

그러므로 똑같은 방법으로 각 방향에 대하여 단위 체적당 표면력들의 합력을 S_x, S_y, S_z로 나타내면 다음과 같이 정리된다.

$$S_x=\frac{\partial\sigma_x}{\partial x}+\frac{\partial\tau_{xy}}{\partial y}+\frac{\partial\tau_{xz}}{\partial z} \tag{3·6·1}$$

$$S_y=\frac{\partial\tau_{yx}}{\partial x}+\frac{\partial\sigma_y}{\partial y}+\frac{\partial\tau_{yz}}{\partial z} \tag{3·6·2}$$

$$S_z=\frac{\partial\tau_{zx}}{\partial x}+\frac{\partial\tau_{zy}}{\partial y}+\frac{\partial\sigma_z}{\partial z} \tag{3·6·3}$$

위 식에서 나타난 응력과 변형의 관계를 알아보기 위하여 그림 3·20에 전단응력과 속도 기울기의 관계를 나타냈는데, 뉴턴의 점성법칙에 의하여 전단응력은 점성계수를 상수로 하는 선형 미분방정식을 이루고 있으므로 다음과 같이 전단응력에 대한 식이 정리된다.

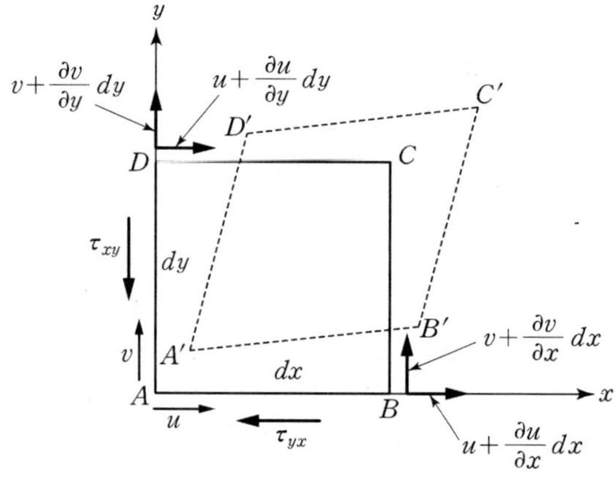

그림 3·20 전단응력과 속도기울기의 관계

우선 미소거리 dx에 대한 각속도는 다음과 같이 나타낼 수 있다.

$$\frac{\left(v+\frac{\partial v}{\partial x}dx\right)-v}{dx}=\frac{\partial v}{\partial x}$$

미소거리 dy에 대한 식도 동일한 방법으로 다음처럼 표현된다.

$$\frac{u-\left(u+\frac{\partial u}{\partial y}dy\right)}{dy}=-\frac{\partial u}{\partial y}$$

그런데 $x-y$평면에서의 각변형률은 미소변위 dx, dy의 각속도에 대한 차이를 의미하므로 다음과 같이 정리된다.

$$\therefore\ \text{각변형률}=\frac{\partial v}{\partial x}-\left(-\frac{\partial u}{\partial y}\right)=\frac{\partial v}{\partial x}+\frac{\partial u}{\partial y}$$

그러므로 $x-y$평면에 대한 전단응력은 다음과 같이 표현된다.

$$\therefore\ \tau_{xy}=\tau_{yx}=\mu\left\{\frac{\partial v}{\partial x}+\frac{\partial u}{\partial y}\right\}$$

동일한 방법으로 $y-z$평면과 $z-x$평면에 대한 전단응력도 다음과 같이 나타낼 수 있다.

$$\therefore\ \tau_{yz}=\tau_{zy}=\mu\left\{\frac{\partial w}{\partial y}+\frac{\partial v}{\partial z}\right\}$$

$$\therefore\ \tau_{zx}=\tau_{xz}=\mu\left\{\frac{\partial w}{\partial x}+\frac{\partial u}{\partial z}\right\}$$

이제는 수직응력으로 인한 미소입방체의 변형관계를 알아보기 위하여 그림 3·21에 전단응력과 수직응력과의 관계를 나타냈다.

수직응력은 전단응력의 영향으로 압축력과 장력을 동시에 받게 된다. 그러므로 그림

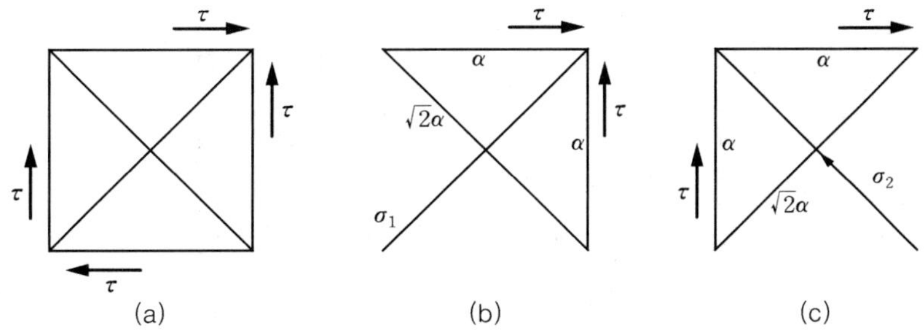

그림 3·21 전단응력과 수직응력의 관계

3·21(b)에서 두께가 b인 미소입방체라고 고려하면 직각부분으로 작용되는 전단응력은 $ab\tau\sin 45°$의 2배가 될 것이고, 이들의 전단응력으로 인한 장력 발생은 $\sqrt{2}\,ab\sigma_1$이 되므로 이들을 식으로 나타내면 다음과 같이 정리된다.

$$\therefore\ ab\tau\sin 45° = \sqrt{2}\,ab\sigma_1$$

$$\therefore\ \tau = \sigma_1$$

또한, 그림 3·21(c)에서 빗변쪽으로 작용되는 전단응력도 $ab\tau\sin 45°$의 2배가 될 것이고, 이들의 전단응력으로 인한 압축력 발생은 $-\sqrt{2}\,ab\sigma_2$가 되므로 다음과 같은 식으로 정리된다.

$$\therefore\ ab\tau\sin 45° = -\sqrt{2}\,ab\sigma_2$$

$$\therefore\ \tau = -\sigma_2$$

이들의 두 식을 합하게 되면 $2\tau = \sigma_1 - \sigma_2$가 된다.

그런데, 그림 3·22처럼 정4각형이 마름모꼴로 변형될 때는 대각선 방향으로 신장과 수축이 동시에 일어나게 되는데, 우선 늘어나는 방향에 대하여 신율을 ε_1이라 하면, 신율은 원래의 길이에 대한 늘어난 길이로 나타내므로 다음과 같은 식으로 표현된다.

$$\varepsilon_1 = \frac{CC'}{AC} = \frac{MM'}{AM} = \frac{BB'\sin 45°}{AB\sin 45°} = \frac{BB'}{AB} = \frac{AB\theta_1}{AB}$$

$$\therefore\ \varepsilon_1 = \theta_1$$

또한, 수축이 발생하는 방향에 있어서 압축률을 ε_2라고 하면, 압축률은 원래의 길이

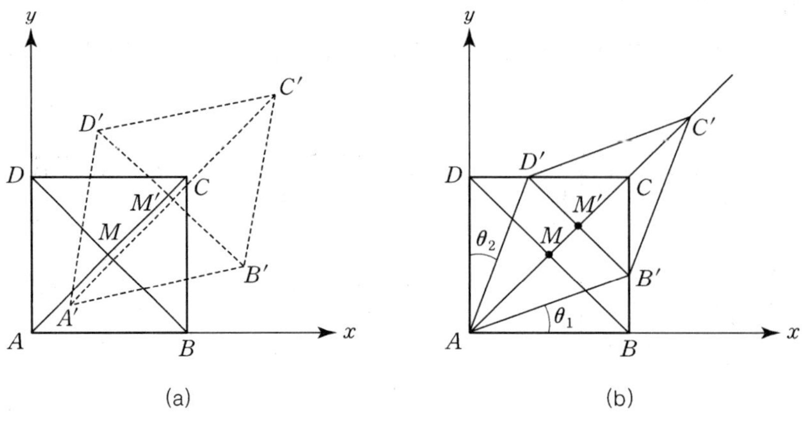

그림 3·22 신율과 수축률의 관계

에 대한 압축(수축)되어진 길이로 나타내므로 다음과 같은 식으로 정리된다.

$$\varepsilon_2 = \frac{M'D' - MD}{MD} = \frac{-(MD - M'D')}{AD\sin 45°} = \frac{-DD'\sin 45°}{AD\sin 45°} = \frac{-AD\theta_2}{AD}$$

$$\therefore\ \varepsilon_2 = -\theta_2$$

이들의 두 식으로부터 $\varepsilon_1 - \varepsilon_2 = \theta_1 + \theta_2 = \theta$로 정리된다.

$\sigma_1 - \sigma_2 = 2\tau = 2\mu\dfrac{\partial u}{\partial y} = 2\mu\dfrac{\partial \theta}{\partial t} = 2\mu\dfrac{\partial}{\partial t}(\varepsilon_1 - \varepsilon_2)$에서 원래의 미소길이를 Δx_1, Δy_2로 나타내고, 늘어난 길이와 수축된 길이를 각각 Δl_1, Δl_2로 나타내면 ε_1과 ε_2는 다음과 같이 정리된다.

$$\varepsilon_1 = \frac{\Delta l_1}{\Delta x_1}, \qquad \varepsilon_2 = \frac{\Delta l_2}{\Delta y_2}$$

$$\begin{aligned}\therefore\ \frac{\partial}{\partial t}(\varepsilon_1 - \varepsilon_2) &= \frac{\partial}{\partial t}\left(\frac{\Delta l_1}{\Delta x_1} - \frac{\Delta l_2}{\Delta y_2}\right)\\ &= \frac{1}{\Delta x_1}\cdot\frac{\partial \Delta l_1}{\partial t} - \frac{1}{\Delta y_2}\cdot\frac{\partial \Delta l_2}{\partial t}\\ &= \frac{\partial u_1}{\partial x_1} - \frac{\partial u_2}{\partial y_2}\end{aligned}$$

$$\therefore\ \sigma_1 - \sigma_2 = 2\mu\left(\frac{\partial u_1}{\partial x_1} - \frac{\partial u_2}{\partial y_2}\right)$$

그런데, 그림 3·22(b)에서 AC는 x축으로, BD는 y축으로 45°만큼 좌표를 회전시키게 되면, $\sigma_1 = \sigma_x$, $\sigma_2 = \sigma_y$, $u_1 = u$, $u_2 = v$, $x_1 = x$, $y_2 = y$를 나타내게 되므로 수직응력에 대한 식은 다음과 같이 정리된다.

$$\sigma_x - \sigma_y = 2\mu\left(\frac{\partial u}{\partial x} - \frac{\partial v}{\partial y}\right) \tag{3·6·4}$$

$$\sigma_y - \sigma_z = 2\mu\left(\frac{\partial v}{\partial y} - \frac{\partial w}{\partial z}\right) \tag{3·6·5}$$

$$\sigma_z - \sigma_x = 2\mu\left(\frac{\partial w}{\partial z} - \frac{\partial u}{\partial x}\right) \tag{3·6·6}$$

유체에 작용하는 장력은 각 축방향으로 작용하는 수직응력들의 평균값으로 정의되므로 장력을 T라고 하면,

$$T = \frac{1}{3}(\sigma_x + \sigma_y + \sigma_z)$$

그런데, 압력과 장력은 서로 반대방향으로 작용되므로

$$P=-T=-\frac{1}{3}(\sigma_x+\sigma_y+\sigma_z)$$

여기에서 σ_x, σ_y, σ_z를 구하기 위하여 위 식을 약간 변형하면 다음과 같이 정리된다.

$$\begin{aligned} 3\sigma_x+3P &= 3\sigma_x-(\sigma_x+\sigma_y+\sigma_z) \\ &= 2\sigma_x-\sigma_y-\sigma_z \\ &= (\sigma_x-\sigma_y)+(\sigma_x-\sigma_z) \end{aligned} \tag{3·6·7}$$

식(3.6.7)에 식(3.6.4)와 식(3.6.6)을 대입하여 정리하면 다음과 같은 식을 얻을 수 있다.

$$\begin{aligned} 3\sigma_x+3P &= 2\mu\left(\frac{\partial u}{\partial x}-\frac{\partial v}{\partial y}\right)+2\mu\left(\frac{\partial u}{\partial x}-\frac{\partial w}{\partial z}\right) \\ &= 2\mu\left(2\frac{\partial u}{\partial x}-\frac{\partial v}{\partial y}-\frac{\partial w}{\partial z}\right) \\ &= 2\mu\left\{3\frac{\partial u}{\partial x}-\left(\frac{\partial u}{\partial x}+\frac{\partial v}{\partial y}+\frac{\partial w}{\partial z}\right)\right\} \end{aligned}$$

여기에서 σ_x에 대하여 정리하면 다음의 식이 된다.

$$\therefore\ \sigma_x=-P+2\mu\frac{\partial u}{\partial x}-\frac{2}{3}\mu\left(\frac{\partial u}{\partial x}+\frac{\partial v}{\partial y}+\frac{\partial w}{\partial z}\right) \tag{3·6·8}$$

동일한 방법으로 σ_y 와 σ_z에 대한 식도 다음과 같이 정리된다.

$$\therefore\ \sigma_y=-P+2\mu\frac{\partial v}{\partial y}-\frac{2}{3}\mu\left(\frac{\partial u}{\partial x}+\frac{\partial v}{\partial y}+\frac{\partial w}{\partial z}\right) \tag{3·6·9}$$

$$\therefore\ \sigma_z=-P+2\mu\frac{\partial w}{\partial z}-\frac{2}{3}\mu\left(\frac{\partial u}{\partial x}+\frac{\partial v}{\partial y}+\frac{\partial w}{\partial z}\right) \tag{3·6·10}$$

식(3·6·8), (3·6·9), (3·6·10)을 식(3·6·1), (3·6·2), (3·6·3)에 대입하면 각각 다음과 같은 식으로 정리된다.

$$\begin{aligned} S_x &= \left(\frac{\partial \sigma_x}{\partial x}+\frac{\partial \tau_{xy}}{\partial y}+\frac{\partial \tau_{xz}}{\partial z}\right) \\ &= \frac{\partial}{\partial x}\left\{-P+2\mu\frac{\partial u}{\partial x}-\frac{2}{3}\mu\left(\frac{\partial u}{\partial x}+\frac{\partial v}{\partial y}+\frac{\partial w}{\partial z}\right)\right\} \\ &\quad +\frac{\partial}{\partial y}\left\{\mu\left(\frac{\partial v}{\partial x}+\frac{\partial u}{\partial y}\right)\right\}+\frac{\partial}{\partial z}\left\{\mu\left(\frac{\partial w}{\partial x}+\frac{\partial u}{\partial z}\right)\right\} \end{aligned}$$

$$=-\frac{\partial P}{\partial x}+2\mu\frac{\partial}{\partial x}\left(\frac{\partial u}{\partial x}\right)-\frac{2}{3}\mu\frac{\partial}{\partial x}\left(\frac{\partial u}{\partial x}+\frac{\partial v}{\partial y}+\frac{\partial w}{\partial z}\right)$$

$$+\ \mu\frac{\partial}{\partial x}\left(\frac{\partial v}{\partial y}\right)+\mu\frac{\partial}{\partial y}\left(\frac{\partial u}{\partial y}\right)+\mu\frac{\partial}{\partial x}\left(\frac{\partial w}{\partial z}\right)+\mu\frac{\partial}{\partial z}\left(\frac{\partial u}{\partial z}\right)$$

$$=-\frac{\partial P}{\partial x}+\mu\left(\frac{\partial^2 u}{\partial x^2}+\frac{\partial^2 u}{\partial y^2}+\frac{\partial^2 u}{\partial z^2}\right)+\frac{1}{3}\mu\frac{\partial}{\partial x}\left(\frac{\partial u}{\partial x}+\frac{\partial v}{\partial y}+\frac{\partial w}{\partial z}\right)$$

(3·6·11)

$$S_y=\left(\frac{\partial \tau_{yx}}{\partial x}+\frac{\partial \sigma_y}{\partial y}+\frac{\partial \tau_{yz}}{\partial z}\right)$$

$$=\frac{\partial}{\partial x}\left\{\mu\left(\frac{\partial v}{\partial x}+\frac{\partial u}{\partial y}\right)\right\}+\frac{\partial}{\partial y}\left\{-P+2\mu\frac{\partial v}{\partial y}-\frac{2}{3}\mu\left(\frac{\partial u}{\partial x}+\frac{\partial v}{\partial y}+\frac{\partial w}{\partial z}\right)\right\}$$

$$+\frac{\partial}{\partial z}\left\{\mu\left(\frac{\partial w}{\partial y}+\frac{\partial v}{\partial z}\right)\right\}$$

$$=-\frac{\partial P}{\partial y}+2\mu\frac{\partial}{\partial y}\left(\frac{\partial v}{\partial y}\right)-\frac{2}{3}\mu\frac{\partial}{\partial y}\left(\frac{\partial u}{\partial x}+\frac{\partial v}{\partial y}+\frac{\partial w}{\partial z}\right)$$

$$+\mu\frac{\partial}{\partial x}\left(\frac{\partial v}{\partial x}\right)+\mu\frac{\partial}{\partial x}\left(\frac{\partial u}{\partial y}\right)+\mu\frac{\partial}{\partial z}\left(\frac{\partial w}{\partial y}\right)+\mu\frac{\partial}{\partial z}\left(\frac{\partial v}{\partial z}\right)$$

$$=\frac{\partial P}{\partial y}+\mu\left(\frac{\partial^2 v}{\partial x^2}+\frac{\partial^2 v}{\partial y^2}+\frac{\partial^2 v}{\partial z^2}\right)+\frac{1}{3}\mu\frac{\partial}{\partial y}\left(\frac{\partial u}{\partial x}+\frac{\partial v}{\partial y}+\frac{\partial w}{\partial z}\right)$$

$$S_z=\left(\frac{\partial \tau_{zx}}{\partial x}+\frac{\partial \tau_{zy}}{\partial y}+\frac{\partial \sigma_z}{\partial z}\right)$$

$$=\frac{\partial}{\partial x}\left\{\mu\left(\frac{\partial w}{\partial x}+\frac{\partial u}{\partial z}\right)\right\}+\frac{\partial}{\partial y}\left\{\mu\left(\frac{\partial w}{\partial y}+\frac{\partial v}{\partial z}\right)\right\}$$

$$+\ \frac{\partial}{\partial z}\left\{-P+2\mu\frac{\partial w}{\partial z}-\frac{2}{3}\mu\left(\frac{\partial u}{\partial x}+\frac{\partial v}{\partial y}+\frac{\partial w}{\partial z}\right)\right\}$$

$$=\mu\frac{\partial}{\partial x}\left(\frac{\partial w}{\partial x}\right)+\mu\frac{\partial}{\partial x}\left(\frac{\partial u}{\partial z}\right)+\mu\frac{\partial}{\partial y}\left(\frac{\partial w}{\partial y}\right)+\mu\frac{\partial}{\partial y}\left(\frac{\partial v}{\partial z}\right)$$

$$-\frac{\partial P}{\partial z}+2\mu\frac{\partial}{\partial z}\left(\frac{\partial w}{\partial z}\right)-\frac{2}{3}\mu\frac{\partial}{\partial z}\left(\frac{\partial u}{\partial x}+\frac{\partial v}{\partial y}+\frac{\partial w}{\partial z}\right)$$

$$=-\frac{\partial P}{\partial z}+\mu\left(\frac{\partial^2 w}{\partial x^2}+\frac{\partial^2 w}{\partial y^2}+\frac{\partial^2 w}{\partial z^2}\right)$$

$$+\ \frac{1}{3}\mu\frac{\partial}{\partial z}\left(\frac{\partial u}{\partial x}+\frac{\partial v}{\partial y}+\frac{\partial w}{\partial z}\right)$$ (3·6·13)

점성의 효과를 고려한 이들의 식(3·6·11), (3·612), (3·6·13)을 Euler의 운동방정식에서 $-\frac{\partial P}{\partial x}$, $-\frac{\partial P}{\partial y}$, $-\frac{\partial P}{\partial z}$ 에 대입하면 점성유동에 대한 나비어-스토크스 운동 방정식이 다음과 같은 식으로 얻어진다.

$$\therefore \frac{\partial u}{\partial t}+u\frac{\partial u}{\partial x}+v\frac{\partial u}{\partial y}+w\frac{\partial u}{\partial z}$$
$$=f_x-\frac{1}{\rho}\frac{\partial P}{\partial x}+\nu\left(\frac{\partial^2 u}{\partial x^2}+\frac{\partial^2 u}{\partial y^2}+\frac{\partial^2 u}{\partial z^2}\right)$$
$$+\frac{1}{3}\nu\frac{\partial}{\partial x}\left(\frac{\partial u}{\partial x}+\frac{\partial v}{\partial y}+\frac{\partial w}{\partial z}\right) \qquad (3\cdot6\cdot14)$$

$$\therefore \frac{\partial v}{\partial t}+u\frac{\partial v}{\partial x}+v\frac{\partial v}{\partial y}+w\frac{\partial v}{\partial z}$$
$$=f_y-\frac{1}{\rho}\frac{\partial P}{\partial y}+\nu\left(\frac{\partial^2 v}{\partial x^2}+\frac{\partial^2 v}{\partial y^2}+\frac{\partial^2 v}{\partial z^2}\right)$$
$$+\frac{1}{3}\nu\frac{\partial}{\partial y}\left(\frac{\partial u}{\partial x}+\frac{\partial v}{\partial y}+\frac{\partial w}{\partial z}\right) \qquad (3\cdot6\cdot15)$$

$$\therefore \frac{\partial w}{\partial t}+u\frac{\partial w}{\partial x}+v\frac{\partial w}{\partial y}+w\frac{\partial w}{\partial z}$$
$$=f_z-\frac{1}{\rho}\frac{\partial P}{\partial z}+\nu\left(\frac{\partial^2 w}{\partial x^2}+\frac{\partial^2 w}{\partial y^2}+\frac{\partial^2 w}{\partial z^2}\right)$$
$$+\frac{1}{3}\nu\frac{\partial}{\partial z}\left(\frac{\partial u}{\partial x}+\frac{\partial v}{\partial y}+\frac{\partial w}{\partial z}\right) \qquad (3.6.16)$$

이러한 나비어-스토크스 방정식을 벡터로 나타내면 다음과 같이 아주 간단하게 표기할 수 있다.

$$\frac{dV}{dt}=f-\frac{1}{\rho}\nabla P+\nu\nabla^2 V+\frac{1}{3}\nabla(\nabla\cdot V) \qquad (3.6.17)$$

또한, 나비어-스토크스 운동 방정식을 유도하는 데 있어서 다음과 같은 다른 방법을 이용하기도 한다.

우선, $\frac{\partial u}{\partial x}$, $\frac{\partial v}{\partial y}$, $\frac{\partial w}{\partial z}$ 를 각각 x, y, z에 대한 선 변형률이라고 하고, 체적 변형률로는 $\left(\frac{\partial u}{\partial x}+\frac{\partial v}{\partial y}+\frac{\partial w}{\partial z}\right)$의 식을 이용한다. 그리고, 각 방향에 대한 수직응력의 값으로 선 변형률에 대한 비례상수는 2μ로, 체적 변형률에 대한 비례상수는 λ로 가정하여 다음과 같은 식으로 적기도 한다.

$$\therefore\ \sigma_x = -P + 2\mu\frac{\partial u}{\partial x} + \lambda\left(\frac{\partial u}{\partial x} + \frac{\partial v}{\partial y} + \frac{\partial w}{\partial z}\right) \qquad (3\cdot6\cdot18)$$

$$\therefore\ \sigma_y = -P + 2\mu\frac{\partial v}{\partial y} + \lambda\left(\frac{\partial u}{\partial x} + \frac{\partial v}{\partial y} + \frac{\partial w}{\partial z}\right) \qquad (3\cdot6\cdot19)$$

$$\therefore\ \sigma_z = -P + 2\mu\frac{\partial w}{\partial z} + \lambda\left(\frac{\partial u}{\partial x} + \frac{\partial v}{\partial y} + \frac{\partial w}{\partial z}\right) \qquad (3\cdot6\cdot20)$$

여기에서 식(3·6·8)과 식(3·6·9) 및 식(3·6·10)을 합하게 되면 다음과 같은 식으로 정리된다.

$$\therefore\ \sigma_x + \sigma_y + \sigma_z = -3P + (2\mu + 3\lambda)\left(\frac{\partial u}{\partial x} + \frac{\partial v}{\partial y} + \frac{\partial w}{\partial z}\right) \qquad (3\cdot6\cdot21)$$

그런데, 연속방정식, $\frac{d\rho}{dt} + \rho\left(\frac{\partial u}{\partial x} + \frac{\partial v}{\partial y} + \frac{\partial w}{\partial z}\right) = 0$에서 다음의 식을 얻는다.

$$\left(\frac{\partial u}{\partial x} + \frac{\partial v}{\partial y} + \frac{\partial w}{\partial z}\right) = -\frac{1}{\rho}\frac{d\rho}{dt} \qquad (3\cdot6\cdot22)$$

여기에서 식(3·6·22)를 식(3·6·21)에 대입하면 다음의 식을 얻는다.

$$\therefore\ \sigma_x + \sigma_y + \sigma_z = -3P - (2\mu + 3\lambda)\frac{1}{\rho}\frac{d\rho}{dt} \qquad (3\cdot6\cdot23)$$

식(3·6·23)은 응력들의 합을 나타내는 식이므로 압력과 밀도의 함수이어야 한다. 그러나 밀도 변형률의 함수는 되어서는 안 되므로 우변의 두 번째 항이 0가 되어야 한다.

$$\therefore\ 2\mu + 3\lambda = 0$$

$$\therefore\ \lambda = -\frac{2}{3}\mu \qquad (3\cdot6\cdot24)$$

그러므로 식(3·6·24)를 식(3·6·18)~(3·6·20)에 대입하면 식(3·6·8)과 (3·6·9) 및 식(3·6·10)을 얻을 수 있어서 최종적으로는 점성유동의 운동방정식이라고 일컫는 동일한 나비어-스토크스 방정식을 얻게 된다.

연습문제

1. 유선에 대한 설명 중에서 틀린 문장을 선택하여라.

① 유선은 유동장 내에 그려진 가상곡선이다.

② 유선은 속도방향과 접선방향이 일치하도록 그려진 연속적인 선이다.

③ 특정한 유체입자가 일정한 시간동안에 움직인 자취를 나타낸 선이다.

④ $\dfrac{dx}{u} = \dfrac{dy}{v} = \dfrac{dz}{w}$ 인 미분방정식을 만족하는 연속적인 곡선이다.

2. 연속 방정식에 대한 설명을 가장 올바르게 표현한 것은?

① 일과 에너지에 대한 관계를 묘사한 식이다.

② 유체의 모든 입자에 뉴턴의 제2법칙을 적용시킨 방정식이다.

③ 유선상의 두 점에 운동량이론을 만족하도록 유도된 식이다.

④ 유체유동에 질량 보존의 법칙을 적용한 방정식이다.

3. 베르누이 방정식을 유도하는 데 필요한 가정이 아닌 것은?

① 압축성 유동

② 정상유동

③ 마찰이 없는 유동

④ 유체의 입자가 유선을 따라 움직인다.

4. 정상 불균일유동을 가장 적절하게 표현한 식은?

(단, ρ는 밀도, u는 속도벡터, t는 시간, s는 위치를 나타낸다.)

① $\dfrac{\partial u}{\partial t} = 0$, $\dfrac{\partial u}{\partial s} \neq 0$

② $\dfrac{\partial u}{\partial t} = 0$, $\dfrac{\partial u}{\partial s} = 0$

③ $\dfrac{\partial u}{\partial t} \neq 0$, $\dfrac{\partial u}{\partial s} \neq 0$

④ $\dfrac{\partial u}{\partial t} \neq 0$, $\dfrac{\partial u}{\partial s} = 0$

5. 수평하게 놓여있는 관 속에 2.5m/s의 속도를 갖고 움직이고 있는 물의 압력은 450Pa이었다. 이러한 시스템에서 물의 유량이 $0.8\text{m}^3/\text{s}$라면 동력은 몇 마력(ps)인가?

6. 유적선을 가장 올바르게 표현한 것은?

① 공간 내의 한점을 지나는 유체입자들의 순간궤적
② 속도벡터 방향과 일치하도록 그려진 가상적인 곡선
③ 층류유동인 경우에만 정의되는 선
④ 특정한 유체입자가 일정한 시간동안에 움직인 자취를 나타낸 선

7. 다음 식 중에서 연속방정식과 관련이 없는 것은?

① $d(\rho A u) = 0$
② $\dfrac{dA}{A} + \dfrac{d\rho}{\rho} + \dfrac{du}{u} = 0$
③ $\nabla \cdot \rho u = -\dfrac{\partial \rho}{\partial t}$
④ $u \times dr = 0$

8. 다음 식 중에서 2차원 비압축성유동의 연속방정식을 만족하지 않는 속도벡터는 어느 것인가?

① $V = (3xy^2 + 2x + y^2)\,i + (x^2 - 2y - y^3)\,j$
② $V = (2x - 3y)t\,i + (x - 2y)t\,j$
③ $V = (2x^2 + 3y^2)\,i + (-3xy)\,j$
④ $V = (x - 2y)t\,i - (2x + y)t\,j$

9. 냇물을 건널 때 안전을 위하여 일반적으로 물의 폭이 넓은 곳으로 건너게 되는데 그 이유는 무슨 원리라고 생각하는가?

① 연속 방정식
② 운동량 방정식
③ 베르누이 방정식
④ 오일러의 운동 방정식

10. 에너지선(E.L.)을 가장 올바르게 표현한 것은?

① 언제나 수직선을 나타낸다.
② 속도수두와 위치수두의 합이다.
③ 수력구배선보다 아래에 위치한다.
④ 수력구배선보다 속도수두만큼 위에 존재한다.

11. 그림과 같은 펌프시스템이 있다. 이 시스템에서 모든 손실수두가 $KV_2^2/2g$라 할 때 펌프로부터 물에 준 에너지를 H_p라고 하면 맞는 식은 어느 것인가?

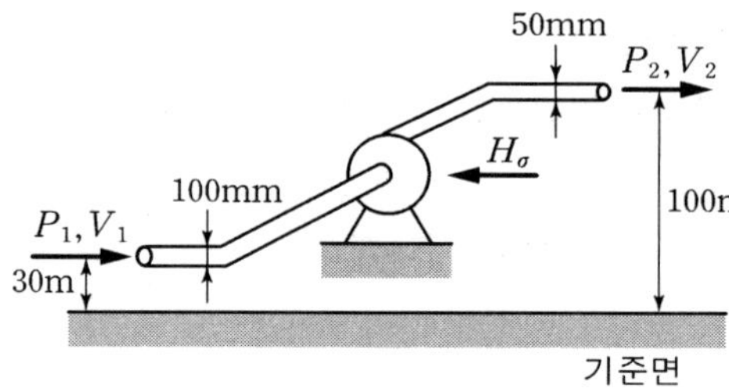

① $\dfrac{p_1}{\gamma}+\dfrac{V_1^2}{2g}+30+H_p=\dfrac{p_2}{\gamma}+\dfrac{V_2^2}{2g}+100+K\dfrac{V_2^2}{2g}$

② $\dfrac{p_1}{\gamma}+\dfrac{V_1^2}{2g}+30+K\dfrac{V_2^2}{2g}=\dfrac{p_2}{\gamma}+\dfrac{V_2^2}{2g}+100+H_p$

③ $\dfrac{p_1}{\gamma}+\dfrac{V_1^2}{2g}+30=\dfrac{p_2}{\gamma}+\dfrac{V_2^2}{2g}+100+K\dfrac{V_2^2}{2g}+H_p$

④ $\dfrac{p_1}{\gamma}+\dfrac{V_1^2}{2g}+30+H_p+K\dfrac{V_2^2}{2g}=\dfrac{p_2}{\gamma}+\dfrac{V_2^2}{2g}+100$

12. 두 개의 가벼운 공이 천정에 매달려 있다. 공 사이로 공기를 불어 넣으면 두 개의 공은 어떻게 되겠는가?

① 베르누이정리에 의하여 벌어진다.
② 베르누이정리에 의하여 달라 붙는다.
③ 뉴턴의 제3법칙에 의하여 달라 붙는다.
④ 뉴턴의 제3법칙에 의하여 벌어진다.

13. 벤튜리 미터의 입구에서 속도가 $v_1=2\,\mathrm{m/s}$, 압력 $P_1=1\,\mathrm{N/cm^2}$이고, 목부분의 속도가 $v_2=4\,\mathrm{m/s}$라면 목부분에서의 압력(P_2)을 구하여라.

14. 물이 평균속도 39.2m/s로 관 속을 흐르고 있다. 이 때의 속도수두(m)는 얼마인가?

15. 안지름이 150mm인 관을 비중이 0.8인 기름이 평균속도 5m/s로 흐르고 있다면 질량유량(kg/s)은 얼마인가?

16. 펌프에서 송출구의 안지름은 25cm이고, 양수되는 물의 양은 $4\,m^3/min$ 이라면 양수되는 물의 유속(m/s)은 얼마인가?

17. 아래의 그림에서 목부분인 A부분의 지름은 10cm이고, 유출구인 B의 지름은 30cm이었다면 A부분에서 상승되는 물의 높이는 몇 m인가? (단, 유출구를 통하여 유출되는 유량은 $60\,l/s$로 한다.)

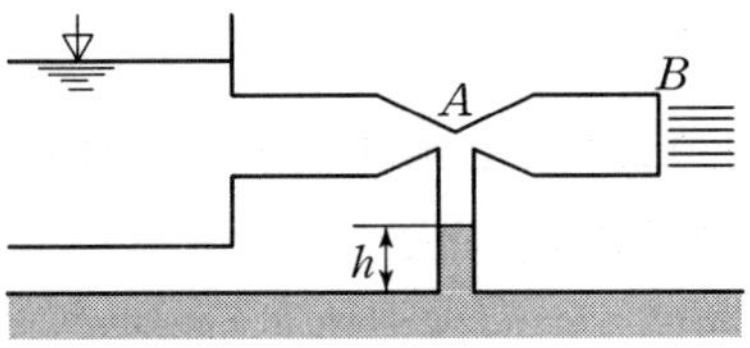

18. 그림과 같은 관 내를 비중이 0.8인 기름이 유동하고 있다. 점 ①과 점 ② 사이의 압력손실이 3m일 때 점 ②에서의 압력(N/m^2)은 얼마인가?

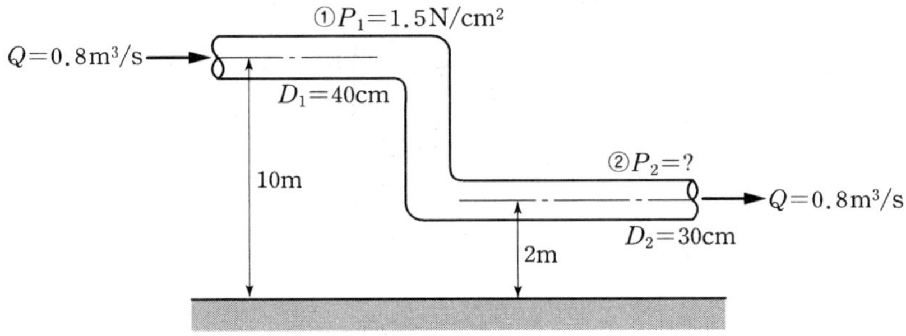

19. 그림과 같은 사이펀(siphon)에서 관로손실을 무시한다면 출구에서 흘러나오는 유량을 구하여라.

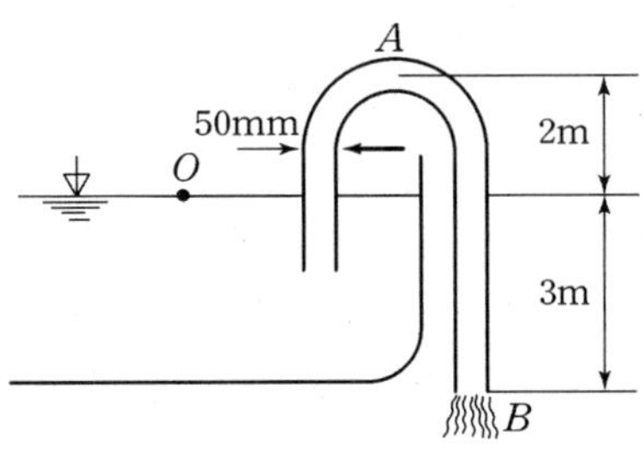

20. 유량을 측정하는 장치에 속하지 않는 것을 골라라.

① 위어 ② 오리피스 ③ 마노미터 ④ 벤튜리 미터

21. 압력수두, 위치수두, 속도수두를 각각 식으로 표시해 보아라.(단, 중력가속도는 g, 압력은 P, 비중량은 γ, 속도는 v, 높이는 h로 한다.)

22. 2kg인 유체질량이 5m/s의 속도를 갖고 움직인다면 운동에너지는 어떻게 구하는가?

23. 수력발전을 위하여 높이 50m인 곳에서 파이프를 통하여 압력 70N/m^2, 유속 10m/s로 보내진다면, 손실수두를 무시할 경우에 밑수면에서의 전수두는 어떻게 되는가?

24. 물이 들어 있는 수조에 수면으로부터 10m의 깊이에 지름이 10cm인 노즐이 달려 있을 때, 노즐의 속도계수를 0.95로 한다면 1분 동안에 흘러나오는 물의 양은 얼마인가? 단, 수조의 수면은 일정한 것으로 간주한다.

25. 그림과 같은 피토 정압관에 달려있는 액주계의 눈금이 $h=250$ mm이고, 관속의 유속은 6.00m/s로 물이 흐르고 있다면, 액주계에서 사용하고 있는 액체의 비중은 얼마인가?

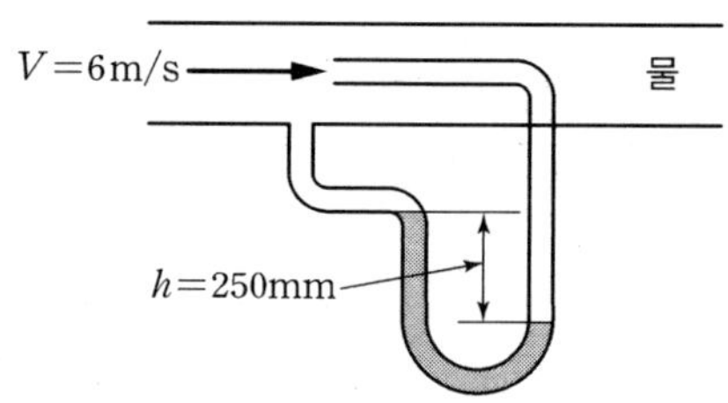

26. 피토 정압관을 이용하여 측정하는 것은 무엇인가?

① 유동하고 있는 유체에 대한 정압
② 유동하고 있는 유체에 대한 동압
③ 유동하고 있는 유체에 대한 전압
④ 유동하고 있는 유체에 대한 정압과 동압의 차

27. 물이 8m/s의 속도로 유동하고 있는 관에 피토 관을 설치하고 여기에 시차 액주계를 연결하였다. 그런데, 이 액주계에는 비중이 1.25인 액체를 사용하고 있다면 액주계에서 나타나는 기둥 높이의 차이는 몇 m인가? 단, 속도 계수는 1로 간주한다.

28. 다음의 그림에서 $H=8\text{m}$, $h=6\text{m}$로 한다면, 손실수두와 유량은 어떻게 구하는가?

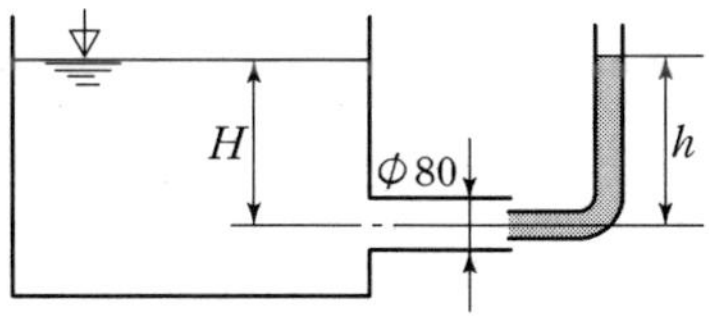

29. 다음의 그림에서 $H=100\text{m}$, $Q=10\text{m}^3/\text{s}$이라면 터빈에서 얻어지는 최대동력은 몇 kW인가?

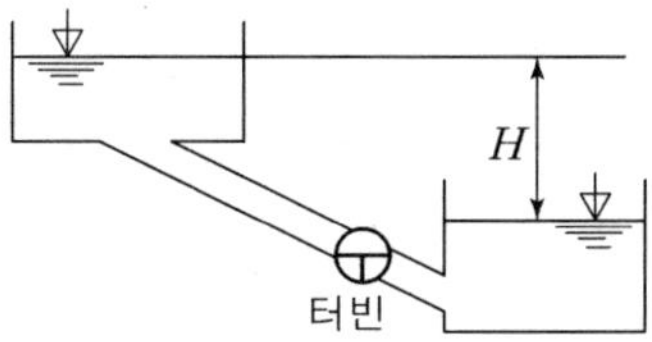

30. 다음의 그림에서 수차의 출력이 20kW이고, 유량이 $80\,l/\text{s}$라면 압력수두 h는 얼마인가?

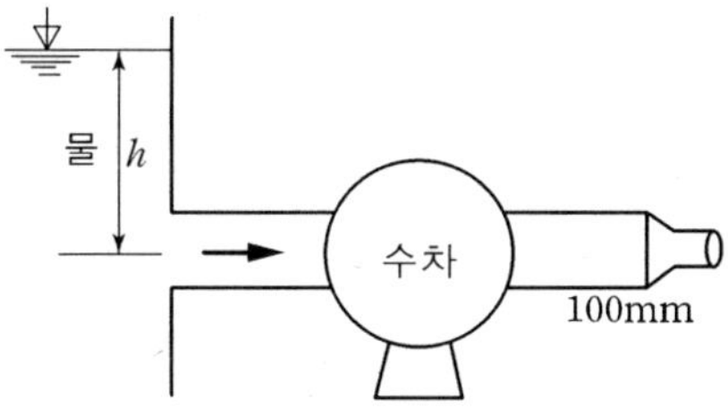

31. 펌프의 양수량이 $0.5\text{m}^3/\text{min}$인 펌프를 이용하여 펌프의 중심부로부터 1m 아래에 있는 물을 20m의 높이로 양수하고자 할 때 펌프에 공급되어야 할 동력은 몇 kW인가? 단, 관로의 전체 손실수두는 5m로 한다.

4장

운동량 이론과 그 응용

운동량 방정식은 뉴턴의 운동 제2법칙으로부터 얻어지는 유동의 기본 방정식으로서 힘과 속도의 관계를 표현한 식인데, 우선 운동량이란 질량(m)과 속도(v)의 곱으로 정의된다. 또한 운동량이란 한 질점에서 발생하는 양이므로 그 질점에서 시간에 대한 운동량의 변화는 결국 그 질점에 작용하는 힘과 같다는 뉴턴의 제2법칙에 적용되어 아래의 식으로 표현된다.

$$\frac{d(mv)}{dt} = m\frac{dv}{dt} = ma = F$$

가해지는 힘 (F)과 거리 (l)의 곱으로 모멘트가 얻어지는 것처럼 운동량 모멘트는 운동량과 거리의 곱으로 표현된다.

$$\text{운동량 모멘트}(M_m) = \text{운동량}(M_o) \times \text{거리}(l)$$

여기에서 운동량 모멘트의 시간에 대한 변화를 살펴보면 다음과 같이 전개된다.

$$\frac{d(mvl)}{dt} = ml\,\frac{dv}{dt} = mal = Fl$$

그러므로 시간에 대한 운동량 모멘트의 변화는 그 질점에 작용하는 힘의 한 점에 대한 모멘트와 같음을 알 수 있는데, 이것이 운동량 법칙이다.

4·1 유체의 운동량 방정식

그림 4·1에서 유동상태가 정상유동일 때 임의의 두 유선상에 존재하는 운동량을 살펴보면, x방향에 있어서 검사체적 $ABCD$에 해당하는 유체의 운동량은 $\sum_{ABCD} V_x \delta m$이고, dt시간 후에 검사체적 $A'B'C'D'$로 변화되었다면 운동량은 $\sum_{A'B'C'D'} V_x \delta m$로 나타낼 수 있다. 그러므로 dt시간 동안의 x방향에 있어서 순수한 운동량의 전 증가량은 다음과 같이 표현된다.

$$\sum_{A'B'C'D'} V_x \delta m - \sum_{ABCD} V_x \delta m \tag{4·1}$$

그런데, 그림 4·1에서 살펴보면

$$\sum_{A'B'C'D'} V_x \delta m = \sum_{ABCD} V_x \delta m - \sum_{ABB'A'} V_x \delta m + \sum_{CDD'C'} V_x \delta m$$

이므로 이 식을 식(4·1)에 대입하여 정리하면 다음과 같이 정리된다.

$$\{ \sum_{ABCD} V_x \delta m - \sum_{ABB'A'} V_x \delta m + \sum_{CDD'C'} V_x \delta m \} - \sum_{ABCD} V_x \delta m$$

$$= \sum_{CDD'C'} V_x \delta m - \sum_{ABB'A'} V_x \delta m$$

또한, 단면 AB에서 x방향의 속도를 V_{x1}이라 하고, 단면 CD에서의 x방향의 속도를 V_{x2}로 하면, 미소질량도 δm_1과 δm_2로 구분되어 $\delta m_1 = \rho_1 V_1 dA_1$, $\delta m_2 = \rho_2 V_2 dA_2$로 표현할 수 있기 때문에 dt시간 동안의 운동량의 변화는 다음과 같이 정리된다.

$$\{ \sum_{CDD'C'} V_{x2} \delta m_2 - \sum_{ABB'A'} V_{x1} \delta m_1 \} dt = (\rho_2 V_2 A_2 \cdot V_{x2} - \rho_1 V_1 A_1 \cdot V_{x1}) dt$$

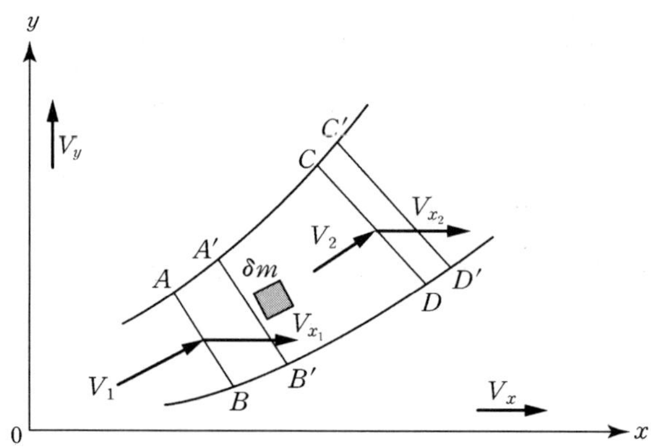

그림 4·1 검사체적에서 유체의 운동량 방정식

이 식에서 연속방정식 ($\dot{m}=\rho_1 A_1 V_1=\rho_2 A_2 V_2$)에 의하여 dt시간 동안의 운동량의 변화는 $\dot{m}(V_{x2}-V_{x1})dt$로 재정리 할 수 있고, 이 식을 단위시간 동안의 운동량 변화로 고려하면 다음과 같이 정리된다.

$$\therefore\ \dot{m}(V_{x2}-V_{x1})=\dot{m}a_x=F_x$$

여기에서 $(V_{x2}-V_{x1})$가 a_x인 x방향의 가속도로 변화된 이유는 단위시간에 대한 양을 고려함으로 인하여 외부상으로는 보이지 않지만 시간에 대한 속도의 변화를 의미하므로 가속도의 의미를 함축하고 있기 때문이다. 그러므로 x방향에 대한 힘은 다음과 같이 나타낼 수 있다.

$$\therefore\ dF_x=\delta\dot{m}(V_{x2}-V_{x1})=\rho_2 V_2 dA_2\cdot V_{x2}-\rho_1 V_1 dA_1\cdot V_{x1}$$

위의 식에서 양변을 적분을 하게 되면 다음 식이 얻어진다.

$$\therefore\ F_x=\int\rho_2 V_2\cdot V_{x2}\ dA_2-\int\rho_1 V_1\cdot V_{x1}\ dA_1 \tag{4·2}$$

동일한 방법으로 y방향에 대한 힘도 다음과 같이 운동량의 변화를 이용하여 힘에 대한 식을 얻을 수 있다.

$$\therefore\ F_y=\int\rho_2 V_2\cdot V_{y2}\ dA_2-\int\rho_1 V_1\cdot V_{y1}\ dA_1 \tag{4·3}$$

위의 식(4·2)와 식(4·3)으로부터 운동량의 변화에 따른 힘은 최종적으로 다음과 같은 식으로 정리할 수 있다.

$$\therefore\ F=\rho Q(V_2-V_1) \tag{4·4}$$

이 식(4·4)를 운동량 방정식(momentum equation)이라고 한다. 이 방정식은 검사면에 가한 힘의 합은 검사체적 내의 운동량 변화량과 같다는 의미이다. 실제적인 유체유동에선 단면에 수직한 균일유동을 얻는다는 것은 불가능하기 때문에 단면에 수직한 운동량은 다음과 같은 수정계수를 첨가하여 계산하게 된다.

$$\therefore\ F=\beta\rho Q(V_2-V_1) \tag{4·5}$$

여기에서 β가 운동량 수정계수이다. 그리고 단면상에서의 평균속도 $\overline{V}$는 단면에서의 속도를 전부 합하여 단면적 A로 나눈 식으로 표현한다.

$$\therefore\ \overline{V}=\frac{1}{A}\int V\ dA \tag{4·1·6}$$

4·2 운동량 방정식의 응용

앞에서 언급한 운동량 방정식이 응용되는 부분은 평판에 분류가 충돌할 때의 힘, 날개가 고정되어 있는 상태에서 분류가 날개에 미치는 힘, 날개가 움직이고 있는 경우, 곡관 내의 유동 등 여러 가지 부분에 응용되어지고 있는데, 이들을 각각 나누어서 설명해 보려한다.

4·2·1 고정된 평판에 분류가 충돌하는 경우

일반적으로 평판에 유체가 충돌하는 경우는 어느 경계에 이르기까지 평판의 표면을 따라 유동해 가다가 평판이 접선력 방향으로 분리되어 나가는 것을 볼 수 있다. 그림 4·2에서 보는 것처럼 평판이 수평면으로부터 θ의 각도로 기울어져 있는 상태에서 단면적이 A_o, 유속이 V_o, 유량이 Q_o인 유동이 평판을 향하여 충돌된 후에 두 갈래로 유동이 나누어져 흘렀다면 평판에 유체가 미치는 힘과 유량의 변화에 대하여 살펴보려 한다.

먼저, 그림 4·2의 상태에서 마찰손실을 무시하고 위치수두를 고려하지 않는다면 유체와 평판이 충돌하기 전·후의 압력은 대기압으로 같으므로 세 지점에 베르누이 방정식을 적용하면 $V_o = V_1 = V_2$가 된다. 그리고 평판에 접선방향을 y방향으로 하고, 수직방향을 x방향으로 잡으면 평판에 접선방향의 표면력, $F_{s,y} = 0$가 되고, 평판에 수직방향인 $F_{s,x}$만 존재한다. 여기에서 $F_{s,x}$는 운동량의 변화에 따른 힘으로 얻을 수 있으므로 다음과 같이 정리된다.

$$\therefore \ -F_{s,x} = \rho Q_o (V_{x2} - V_{x1}) = \rho Q_o (0 - V_o \sin\theta) = -\rho Q_o V_o \sin\theta$$

$$\therefore \ F_{s,x} = \rho Q_o V_o \sin\theta \tag{4·6}$$

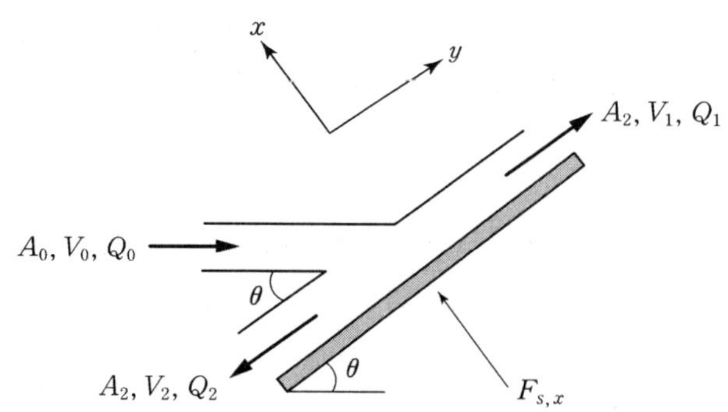

그림 4·2 분류의 고정된 평판에 작용하는 힘

그리고 y방향에 대한 힘의 합은 위에서 언급한 것처럼 0이므로 y방향에 대한 힘은 다음과 같이 전개된다.

$$F_{s,y} = \rho Q_1 V_o - \rho Q_2 V_o - \rho Q_o V_o \cos\theta = 0$$

여기에서 각 항을 ρV_o로 나누면 다음의 식이 얻어진다.

$$\therefore\ Q_1 - Q_2 = Q_o \cos\theta \tag{4·7}$$

그리고 연속방정식에 의하여 유량은 변화가 없으므로 다음의 식으로 정리할 수 있다.

$$\therefore\ Q_1 + Q_2 = Q_o \tag{4·8}$$

여기에서 식(4·7)와 식(4·8)을 연립하여 전개하면 다음과 같이 각각의 분류된 유량의 식을 얻을 수 있다.

$$\therefore\ Q_1 = \frac{Q_o}{2}(1 + \cos\theta) \tag{4·9}$$

$$\therefore\ Q_2 = \frac{Q_o}{2}(1 - \cos\theta) \tag{4·10}$$

예제 4·1

평판이 수직으로 고정되어 있는 상태에서 노즐로부터 비중이 0.75인 기름이 평판에 수직하게 20m/s의 속도로 분사되고 있다. 분사되는 기름이 20cm의 직경을 갖고 있다면 고정된 평판에 작용하는 분류 방향의 힘(N)은 얼마인가?

● 풀이 ● 분류방향의 힘은 x방향을 의미하므로 x방향에 있어서 운동량의 변화는 다음과 같은 식에서 얻어진다.

$$\therefore\ -F = \rho Q(V_{x2} - V_{x1})$$

$$= 750 \times \frac{\pi}{4} \times 0.2^2 \times 20 \times (0 - 20)$$

$$\therefore\ F = 9424.78\,\text{N}$$

4·2·2 고정되어 있는 날개에 분류가 충돌하는 경우

대기 중에서 분류가 물체에 충돌하여 물체로부터 반발력으로 힘을 받게 되면 운동량의 변화가 일어나게 되고, 동시에 분류는 작용과 반작용의 법칙에 의하여 물체에 힘을 가하게 된다. 이와 같은 현상으로 마찰이 존재하지 않는 구부러지고 고정되어 있는 날

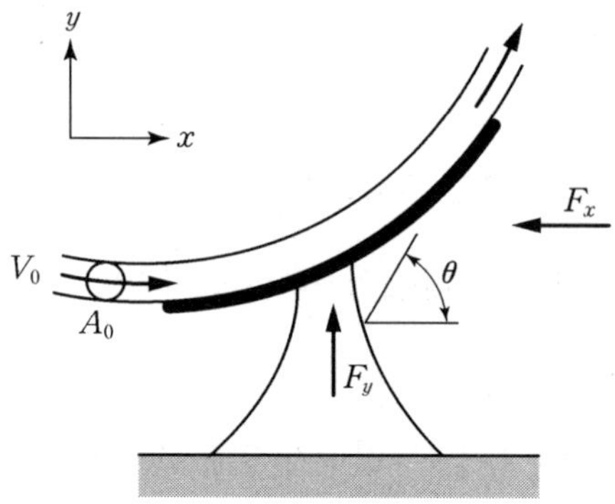

그림 4·3 분류의 고정베인에 작용하는 힘

개와 접하여 대기 중에서 분류가 유입되고 있다고 할 때 그림 4·3을 통하여 분류가 곡면 날개에 주는 힘을 얻어 보도록 하자.

그림 4·3에서와 같이 베인(날개)이 고정되어 있는 상태에서 분류가 자유분사되면 분류는 휘어져 있는 베인을 따라 유동하게 되고, 운동량의 변화가 발생되어 베인에 힘이 작용되게 된다. 입구부와 출구부는 대기와 접하고 있는 상태이므로 균일유동을 하는 것으로 간주하고, 압력의 변화는 없는 것으로 하며, 또한, 입구부와 출구부의 높이 차는 아주 커다란 값이 아니므로 위치수두의 변화는 없는 것으로 간주한다. 그리고 고정된 베인이 수평면과 θ의 각도로 구부러져 있는 상태에서 고정 베인에서 분류로 인한 반발력 F_x와 F_y에 대한 식을 전개하면 다음과 같이 정리된다.

$$\therefore \; -F_x = \rho V_o A_o (V_{x2} - V_{x1})$$

$$= \rho Q_o (V_o \cos\theta - V_o) \qquad (4\cdot11)$$

$$\therefore \; F_y = \rho V_o A_o (V_{y2} - V_{y1})$$

$$= \rho Q_o (V_o \sin\theta - 0) \qquad (4\cdot12)$$

여기에시 구부러진 고정 날개에 접하여 유입되는 유입속도를 V_o로 하였고, 유입 단면적은 A_o로 하였으며, 분류가 고정날개와 접하여 유동하고 있는 동안에 운동량의 변화를 가져오도록 하는 외력 F_x는 반력으로 우측에서 좌측으로 힘이 작용하고 있으므로 음의 부호를 사용하였다. 그리고 입구부에서 y방향에 대한 속도는 존재하지 않으므로 0로 하였다.

예제 4·2

날개가 수평면과 60°의 각도로 구부러진 상태에서 고정되어 있다. 이러한 경우에 그림과 같이 노즐로부터 비중이 5인 액체가 30m/s의 속도로 분사되고 있다면 이 날개를 고정시키는데 필요한 x방향과 y방향의 힘을 구하여라.
(단, 분류의 지름은 8cm이다.)

● 풀이 ● $\therefore\ -F_x = \rho Q(V_{x2} - V_{x1}) = 5\times1000\times\frac{\pi}{4}\times0.08^2\times30\times(30\cos60° - 30)$

$\therefore\ F_x = 5654.87\,\text{N}$

$\therefore\ F_y = \rho Q(V_{y2} - V_{y1}) = 5\times1000\times\frac{\pi}{4}\times0.08^2\times30\times(30\sin60° - 0)$

$\therefore\ F_y = 19589.03\ \text{N}$

4·2·3 이동하고 있는 날개에 분류가 충돌하는 경우

유동하고 있는 유체의 운동량을 변화시키기 위해서는 반드시 유체에 힘이 가해져야만 한다. 유체가 이동날개 위를 운동하게 되면 운동량의 변화가 일어나게 되고, 유체와 날개 사이에는 힘이 작용되며 날개의 이동으로 인하여 날개와 유체 사이에는 에너지의 교환이 발생하게 되는데, 이러한 원리를 이용하여 만들어진 기계가 터보 기계(turbomachine)이다. 이 터보기계에는 유체가 갖고 있는 에너지를 동력으로 전환시키는 터빈과 동력을 유체의 에너지로 변환하는 펌프가 있다.

그림 4·4에서 보는 것처럼 마찰로 인한 손실을 무시한 상태에서 베인이 u의 속도를

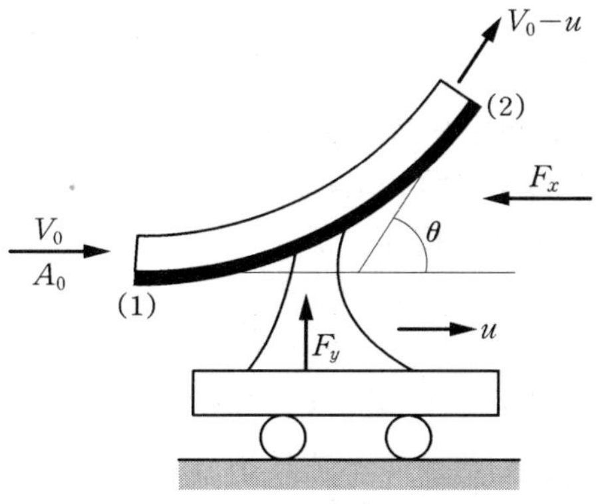

그림 4·4 분류의 이동베인에 작용하는 힘

갖고 움직이고 있을 때 분류는 A_o의 단면적을 갖고 이동베인을 향하여 V_o의 속도로 분사되고 있다면 실제적으로 베인에 분사되는 분류의 속도는 $(V_o - u)$로 된다. 그러므로 베인이 수평면과 θ의 각도로 구부러져 있다면 이동날개에 분류가 미치는 힘은 $(V_o - u)$의 속도를 갖는 분류가 고정베인에 작용하는 힘을 구하는 것과 동일함을 알 수 있다. 먼저, x방향에 있어서 운동량의 변화를 고려하면 다음과 같이 전개된다.

$$\therefore \ -F_x = \rho(V_o - u)A_o\{(V_o - u)\cos\theta - (V_o - u)\}$$

$$= \rho(V_o - u)^2 A_o(\cos\theta - 1)$$

$$\therefore \ F_x = \rho(V_o - u)^2 A_o(1 - \cos\theta) \tag{4·13}$$

y방향에 있어서도 동일한 방법으로 전개하면 다음과 같은 식이 얻어진다.

$$\therefore \ F_y = \rho(V_o - u)A_o\{(V_o - u)\sin\theta - 0\}$$

$$= \rho(V_o - u)^2 A_o \sin\theta \tag{4·14}$$

여기에서 식(4·15)와 식(4·16)은 움직이는 단일 날개에 대한 운동량 방정식이지만, 날개가 연속적인 날개열로 구성되어 있는 경우에는 분사되는 전체의 분류가 전 날개의 위를 유동하고 있는 결과를 초래하게 된다. 그러므로 유체로부터 이동날개에 작용하는 힘은 이동날개에 유입되는 분류의 단면적을 A_o라고 할 때 다음과 같은 식이 얻어진다.

$$\therefore \ F_x = \rho Q_o(V_o - u)(1 - \cos\theta) \tag{4·15}$$

$$\therefore \ F_y = \rho Q_o(V_o - u)\sin\theta \tag{4·16}$$

여기에서 $Q_o = A_o V_o$를 나타낸다.

예제 4·3

20m/s로 움직이고 있는 단일날개에 40m/s의 물 분류가 분사되고 있다면 이동날개에 작용하는 충격력을 구하여라.(단, 분류의 단면적은 100cm^{2}이고, 날개는 수평면과 30°의 각도를 갖고 있다.)

● 풀이 ● 이동날개인 경우는 식(4·15)와 식(4·16)에 의하여

$$\therefore \ F_x = \rho(V_o - u)^2 A_o(1 - \cos\theta)$$

$$= 1000 \times (40 - 20)^2 \times 0.01 \times (1 - \cos 30°)$$

$$= 535.9 \text{ N}$$

$$\therefore\ F_y = \rho(V_o - u)^2 A_o \sin\theta$$
$$= 1000\times(40-20)^2\times 0.01\times\sin 30°$$
$$= 2000\,\mathrm{N}$$

4·2·4 구부러진 곡관에 분류가 충돌하는 경우

그림 4·5에 나타낸 것처럼 곡관 내의 유체가 정상유동을 하고 있을 때 입구로 들어오는 속도와 단면적 및 압력을 각각 V_1, A_1, P_1이라 하고, α각도로 구부러져 출구로 나가는 속도와 단면적 및 압력을 각각 V_2, A_2, P_2라고 하면 구부러진 곡관에 분류가 충돌하는 경우의 자유 물체도는 그림 4·5의 오른쪽에 보여지는 것과 같이 생각할 수 있다. 이러한 자유 물체도에서 힘은 운동량의 변화와 같으므로 먼저 x방향에 대하여 방정식을 만들어 보자. x방향에 작용되는 힘은 압력에 의한 힘과 분류의 충돌로 인하여 곡관의 반작용에 의한 힘, $-F_x$가 작용되고 있으므로 이들 힘의 합이 x방향에 있어서 운동량의 변화와 같다는 식을 세우면 다음과 같이 정리된다.

$$\therefore\ P_1A_1 - P_2A_2\cos\alpha - F_x = \rho Q(V_2\cos\alpha - V_1) \tag{4·2·12}$$

또한, y방향에 있어서도 곡관 자체의 하중을 W라고 하면 입구에서는 y방향에 대한 속도가 존재하지 않으므로 다음과 같이 식이 정리된다.

$$\therefore\ F_y - W - P_2A_2\sin\alpha = \rho Q(V_2\sin\alpha - 0) \tag{4·2·13}$$

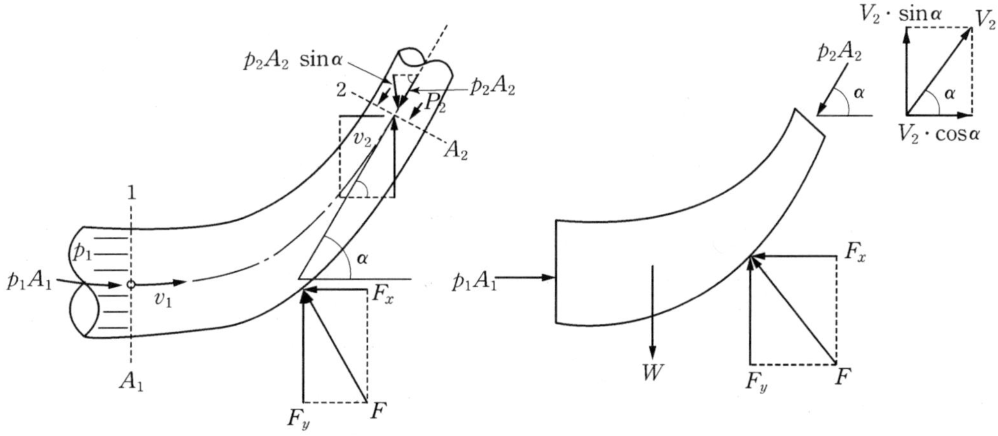

그림 4·5 분류가 곡관에 작용하는 힘

그러므로 곡관에 작용하는 힘은 x방향과 y방향에 대한 힘을 합하여 다음과 같이 정리할 수 있다.

$$\therefore\ F=\sqrt{F_x^{\,2}+F_y^{\,2}} \tag{4·2·14}$$

4·2·5 프로펠러 이론

프로펠러(propeller)는 프로펠러를 통과하는 유체의 운동량을 변화시켜 그 반력으로 추진력을 얻는 장치이다. 그러므로 그림 4·6에 보여 지고 있는 프로펠러에서 ① 지점에서의 압력과 속도는 각각 P_1, V_1으로 하고 ② 지점에서의 압력과 속도는 P_2, V_2로 했을 때 그림에서 보는 것처럼 유체가 프로펠러쪽으로 접근하면서 압력에너지는 점진적으로 감소하는 반면에 이들의 감소된 에너지가 속도에너지로 변환되어 점진적으로 증가하게 된다. 그런데, 유체가 프로펠러를 통과하면서 속도는 ② 지점과 ③ 지점에서 거의 변화가 없다고 볼 수 있으나 압력은 프로펠러로부터 에너지를 받아 P_2에서 P_3로 급격히 상승하게 된다. 그리고 프로펠러를 통과한 유체의 압력은 P_3에서 P_4로 팽창하여 P_1과 같게 되고, 여기에서 팽창하면서 감소된 압력에너지는 속도에너지로 변환되어 속

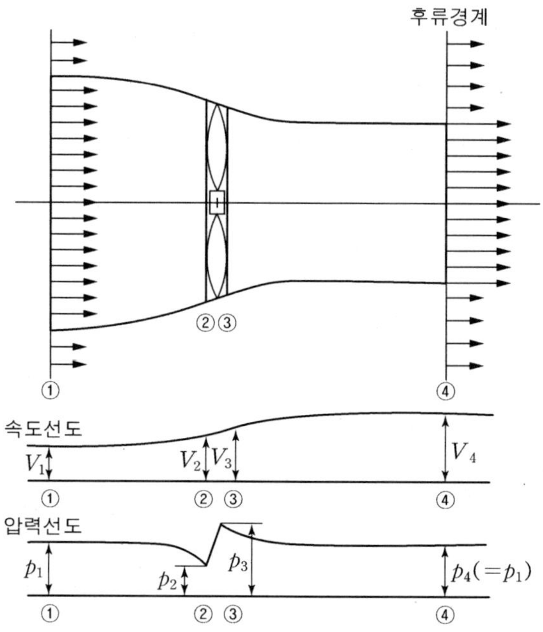

그림 4·6 프로펠러

도는 V_4로 증가하게 된다. 그러므로 이 때 운동량방정식을 적용하여 프로펠러에 작용하는 힘, $F=\rho Q(V_4-V_1)$와 프로펠러 전·후의 압력차로 인하여 생기는 힘, 즉 추력 F는 $(P_3-P_2)A$와 같으므로 다음과 같이 식을 정리할 수 있다.

$$\therefore\ \rho Q(V_4-V_1)=(P_3-P_2)A \qquad (4\cdot2\cdot15)$$

그런데, ②지점과 ③지점 사이에서는 비정상유동이 이루어지고 있으므로 베르누이 방정식을 적용하기가 곤란하다. 그러므로 ①지점과 ②지점 및 ③지점과 ④지점에 베르누이 방정식을 적용하면 다음과 같은 식들을 얻을 수 있다.

$$\frac{P_1}{\gamma}+\frac{V_1^2}{2g}=\frac{P_2}{\gamma}+\frac{V_2^2}{2g}$$

$$\frac{P_3}{\gamma}+\frac{V_3^2}{2g}=\frac{P_4}{\gamma}+\frac{V_4^2}{2g}$$

앞에서도 설명했듯이 $V_2 \fallingdotseq V_3$, $P_1=P_4$이므로 첫 번째 식은 $\frac{P_1}{\gamma}$에 대하여 정리하고, 두 번째 식은 $\frac{P_4}{\gamma}$에 대하여 정리하여 등식을 만들어 정리하면 다음과 같은 식을 얻을 수 있다.

$$\therefore\ \frac{P_3-P_2}{\gamma}=\frac{1}{2g}(V_4^2-V_1^2)$$

$$\therefore\ P_3-P_2=\frac{1}{2}\rho(V_4^2-V_1^2) \qquad (4\cdot2\cdot16)$$

식(4·2·16)을 식(4·2·15)에 대입하여 정리하면 다음과 같은 식이 얻어진다.

$$\therefore\ V=\frac{Q}{A}=\frac{V_1+V_4}{2} \qquad (4\cdot2\cdot17)$$

여기에서 V는 유체가 프로펠러를 통과하는 속도 (V_2)를 의미하는데, 프로펠러를 통과하는 유속은 유입되는 상류속도와 유출되는 후류속도의 산술 평균한 속도값임을 알 수 있다. 이러한 이론을 제일 먼저 주창한 사람이 푸루드(William Froude)이기 때문에 푸루드 이론이라고 한다. 또한, 프로펠러가 정지되어 있는 유체에 V_1의 속도로 접근하고 있다면 프로펠러가 이행한 유효 일량은 프로펠러의 추진력에 비행속도 V_1을 곱한 것과 같으므로 다음과 같이 정리된다.

$$\therefore\ 유효\ 일량=F V_1=\rho Q(V_4-V_1)V_1 \qquad (4\cdot2\cdot18)$$

여기에서 F는 추진력을 나타내고, 유효 일량이란 출력(output power)을 의미하며, 바꾸어서 말하면 프로펠러가 V_1의 속도로 비행하는데 필요한 동력을 의미한다. 그리고 입력(input power)은 유체의 속도를 V_1으로부터 V_4로 증가시키는 데 필요한 동력을 의미하므로 비행에 필요한 동력과 후류에서 소멸되고 없어지는 운동에너지의 합이 된다. 먼저, 후류에서 소멸되는 운동에너지는 프로펠러가 V_1의 속도에서 V_4의 속도로 증가할 때 속도의 차이만큼 소멸되는 운동 에너지를 의미하므로 $\frac{1}{2}\rho Q(V_4 - V_1)^2$이 된다. 그러므로 입력에 대한 식은 식(4·2·18)과 위에서 언급한 소멸된 운동에너지를 합하여 얻을 수 있다.

$$\therefore \text{ 입력} = \rho Q(V_4 - V_1)V_1 + \frac{1}{2}\rho Q(V_4 - V_1)^2 \qquad (4\cdot2\cdot19)$$

여기에서 프로펠러의 이론효율은 입력에 대한 출력을 의미하므로 식으로 표현하면 다음과 같은 식이 얻어진다.

$$\begin{aligned}\therefore \text{ 효율}(\eta_{th}) = \frac{\text{출력}}{\text{입력}} &= \frac{\rho Q(V_4 - V_1)\cdot V_1}{\rho Q(V_4 - V_1)\left\{V_1 + \frac{1}{2}(V_4 - V_1)\right\}} \\ &= \frac{V_1}{V_1 + \frac{1}{2}(V_4 - V_1)} \\ &= \frac{V_1}{\frac{1}{2}(V_1 + V_4)} = \frac{V_1}{V_2} \qquad (4\cdot2\cdot20)\end{aligned}$$

그러므로 $\frac{V_1}{V_2}$을 푸루드 효율이라고 하며, 수식에서 알 수 있듯이 프로펠러의 효율은 $(V_4 - V_1)$에 크게 영향을 받는다. 즉, $(V_4 - V_1)$값이 작으면 작을수록 효율은 좋아지나 이 값이 0이 될 수는 없으며 일반적으로 비행기 프로펠러의 실제 효율은 최적의 조건하에서 약 85%의 효율을 갖는다고 한다. 그러나 유체의 압축성이나 복잡한 와류의 영향으로 180m/s부근에서 실제 효율이 급격히 감소하는 현상이 생긴다고 한다. 또한, 선박의 프로펠러에서는 한정된 프로펠러의 지름과 선체의 영향으로 인하여 최대 60% 정도의 약간 적은 효율을 갖는다.

풍차(windmill)인 경우는 그림 4·7과 같이 프로펠러의 경우와 아주 유사하나 유체로부터 에너지를 얻는다는 점이 약간 다르며, 속도에 있어서 V_1이 V_4보다 크고 압력에 있어서도 P_2가 P_3보다 큰 형상을 갖고 있다. 그런데, 풍차의 경우에도 풍차 날개에서의 속도는 $V_2 = \frac{1}{2}(V_1 + V_4)$로 계산되나, 운동에너지의 출력이 이러한 $\frac{1}{2}\rho Q(V_1^2 - V_4^2)$

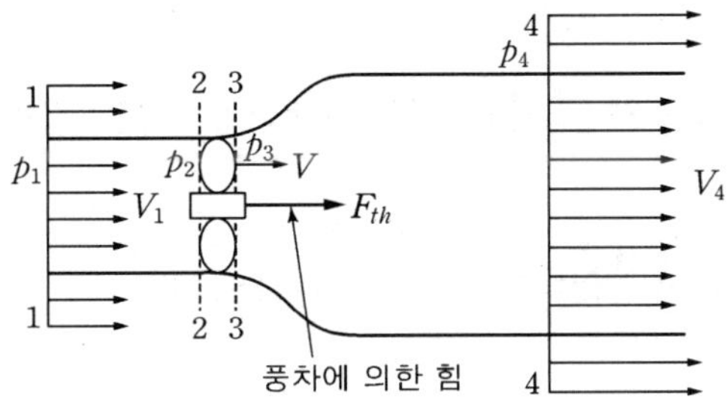

그림 4·7 풍차

으로 계산되어 효율이 얻어짐에 주의하여야 한다.

예제 4·4

바다에 떠 있는 선박 한척이 바닷물 위를 20m/s로 움직이고 있을 때 선박 후미의 후류(slip stream)의 속도는 50m/s이었다. 이러한 경우 프로펠러의 지름이 1m이라면 이 프로펠러의 이론효율(η_{th})은 몇 %인가?

● 풀이 ● 그런데 $V_2 = \dfrac{V_1 + V_4}{2} = \dfrac{20+50}{2} = 35\,\text{m/s}$ 이므로

$$\eta_{th} = \frac{V_1}{V_2} = \frac{20}{35} = 0.5714$$

그러므로 프로펠러의 이론효율은 57.14%이다.

예제 4·5

프로펠러의 지름이 2 m인 비행기가 공중을 시속 500km로 비행하면서 프로펠러에서 배출하는 공기의 유량은 628.32m^3/s이다. 공기의 밀도가 1.2kg/m^{3}인 경우에 프로펠러의 추력과 이론효율을 계산하여라.

● 풀이 ● 비행속도 $V_1 = 500 \times \dfrac{1000}{3600} = 138.89\,\text{m/s}$

프로펠러에서의 유속은

$$V_2 = \frac{Q}{A} = \frac{628.32}{\dfrac{\pi}{4}\times 2^2} = 200\,\text{m/s}$$

$V_2 = \dfrac{V_1 + V_4}{2}$ 에서 프로펠러의 후류속도는

$$V_4 = 2V_2 - V_1 = 2\times 200 - 138.89 = 261.11\,\text{m/s}$$

그러므로 프로펠러의 추력은

$$F = \rho Q(V_4 - V_1)$$
$$= 1.2 \times 628.32 \times (261.11 - 138.89) = 92.152\,\text{kN}$$

이론효율은

$$\eta = \frac{V_1}{V_2} = \frac{138.89}{200} = 0.69445 = 69.445\%$$

4·2·6 분사추진

공기나 물 속에서의 추진력은 물체의 뒷부분에서 노즐 등을 설치하여 분사되는 분사 압력 때문에 물체가 앞으로 전진하게 된다. 이러한 종류의 추진은 크게 제트기의 추진과 로켓의 추진으로 나눌 수 있다.

1 제트기 추진

제트기 추진장치에는 터보 제트와 터보 프롭 및 램제트 등이 있는데, 그림 4·8에서 보는 것처럼 압축기와 연소실, 터빈, 분사노즐로 구성되어 있는 터보 제트를 소개하려 한다. 공기는 기관 앞에 뚫려있는 흡입구로부터 V_1의 속도로 흡입되어 압축기에서 압축을 행한 다음, 이 압축공기가 연소실에서 연료와 혼합되어 연소한다. 이 때 연소된 가스는 터빈을 지나면서 일부의 에너지가 터빈을 회전하게 하고, 나머지 에너지는 분사노즐에서 속도에너지로 전환되어 연소가스가 분사노즐을 통하여 고속 분사하게 된다. 또한, 터빈 축이 압축기와 연결되어 있기 때문에 터빈에서 얻어진 동력은 공기를 압축하는데 압축기 일로 소모된다. 여기에서 연소가스의 노즐을 통한 분사속도를 V_2로 하면 운동량 방정식을 이용하여 제트기의 추력은 다음의 식으로 얻어진다.

$$\therefore\ F = \rho_2 Q_2 V_2 - \rho_1 Q_1 V_1 \qquad (4\cdot2\cdot21)$$

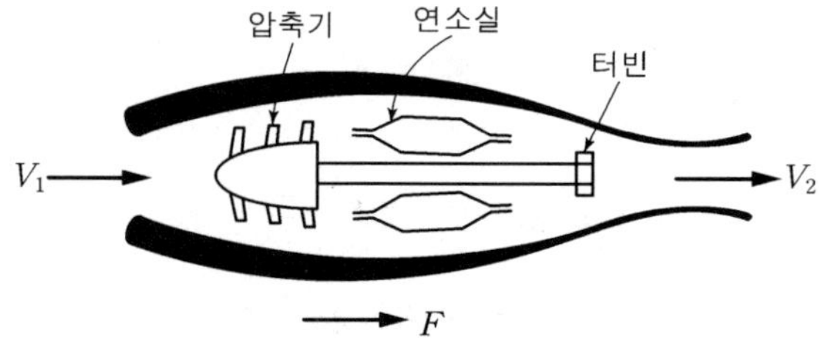

그림 4·8 터보 제트 기관

2 로켓 추진

로켓은 질량이 변화하는 시스템을 갖추고 있다. 다시 말해서 로켓은 연료와 혼합하여 연소시킬 수 있는 산화제를 갖고 있기 때문에 로켓의 주위에 있는 매개유체와 상관없이 로켓 자체 내에서 추진력을 발생시킨다. 그러므로 이러한 모든 시스템을 로켓의 추진력을 계산하는 데 적용하면 아주 복잡하게 되나 그림 4·9와 같이 로켓의 추진을 간단하게 표현하면 추진력은 운동량의 변화와 같다라는 원리를 적용하여 다음의 식으로 표현할 수 있다.

$$\therefore\ F_y = \rho Q(V_{y_2} - V_{y_1}) \qquad (V_{y_1} = 0 \text{ 이므로})$$

$$= \rho Q V_{y_2}$$

여기에서 ρQ는 분사되는 질량을 의미하고, V_{y_2}는 로켓의 분사속도를 말한다.

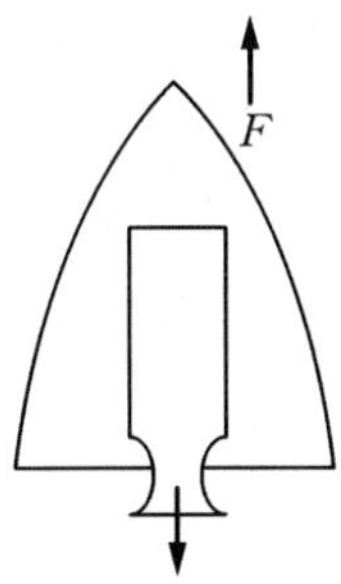

그림 4·9 로켓 추진

예제 4·6

로켓이 노즐을 통해서 V의 속도로 연소된 가스를 배출하면서 날고 있다. 그런데 로켓은 산소의 질량유량 m_o와 수소의 질량유량 m_h를 혼합연소하고 있다면 로켓의 추력은 얼마인가?

● 풀이 ● 로켓의 추진은 y방향으로 진행되므로 로켓의 추력은 $F = \rho Q(V_{y_2} - V_{y_1})$이다.

그런데, 로켓은 V의 속도로 추진되고 있으며, 초기의 속도 $V_{y_1} = 0$이고

질량유량 $\rho Q = (m_o + m_h)$이므로

$$\therefore\ F = (m_o + m_h)V$$

연습문제

1. 당구장에서 당구대 위에 놓여 있는 질량이 0.5kg인 당구공을 눈깜짝 할 사이(10^{-5}s)에 50N의 힘을 가했다면 이 힘을 받은 당구공의 속도는 얼마로 움직이겠는가?

2. 아래의 그림과 같이 횡단면적이 A인 180° 곡관에 V의 속도를 물을 분사시키고 있다. 이러한 경우에 물이 벽에 얼마의 힘 F를 가하는지를 계산하시오.

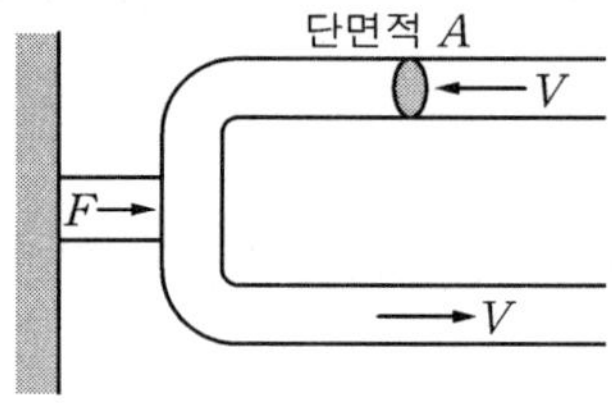

3. 아래의 그림과 같이 60° 구부러진 이동날개가 10m/s로 움직이고 있는데, 속도가 20m/s인 노즐에서 분사되는 물이 이동날개에 부딪치고 있다. 이러한 경우에 날개에 미치는 x 방향의 힘 F_x를 구하여라.(단, 노즐의 단면적은 $0.02\,\text{m}^2$이고, 물의 비중량은 $\gamma = 9800\,\text{N/m}^3$으로 한다.)

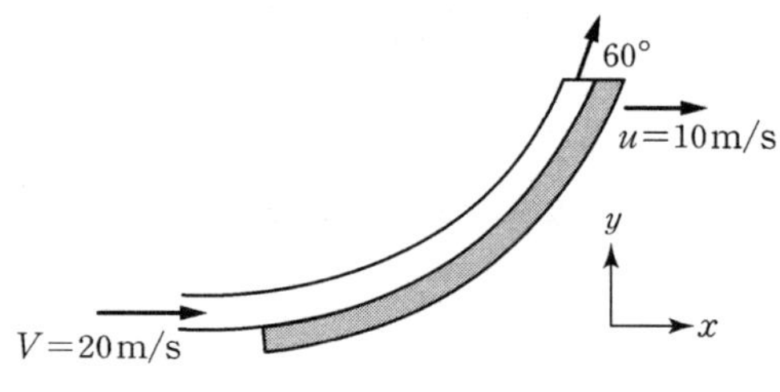

4. 바람이 불지 않는 잔잔한 호수에서 40km/h의 속력으로 보트가 달리고 있다. 보트에 달려있는 프로펠러의 지름은 0.6m이고 프로펠러를 통과한 유량은 측정해 보았더니, 4.5m^3/s이었다. 추력과 이론효율, 입력에 해당하는 이론 소요 동력, 프로펠러로부터 얻어지는 출력을 계산하시오.

5. 아래의 그림과 같이 탱크에 물이 들어있는데, 수면으로부터 10m 아래에 노즐이 부착되어 있다. 탱크에 부착된 노즐의 지름이 40cm일 때 탱크가 받는 추력은 몇 N인가?

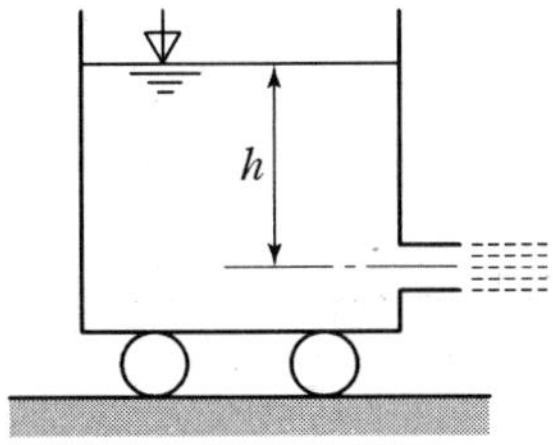

6. 연료로 액체추진제를 사용하는 액체로켓이 200kg/s의 연소율을 갖고 있다. 이러한 액체로켓이 분사시키는 배기가스는 1800m/s이었다. 이 액체로켓이 발생시키는 추력은 몇 N인가?

7. 아래의 그림에서 F_x를 구하는 운동량방정식이 올바른 것은?

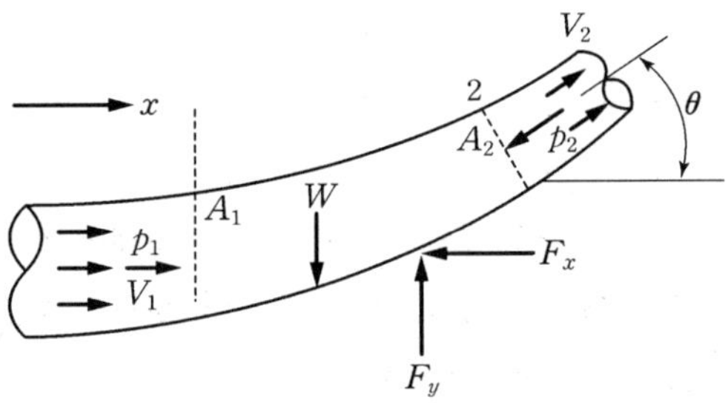

① $-p_1A_1+p_2A_2\cos\theta+F_x=\rho Q(V_1-V_2\cos\theta)$

② $-p_1A_1+p_2A_2\sin\theta+F_x=\rho Q(V_2\sin\theta-V_1)$

③ $p_1A_1-p_2A_2\cos\theta+F_x-W=\rho Q(V_1-V_2\cos\theta)$

④ $-p_1A_1+p_2A_2\cos\theta+F_x=\rho Q(V_2\cos\theta-V_1)$

8. 앞의 그림에서 F_y를 구하는 운동량방정식으로 올바른 것은?

① $-p_2A_2\cos\theta+F_y-W=\rho QV_2\cos\theta$

② $p_1A_1-p_2A_2\cos\theta+F_y+W=\rho QV_2\cos\theta$

③ $-p_2A_2\sin\theta+F_y-W=\rho QV_2\sin\theta$

④ $p_1A_1\sin\theta-p_2A_2\sin\theta+F_y-W=\rho Q(V_2\sin\theta-V_1)$

9. 아래의 그림과 같이 노즐에서 유체가 분출되어 고정평판에 충돌되었을 때의 유량에 대한 식이 올바르게 표현된 것은?

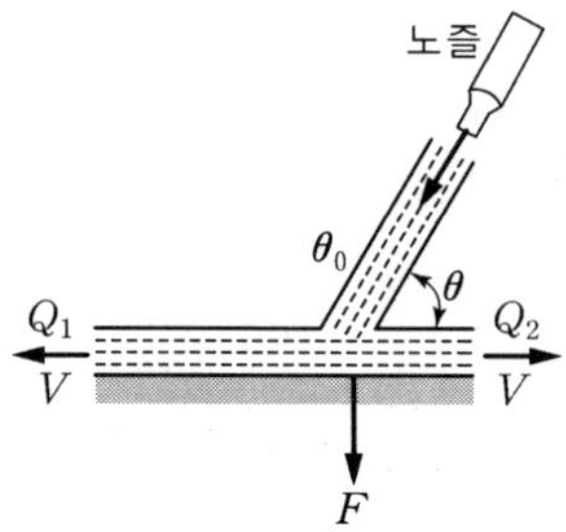

① $Q_1 = \frac{Q_0}{2}(1 - \cos\theta)$, $Q_2 = \frac{Q_0}{2}(1 + \cos\theta)$

② $Q_1 = \frac{Q_0}{2}(1 - \sin\theta)$, $Q_2 = \frac{Q_0}{2}(1 + \sin\theta)$

③ $Q_1 = \frac{Q_0}{2}(1 + \cos\theta)$, $Q_2 = \frac{Q_0}{2}(1 - \cos\theta)$

④ $Q_1 = \frac{Q_0}{2}(1 + \sin\theta)$, $Q_2 = \frac{Q_0}{2}(1 - \sin\theta)$

10. 아래의 그림처럼 평판이 $u = 10\,\text{m/s}$로 움직이고 있는 상태에서 노즐로부터 30m/s의 속도를 가진 분류가 수직한 평판에 분사되고 있다. 수직한 평판이 받는 힘은 얼마인가?
(단, 분류의 단면적은 $A = 0.01\,\text{m}^2$이다.)

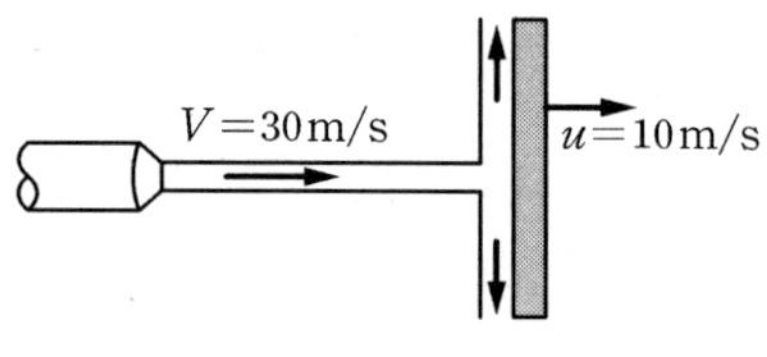

11. 프로펠러의 지름이 2.5m인 비행기가 200m/s로 공기 속을 비행하고 있다. 프로펠러를 통과한 평균유속이 250m/s일 때 비행기의 추력과 효율을 구하시오.
(단, 공기의 밀도는 $\rho = 0.04\,\text{kg/m}^3$이다.)

12. 프로펠러를 공기가 통과하고 있는데, 프로펠러의 전 · 후방의 속도가 각각 V_1, V_4라고 하면 프로펠러를 통과하는 평균유속을 구하려고 할 때 올바른 식은 어느 것인가?

① $V = \sqrt{(V_1 + V_4)/2}$　　② $V = (V_1 + V_4)/2$

③ $V = \sqrt{(V_1 - V_4)/2}$　　④ $V = (V_1 - V_4)/2$

13. 배가 바다 위에서 20m/s의 속도로 움직이고 있다. 이때 배 뒤의 후류의 속도는 40m/s로 측정되었다. 배에서 추력을 내는데 사용되고 있는 프로펠러의 지름이 1m인 경우에 프로펠러의 이론효율을 구하시오.

14. 비행기가 500km/h의 속도로 비중량이 $1.22 N/m^3$인 공기 속을 날고 있다. 이 비행기에서 사용되고 있는 프로펠러의 지름은 2m이고, 비행기 배출속도 V_4가 200m/s로 추정된다면 비행기의 추력은 얼마인가?

15. 30m/s의 속도로 움직이고 있는 단일날개에 50m/s의 속도를 가진 물분류가 분사되고 있다. 이러한 경우에 단위시간당 운동량변화를 일으키는 질량은 몇 kg/s인가?
(단, 물의 밀도는 $\rho = 1000\,kg/m^3$이고, 물분류의 단면적은 $100 cm^2$이다.)

5장

실제유체의 유동

유체유동의 모든 경계면이 고체면으로 이루어진 유동을 일반적으로 내부유동(internal flow)이라고 한다. 예를 들면, 관(pipe)이나 도관(duct)의 내부를 통하여 흐르는 유동을 일컬어 내부유동이라고 지칭하는데, 이러한 유동을 크게 층류유동과 난류유동으로 대별하여 설명하고자 한다. 3장에서도 약간 언급하였지만, 층류유동은 점성력이 관성력보다 훨씬 지배적인 유동으로 레이놀즈 수가 작은, 즉 속도의 크기가 작은 유동이면서 점성유동인 경우에 뉴턴의 점성법칙인 $\tau = \mu \dfrac{du}{dy}$ 를 잘 만족시키는 유동이고, 난류유동은 역으로 관성력이 점성력보다 지배적인 유동으로 레이놀즈 수가 큰, 즉 속도의 크기가 큰 유동이다. 일반적으로 정상상태에서의 층류유동은 속도가 시간에 따라 거의 일정함에 비하여 난류유동은 거의 예측할 수 없는 불규칙적이고 무질서한 유동이다. 그리고 층류에서 난류로 변화하는 시점에 해당하는 레이놀즈 수를 상임계 레이놀즈 수(upper critical reynolds number)라 하고, 난류에서 층류로 변화하는 경우의 레이놀즈 수를 하임계 레이놀즈 수(lower critical reynolds number)라고 한다. 학자에 따라 약간은 다르나, 원형관의 경우에 상임계 레이놀즈 수는 4000 정도이고, 하임계 레이놀즈 수는 2100이나 2300을 이용한다.

5·1 층류유동

우선은 원형관이 수평으로 놓여있는 경우와 경사지게 놓여있는 경우의 층류유동을 다루고, 나아가서는 두 개의 평판 사이의 층류유동에 대한 경우도 다루려고 한다.

5·1·1 수평원형관에서의 층류유동

1839년경에 독일의 공학기사였던 하겐이라는 사람이 아주 작은 황동관을 사용하여 물을 흘러 보내면서 실험한 결과로 주어진 길이를 흐르는 동안에 압력손실(head loss)은 유량에 비례하고, 관지름의 4제곱에 반비례한다는 결론을 얻게 되었는데, 거의 비슷한 시기인 1840년경에 Poiseuille이 사람의 혈관 내에 흐르는 혈액유동인 아주 힘들고 정밀한 실험을 수행한 결과로 하겐과 동일한 결과를 얻게 되었다. 그래서 이 두 사람의 동일한 결과에 대한 방정식을 하겐-포아젤(Hagen-Poiseuille) 방정식이라고 부른다.

층류유동은 유체입자들이 서로 다른 유동층을 가로질러 흐르지 않기 때문에 아주 얇은 막들의 유동으로 간주할 수 있다. 우선은 하겐-포아젤 방정식을 유도하기 위하여 그림 5·1과 같이 원형관이 수평으로 놓여 있는 경우를 생각해 보자.

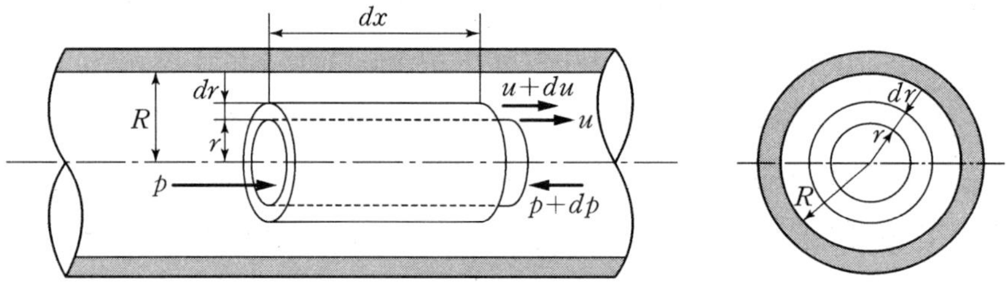

그림 5·1 수평인 원형관에 흐르는 층류유동

여기에서 반경이 R인 원형관이 수평하게 놓여있는 경우에 이 원형관 내를 흐르는 유동이 층류유동이고 정상상태의 흐름이라고 가정하면 가속도가 존재하지 않기 때문에 외부에 작용하는 전 외력의 합은 0으로 놓아야 하는데, 특히 외력으로는 압력에 의한 힘과 유동과 유동층 사이의 점성의 영향으로 인한 전단응력에 의한 힘을 고려하면 다음과 같은 식을 얻을 수 있다.

$$\therefore\ \pi r^2 \cdot P - (P + dP)\pi r^2 - \tau \cdot 2\pi r \cdot dx = 0$$

여기에서 압력, P는 좌측에서 우측으로 작용되는 압력을 의미하고, 우측에서 좌측으로 작용하는 압력은 $-(P + dP)$로 표현 했는데, 이것은 제 2 장의 유체 정역학에서도 언급된 내용이지만, Talor의 급수전개에 의하여 얻어지는 값에서 고차항은 무시하고 일차항만 주어진 값이다. 이 식에서 전단응력에 대한 식으로 표현하면 다음과 같은 식을 얻을 수 있다.

$$\therefore\ \tau = -\frac{\pi r^2}{2\pi r \cdot dx}dP = -\frac{r}{2}\cdot\frac{dP}{dx}$$

그런데, 뉴턴의 점성법칙은 고정된 평판에서 유도된 식이므로 이 식을 원형관 내로 적용하게 되면, 고정된 평판으로부터의 거리인 dy는 dr로 변경하고 반경방향의 거리 r이 증가함에 따라 속도가 감소하므로 부호에 (−)를 붙이면 다음의 식으로 뉴턴의 점성법칙을 적용할 수 있다.

$$\therefore\ \tau = \mu\frac{du}{dy} = -\mu\frac{du}{dr}$$

그러므로 위에서 구한 전단응력의 식과 등식을 만들어 풀면 다음과 같은 미분 방정식을 얻게 된다.

$$\therefore\ -\mu\frac{du}{dr} = -\frac{r}{2}\cdot\frac{dP}{dx}$$

$$\therefore\ \frac{du}{dr} = \frac{r}{2\mu}\cdot\frac{dP}{dx}$$

이 미분 방정식을 풀어서 속도 u를 구하려면 변수 분리방법을 이용하여 양변을 적분하면 다음과 같은 식으로 정리된다.

$$\int du = \frac{1}{2\mu}\cdot\frac{dP}{dx}\int r\ dr$$

$$\therefore\ u = \frac{r^2}{4\mu}\cdot\frac{dP}{dx} + A$$

여기에서 A는 적분상수인데, 이 적분상수를 구하기 위해서는 경계조건을 대입해야만 한다. 그런데 실제유동에서는 원형관 벽면에서의 속도가 0이므로 이것에 대한 수식, $r=R$인 경우에 $u=0$를 경계조건으로 대입하면 적분상수에 대한 식은 다음과 같은 식으로 얻어진다.

$$0 = \frac{R^2}{4\mu}\frac{dP}{dx} + A$$

$$\therefore\ A = -\frac{R^2}{4\mu}\cdot\frac{dP}{dx}$$

여기에서 구한 적분상수를 위에서 미분 방정식을 풀어 구한 속도 u에 대입하면 다음과 같은 식을 얻을 수 있다.

$$\therefore\ u = -\frac{1}{4\mu}\left(\frac{dP}{dx}\right)(R^2 - r^2)$$

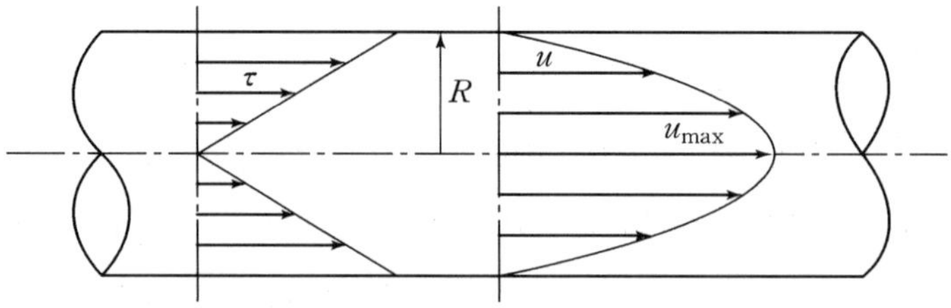

그림 5·2 수평 원형관 층류유동에서 속도분포와 전단응력분포 형상

이 속도에 대한 식의 그림을 그려보면 그림 5·2와 같은 형상을 갖고 있음을 알 수 있는데, 이것은 또한 $r=0$인 경우에 해당하는 원형관의 중심에서 최대의 속도를 이루고 있음을 알 수 있다. 그러므로 수평하게 놓여있는 원형관의 층류유동에서의 최대속도는 다음의 식으로 표현된다.

$$\therefore\ u_{\max} = -\frac{R^2}{4\mu}\left(\frac{dP}{dx}\right)$$

이제는 유량을 구하기 위하여 미소면적을 $2\pi r \cdot dr$로 놓으면 미소유량(dQ)는 다음의 식으로 표현된다.

$$\begin{aligned} dQ &= AV = -\frac{1}{4\mu}\left(\frac{dP}{dx}\right)(R^2 - r^2)\cdot 2\pi r\ dr \\ &= -\frac{\pi}{2\mu}\left(\frac{dP}{dx}\right)(R^2\cdot r - r^3)\ dr \end{aligned}$$

여기에서 양변을 똑같이 적분을 취하면 유량에 대한 식을 얻을 수 있다.

$$\begin{aligned} Q &= -\frac{\pi}{2\mu}\left(\frac{dP}{dx}\right)\int_0^R (R^2\cdot r - r^3)\ dr \\ &= -\frac{\pi}{2\mu}\left(\frac{dP}{dx}\right)\left[\frac{2R^4}{4} - \frac{R^4}{4}\right] \\ &= -\frac{\pi R^4}{8\mu}\left(\frac{dP}{dx}\right) \end{aligned}$$

이 식이 하겐과 포아젤이 주장한 것처럼 주어진 길이를 흐르는 동안에 압력손실(head loss)은 유량에 비례하고, 관지름의 4제곱에 반비례한다는 의미를 나타내고 있는 식이다. 그래서 위의 식을 하겐-포아젤의 식이라고 한다. 그런데 주어진 길이를 위의 식에서처럼 x로 사용하지 않고 l로 사용하고, 지름은 d로, 양 단면의 압력을 P_1과 P_2라고 하면 하겐-포아젤의 식은 다음과 같이 여러 형태로 나타낼 수 있다.

$$Q = \frac{\pi R^4}{8\mu l}(P_1 - P_2)$$

$$= \frac{\pi d^4}{128\mu l}(P_1 - P_2)$$

$$= -\frac{\pi d^4}{128\mu} \cdot \left(\frac{dP}{dx}\right)$$

유량에 대한 식을 구했으므로 이 유량을 면적으로 나누게 되면 수평하게 놓여있는 원형 관에서의 층류유동에 대한 평균속도($\overline{u}$)에 대한 식을 다음과 같이 얻을 수 있다.

$$\therefore\ \overline{u} = \frac{Q}{\text{면적}} = -\frac{\pi R^4}{8\mu} \cdot \frac{dP}{dx} \bigg/ \pi R^2$$

$$= -\frac{R^2}{8\mu} \cdot \frac{dP}{dx}$$

그런데, 위의 평균속도에 대한 식과 앞에서 구한 최대속도(u_{max})의 식을 비교하여 보면 다음과 같은 수평하게 놓여있는 원형 관에서의 층류유동에 대한 특이한 특성을 발견할 수 있다.

$$\therefore\ \overline{u} = \frac{1}{2} u_{max}$$

예제 5·1

수평하게 놓여있는 원형관에 층류유동이 흐르고 있는데, 평균속도는 측정한 결과가 0.4m/s로 나타났다. 이 원형관에서의 최대속도는 얼마이겠는가?

● **풀이** ● $\overline{u} = \frac{1}{2} u_{max}$ 에서

$$u_{max} = 2\overline{u}$$

$$= 2 \times 0.4 = 0.8\,\text{m/s}$$

예제 5·2

수평 원형관에 층류유동이 흐르고 있다. 관의 지름은 2000mm이고, 관의 전단응력은 1000Pa이며 관의 길이는 20m이다. 이러한 경우에 압력 강하는 몇 kPa인가?

● **풀이** ● $\tau = -\frac{r}{2} \cdot \frac{dP}{dx}$ 에서

$\tau = 1000\,\text{Pa}$, $r = 1\,\text{m}$, $dx = 20\,\text{m}$, $-dp = \Delta p$이므로

$1000 = \frac{1}{2} \times \frac{\Delta p}{20}$ $\therefore\ \Delta p = 40000\,\text{Pa} = 40\,\text{kPa}$

예제 5·3

일정한 유량의 물이 수평하게 놓인 원형관에 층류유동으로 흐르고 있는 경우에서 관의 지름을 $\frac{1}{2}$로 하면 손실수두는 몇 배로 상승하는가?

● 풀이 ● 하겐－포아젤 방정식인 $Q=\dfrac{\Delta p\pi d^4}{128\mu l}=\dfrac{\gamma h_L\pi d^4}{128\mu l}$에서

지름이 $\frac{1}{2}$로 줄어들면, 유량은 항상 일정하므로 상대적으로

손실수두 h_L은 $2^4=16$배만큼 증가하게 된다.

5·1·2 경사진 원형관에서의 층류유동

다음의 그림 5·3과 같이 원형 관이 임의의 각도 θ만큼 경사져 있는 상태에서 흐르고 있는 유체의 흐름이 층류유동이라고 할 때 속도분포의 식과 유량에 대한 식을 유도해 보려고 한다.

그림 5·3에서 나타낸 것처럼 실제유동이므로 전단응력을 고려하고, 층류유동을 다루고 있으므로 가속이 없는 상태로 간주하여 미소입방체에 대한 운동량 방정식을 세우면 다음과 같은 식으로 정리된다.

$$2\pi r\cdot dr\cdot P-(P+dP)2\pi r\cdot dr+\tau\cdot 2\pi r\cdot dl$$
$$-(\tau+d\tau)2\pi(r+dr)\cdot dl+\gamma\cdot 2\pi r\cdot dr\cdot dl\cdot \sin\theta=0$$

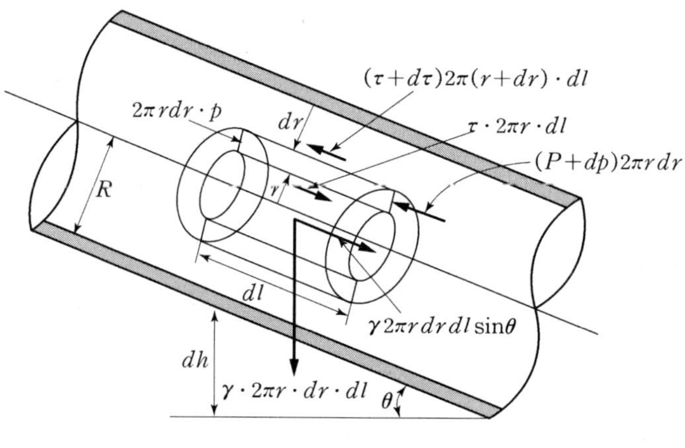

그림 5·3 경사진 원형관에 흐르는 층류유동

이 식을 전개한 다음, 고차의 미분항은 아주 작은 값을 가지므로 무시하기로 하고 $\sin\theta = -\dfrac{dh}{dl}$ 를 대입하여 정리하면 다음과 같은 식으로 된다.

$$2\pi r\cdot dr\cdot dP + 2\pi r\cdot dl\cdot d\tau + 2\pi\tau\cdot dr\cdot dl + \gamma\cdot 2\pi r\cdot dr\cdot dl\cdot\left(\frac{dh}{dl}\right) = 0$$

위의 식에서 각 항을 공통인자인 $2\pi r\cdot dr\cdot dl$로 나누게 되면 다음과 같은 간략화된 식이 얻어진다.

$$\therefore\ \frac{dP}{dl} + \frac{d(\gamma h)}{dl} + \frac{d\tau}{dr} + \frac{\tau}{r} = 0$$

$$\therefore\ \frac{d(P+\gamma h)}{dl} + \frac{1}{r}\,\frac{d(\tau r)}{dr} = 0$$

위의 식에서 $\dfrac{d(P+\gamma h)}{dl}$ 는 반지름 r에 대한 함수가 아니므로 양변에 rdr을 전체적으로 곱한 다음에 적분을 시키면 다음과 같은 식이 얻어진다.

$$\therefore\ \frac{d(P+\gamma h)}{dl}\cdot rdr + d(\tau r) = 0$$

$$\therefore\ \int\frac{d(P+\gamma h)}{dl}\cdot r\,dr + (\tau r) = C_1$$

$$\therefore\ \frac{d(P+\gamma h)}{dl}\cdot\frac{r^2}{2} + (\tau r) = C_1$$

이 식에서 C_1은 적분상수인데, 반지름이 0일 때($r=0$), 즉 원형 관의 중심 위치에서는 적분상수 $C_1=0$가 됨을 의미하고 있다. 또한 수평하게 놓여있는 원형 관에서도 언급하였지만, 속도 u값이 반지름 r가 증가함에 다라 감소하므로 전단응력의 식으로 $\tau = -\mu\dfrac{du}{dr}$ 를 대입하여 du에 대한 식으로 정리한 다음에 양변을 똑같이 적분하면 다음과 같은 식이 얻어진다.

$$\therefore\ \frac{d(P+\gamma h)}{dl}\cdot\frac{r^2}{2} = \mu\frac{du}{dr}\cdot r$$

$$\therefore\ du = \frac{r}{2\mu}\cdot\frac{d(P+\gamma h)}{dl}\cdot dr$$

$$\therefore\ u = \frac{r^2}{4\mu}\cdot\frac{d(P+\gamma h)}{dl} + C_2$$

여기에서 C_2는 다른 또 하나의 적분상수를 의미하고 있다. 이러한 적분상수를 구하기 위하여 $r=0$일 때 $u=u_{\max}$가 되어 $C_1=0$가 되는 조건과 $r=R$일 때 속도

$u=0$가 되는 경계조건을 대입하면 다음과 같은 C_2에 대한 적분상수를 얻을 수 있다.

$$0=\frac{R^2}{4\mu}\cdot\frac{d(P+\gamma h)}{dl}+C_2$$

$$\therefore\ C_2=-\frac{R^2}{4\mu}\cdot\frac{d}{dl}(P+\gamma h)$$

위에서 구한 속도 u의 식에 적분상수 값을 대입하면 경사진 원형 관에서 층류유동에 대한 속도분포의 식을 얻을 수 있다.

$$\therefore\ u=-\frac{1}{4\mu}\frac{d}{dl}(P+\gamma h)(R^2-r^2)$$

여기에서도 마찬가지로 유량은 속도에 면적을 곱한 것이므로 유량을 구하려면 속도 u에 $2\pi r\ dr$의 면적을 곱하여 적분하면 다음과 같이 유량을 구할 수 있다.

$$\begin{aligned} Q &= \int_0^R u\cdot 2\pi r\ dr \\ &=-\frac{\pi}{2\mu}\frac{d}{dl}(P+\gamma h)\int_0^R (R^2-r^2)\cdot r\ dr \\ &=-\frac{\pi}{2\mu}\frac{d}{dl}(P+\gamma h)\int_0^R (R^2 r-r^3)\ dr \\ &=-\frac{\pi}{2\mu}\frac{d}{dl}(P+\gamma h)\left[\frac{2R^4}{4}-\frac{R^4}{4}\right] \\ &=-\frac{\pi R^4}{8\mu}\frac{d}{dl}(P+\gamma h) \end{aligned}$$

이 식에서 알 수 있듯이 경사져 있는 원형 관에서의 층류유동에 대한 유량의 식은 수평하게 놓여있는 원형 관에서의 층류유동에 대한 유량의 식과 거의 유사한 형태를 이루고 있으나 원형 관이 경사져 있는 영향으로 압력에 대한 항만이 $(P+\gamma h)$로 변화되어 있음을 알 수 있다.

5·1·3 평행하게 놓인 평판 사이의 층류유동(두 평판이 고정된 경우)

그림 5·4에 그려져 있는 수평하게 놓여있는 평행평판 사이를 유동하는 정상상태의 층류유동에 대한 속도분포의 식과 유량에 대한 식을 얻어 보려고 한다.

두 평판이 간격 T를 유지하면서 고정되어 있는 상태에서 흐르고 있는 유동이 층류유동이므로 유동방향에 수직한 운동은 무시할 수 있어 압력 P가 유동방향에 따라서만

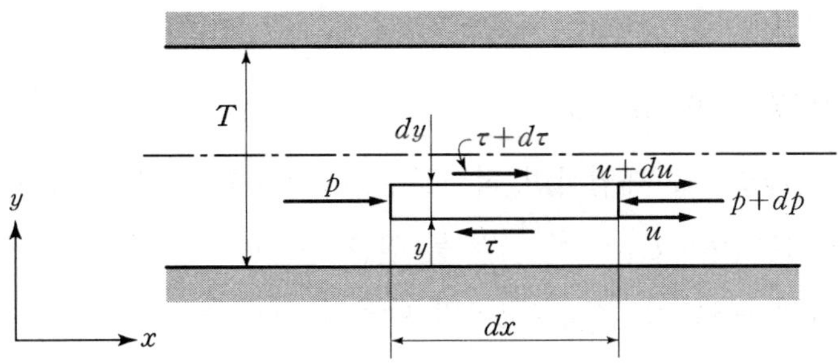

그림 5·4 평행하게 놓인 평판 사이의 층류유동

변화하게 되고, x축과 y축에 수직한 방향으로의 미소 폭을 dz로 하여 완전 발달된 유동영역으로 간주하면 가속도가 없으므로 전 힘이 0가 되어 운동방정식을 세우면 다음과 같은 식으로 정리된다.

$$\{P-(P+dP)\}dy\,dz+\{(\tau+d\tau)-\tau\}dx\,dz=0$$

이 식을 간단하게 정리하면 다음과 같은 식이 된다.

$$\therefore\ -dP\,dy+d\tau\,dx=0$$

$$\therefore\ \frac{dP}{dx}=\frac{d\tau}{dy}$$

그런데, 전단응력 $\tau=\mu\dfrac{du}{dy}$ 이므로 이 식에 대입하면 다음의 식을 얻는다.

$$\therefore\ \frac{dP}{dx}=\frac{d}{dy}\left(\mu\frac{du}{dy}\right)$$

이 식에서 압력 P의 변화는 y방향과는 관계가 없으므로 $\dfrac{dP}{dx}$는 y방향에 있어서 독립적이라고 할 수 있으므로, 즉 상수취급을 할 수 있어서 이 식을 y에 대하여 적분을 이행하면 다음과 같은 식이 얻어진다.

$$\therefore\ \frac{dP}{dx}y=\mu\frac{du}{dy}+C_1$$

μ가 상수이므로 위 식을 다시 한 번 y에 대하여 적분하면 다음과 같은 식이 된다.

$$\therefore\ \frac{dP}{dx}\frac{y^2}{2}=\mu u+C_1y+C_2$$

여기에서 C_1, C_2에 대한 적분상수를 구하기 위하여 두 개의 고정된 평판이 간격 T를 흐르는 층류유동이므로 경계조건은 아래와 같다.

i) $y=0$일 때 $u=0$

ii) $y=T$일 때 $u=0$

위의 첫 번째 경계조건을 대입하면 적분상수 $C_2=0$를 얻을 수 있고, 두 번째 경계조건을 대입하면 적분상수 $C_1=\frac{dP}{dx}\frac{T}{2}$를 얻을 수 있다. 그러므로 이들의 적분상수를 대입하여 속도 u에 대한 식으로 정리하면 다음과 같은 식이 된다.

$$\therefore\ u=\left(\frac{dP}{dx}\right)\frac{y^2}{2\mu}-\left(\frac{dP}{dx}\right)\frac{T}{2\mu}y$$

$$=\frac{1}{2\mu}\left(\frac{dP}{dx}\right)(y^2-Ty)$$

이 식이 두 개의 고정된 평판 사이를 흐르는 층류유동에 대한 속도분포 식인데, 그림 5·5와 같은 속도선도를 갖는다.

일반적으로 고정된 두 평판 사이의 층류유동에서 최대속도는 두 평판의 중앙에서 얻어지리라고 생각되므로 두 평판의 간격 방향을 나타내는 y대신에 $\frac{T}{2}$를 대입하면 다음과 같이 고정된 두 평판 사이의 층류유동의 최대속도에 대한 식을 얻을 수 있다.

$$\therefore\ u_{\max}=\frac{1}{2\mu}\left(\frac{dP}{dx}\right)\left\{\frac{T^2}{4}-\frac{T^2}{2}\right\}$$

$$=-\frac{T^2}{8\mu}\cdot\frac{dP}{dx}$$

고정된 두 평판 사이의 층류유동에 대한 최대속도의 식이 (−)의 부호를 갖고 있는데, 여기에서 음의 부호는 최대속도가 음의 값을 갖는다는 의미를 갖고 있는 것이 아니고, 길이방향에 대한 압력의 변화 $\frac{dP}{dx}$가 감소한다는 의미를 함축하고 있는 식이다.

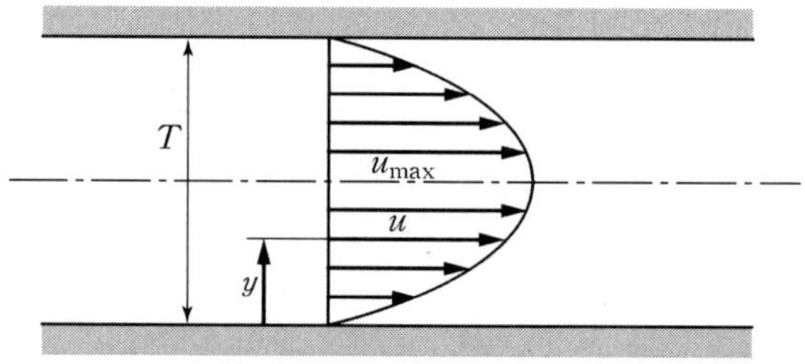

그림 5·5 두 평행평판 사이의 층류유동에 대한 속도선도

고정된 두 평판의 간격 방향에 해당하는 y방향의 미소거리를 dy로 하고, z방향에 해당하는 폭을 Z로 하면, 유량은 속도와 단면적을 곱한 양이므로 유량에 대한 식은 다음과 같은 형태로 정리할 수 있다.

$$\therefore\ dQ = uZ\ dy$$

$$\therefore\ Q = \int_0^T uZ\ dy$$

$$= Z\int_0^T \frac{1}{2\mu}\left(\frac{dP}{dx}\right)(y^2 - Ty)\,dy = Z\frac{1}{2\mu}\left(\frac{dP}{dx}\right)\left[\frac{T^3}{3} - \frac{T^3}{2}\right]$$

$$= -\frac{ZT^3}{12\mu}\left(\frac{dP}{dx}\right)$$

위에서 구한 유량의 식을 유동의 단면적에 해당하는 ZT(유동의 폭 × 두 평판의 간격)으로 나누게 되면 고정된 두 평판 사이를 흐르는 층류유동의 평균속도를 다음과 같이 얻을 수 있다.

$$\therefore\ \overline{u} = -\frac{T^2}{12\mu}\cdot\left(\frac{dP}{dx}\right)$$

위의 평균속도에 대한 식과 앞에서 구한 최대속도($u_{\max}$)의 식을 비교하여 보면 다음과 같은 고정된 두 평판 사이의 층류유동에 대한 특이한 특성을 발견할 수 있다.

$$\therefore\ \overline{u} = \frac{2}{3}u_{\max}$$

또한, 이러한 고정된 두 평행평판 사이의 유량 계산식을 그림 5·6과 같은 두 원형관 사이를 흐르는 유량 계산에 적용했을 때 입구와 출구의 압력을 P_1, P_2라 하고, 원형관의 길이를 l로 하게 되면 압력의 변화에 대한 식은 다음의 식으로 사용할 수 있다.

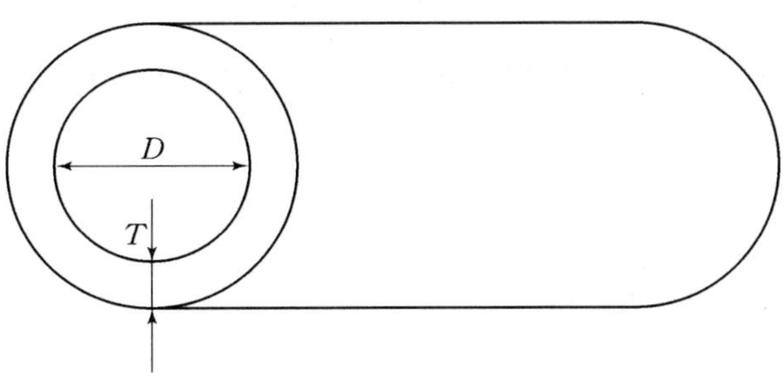

그림 5·6 두 원형관 사이에 흐르는 유동

$$\therefore\ -\frac{dP}{dx}=-\frac{(P_2-P_1)}{l}=\frac{P_1-P_2}{l}$$

유량에 대한 계산식도 다음과 같이 적용할 수 있을 것이다.

$$\begin{aligned}Q&=-\frac{ZT^3}{12\mu}\cdot\left(\frac{dP}{dx}\right)\\&=\frac{ZT^3}{12\mu}\cdot\frac{(P_1-P_2)}{l}\\&=\frac{\pi DT^3}{12\mu l}\cdot(P_1-P_2)\end{aligned}$$

그런데 이 식은 고정된 두 평판의 간격 T가 원형관의 직경 D보다도 적은 경우에만 고정된 두 평판에서 얻은 식이 원형 관으로 적용이 가능하다. 왜냐하면 두 평판의 간격이 커지게 되면 곡률의 영향을 고려해야 되기 때문이다. 그리고 위 식에서 πD는 원형관에서는 원주의 길이에 해당하지만 고정된 두 평판 사이의 유동에서는 x, y축 방향에 수직한 방향의 폭, Z를 의미하고 있는 것이다.

예제 5·4

20cm의 간격을 유지하면서 고정된 두 평판 사이에 평균속도가 0.4m/s인 층류유동이 흐르고 있다고 한다. 측정기가 없어서 정확하게 측정을 할 수 없는 경우에 아래 평판으로부터 10cm 윗부분에 위치한 지점의 속도는 얼마라고 추정할 수 있겠는가?

● 풀이 ● 두 평판의 중심에서 최대속도를 갖게 되고, 두 평판사이의 층류유동에서는 $\overline{u}=\frac{2}{3}u_{max}$ 이므로

최대속도 $$u_{max}=\frac{3}{2}\times\overline{u}=\frac{3}{2}\times 0.4=0.6\,\text{m/s}$$

5·1·4 평행하게 놓인 평판 사이의 층류유동(윗 평판이 이동하는 경우)

그림 5·4에서처럼 평행하게 놓인 평판 사이에 층류유동이 형성되어 있는데, 두 평판 중에서 위 평판이 V의 속도를 갖고 움직인다면 속도와 유량에 대한 식이 어떻게 변화하는가를 알아보려고 한다.

이 경우는 위에서 얻어진 $\frac{dP}{dx}\frac{y^2}{2}=\mu u+C_1y+C_2$에서 적분상수를 얻기 위한 경계조건은 다음과 같다.

i) $y=0$일 때 $u=0$

ii) $y=T$일 때 $u=V$

동일한 방법으로 위의 첫 번째 경계조건을 대입하면 적분상수, $C_2=0$를 얻을 수 있고, 두 번째 경계조건을 대입하면 적분상수, $C_1=\frac{dP}{dx}\frac{T}{2}-\frac{\mu V}{T}$를 얻을 수 있다. 그러므로 이들의 적분상수를 대입하여 속도 u에 대한 식으로 정리하면 다음과 같은 식이 된다.

$$\begin{aligned}\therefore\ u &= \left(\frac{dP}{dx}\right)\frac{y^2}{2\mu}-\frac{y}{\mu}\left\{\left(\frac{dP}{dx}\right)\frac{T}{2}-\frac{\mu V}{T}\right\}\\ &= \frac{1}{2\mu}\left(\frac{dP}{dx}\right)(y^2-Ty)+\frac{Vy}{T}\end{aligned}$$

이 식이 위 평판이 V의 속도로 움직이는 경우에 얻어지는 속도분포의 식이다. 그런데, 한 가지 주의를 해야 할 사항은 위 평판의 속도, V가 평판 사이를 유동하고 있는 층류유동의 유동과 동일한 방향으로 이동하는 경우의 식이므로 위 평판이 유동방향과 반대방향으로 이동하는 경우는 위 평판의 속도를 $-V$로 고려해야 한다. 그리고 동일한 방법으로 미소면적을 Zdy로 계산하여 유량에 대한 식을 구하면 다음의 식을 얻을 수 있다.

$$\therefore\ dQ=uZ\ dy$$

$$\begin{aligned}\therefore\ Q &= \int_0^T uZ\ dy\\ &= Z\int_0^T\left\{\frac{1}{2\mu}\left(\frac{dP}{dx}\right)(y^2-Ty)+\frac{V}{T}y\right\}dy\\ &= Z\left[\frac{1}{2\mu}\left(\frac{dP}{dx}\right)\left\{\frac{T^3}{3}-\frac{T^3}{2}\right\}+\left\{\frac{VT^2}{2T}\right\}\right]\\ &= Z\left[-\frac{T^3}{12\mu}\left(\frac{dP}{dx}\right)+\frac{VT}{2}\right]\end{aligned}$$

여기에서 예를 들어 압력의 변화가 전혀 없는 유동이라고 가정할 수 있는 유동이라면 위의 유량에 대한 식이 다음과 같은 형태로 변화된다.

$$Q=\frac{1}{2}ZTV$$

이러한 유동을 제일 먼저 크에트(Couètte)라는 사람이 연구를 하였기 때문에 크에트(Couètte) 유동이라고 한다.

5·1·5 스토크스(Stokes) 법칙

일반적으로 층류유동에서는 점성에 의한 전단력이 유체입자에 작용하는 관성력보다 우세하기 때문에 관성력은 거의 무시할 수 있다고 간주하고, 고체인 어떠한 구형 물체가 유체 사이에 존재하고 있는데, 어떠한 미끄럼 현상도 존재하지 않는다는 가정을 이용하여 스토크스는 이러한 구형 물체의 운동에 대한 정지할 수 있는 저항력을 다음과 같은 식으로 제시 하였다.

$$F_{st} = 3\pi\mu u d$$

이것을 스토크스 법칙이라고 하는데, 여기에서 μ는 점성계수, u는 정지유체에 대한 구의 속도, d는 구의 지름을 의미하고 있다. 스토크스의 법칙을 세우면서 관성력을 무시한다고 가정했는데, 관성력이 무시되는 정도가 되려면 레이놀즈 수가 아주 작아야 한다. 즉 레이놀즈 수가 0.1 이하의 값을 가져야만 스토크스의 법칙에 실험적인 데이터가 접근하게 된다. 또한, 일반적인 물이나 공기와 같은 유체에서는 스토크스 법칙이 만족되려면 구의 크기가 아주 작아야만 한다든가, 구의 크기가 약간 큰 경우에는 유체의 점도가 아주 커져서 유체의 속도가 아주 적은 값을 갖는 경우에 스토크스의 법칙이 성립되며, 이러한 경우의 운동을 포복운동(creeping motion)이라고 한다.

어떤 작은 고체입자가 자체 하중으로 인하여 유체 중에 떨어지고 있는 상황에서 순수하게 아래방향으로 작용하는 힘이 0이 되기 전에는 입자의 무게가 부력이나 점성에 의한 저항력과 평형을 이루지 못하므로 계속하여 가속이 발생하게 된다. 이러한 구형입자의 경우에도 스토크스의 법칙을 만족하려면 레이놀즈 수가 아주 작아야 한다.

그림 5·7에서 구형입자의 속도가 정지되기 위해서는 구형 입자의 무게가 부력과 저항력을 더한 힘이 상쇄되어야 하므로 다음과 같은 식으로 정리할 수 있다.

$$F = ma = \text{부력}(F_B) + \text{저항력}(F_{st}) - \text{무게}(W) = 0$$

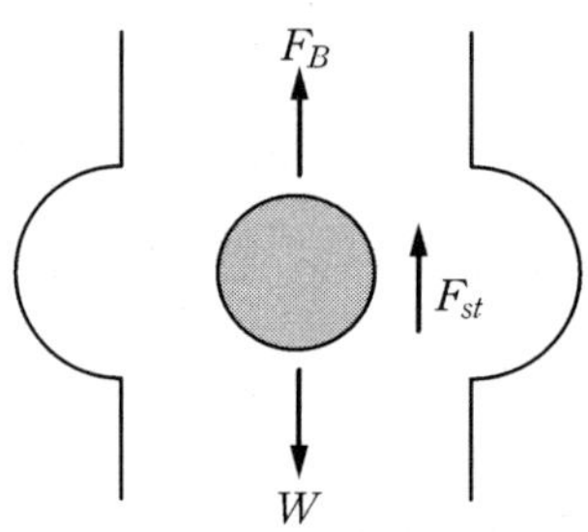

그림 5·7 구형입자의 하강속도($Re < 0.1$)

여기에서 유체의 밀도는 ρ로 하고, 구형입자 재질의 밀도는 ρ_s로 하여 부력과 저항력과 밀도를 정리하면 다음과 같은 식으로 정리할 수 있다.

$$부\quad력 = \frac{4}{3}\pi r^3 \cdot \rho g$$

$$저항력 = 3\pi \mu u d$$

$$무\quad게 = \frac{4}{3}\pi r^3 \cdot \rho_s g$$

$$\therefore \frac{4}{3}\pi r^3 \cdot \rho_s g = \frac{4}{3}\pi r^3 \cdot \rho g + 3\pi \mu u d$$

$$\therefore u = \frac{d^2(\rho_s - \rho)}{18\mu} g$$

이러한 식도 $Re < 0.1$인 경우에만 적용된다는 것을 염두에 두어야 한다.

5·2 난류유동

실제유동의 대부분은 거의 난류유동이라고 하여도 과언이 아니다. 이러한 난류유동에 대한 정의는 아주 혼잡하고 무질서한 유체입자들의 유동, 즉 속도가 시간, t와 방향, x, y, z에 따라서 변화되는 유동이다. Hinze는 난류유동에 대한 정의를 다음의 문장으로 대변하고 있다.

"Turbulence means agiation, commotion, disturbance."
"Turbulence is an irregular motion."

5·2·1 레이놀즈 운동 방정식

정상상태의 층류유동에서는 속도나 압력이 시간에 따라 일정한 값을 갖는 반면에 난류유동에서는 이들의 변화되는 양을 그대로 적용하여 해석한다는 일이 불가능하기 때문에 통계적인 양을 이용하여 난류유동을 해석하게 되는데, 속도나 압력을 레이놀즈의 분해(decomposition)이론에 의하여 난류의 평균성분과 파동성분의 합으로 나타내고 있다. 그러므로, 평균성분을 $\overline{u}$, $\overline{v}$, $\overline{w}$, $\overline{p}$로 표현하고 파동성분을 u', v', w', p'로 표현하여 속도나 압력을 난류유동에서는 다음과 같은 식으로 이용하고 있다.

$$u = \overline{u} + u'$$

$$v = \overline{v} + v'$$
$$w = \overline{w} + w'$$
$$P = \overline{p} + p'$$

여기에서 $\overline{u}, \overline{v}, \overline{w}, \overline{p}$는 평균성분이고, u', v', w', p'는 파동성분을 나타내고 있는데, 그림 5·8에서 나타내는 것처럼 변동하고 있는 양이 변동하는 시간에 영향을 받지 않을 정도로 충분하게 긴 시간으로 평균을 취하게 되면 평균성분은 다음의 식과 같은 의미를 갖으며 파동성분은 거의 0의 값에 이르게 됨을 알 수 있다.

$$\overline{u} = \frac{1}{t}\int_0^t u\ dt, \quad \overline{u'} = \frac{1}{t}\int_0^t u'\ dt \fallingdotseq 0$$
$$\overline{v} = \frac{1}{t}\int_0^t v\ dt, \quad \overline{v'} = \frac{1}{t}\int_0^t v'\ dt \fallingdotseq 0$$
$$\overline{w} = \frac{1}{t}\int_0^t w\ dt, \quad \overline{w'} = \frac{1}{t}\int_0^t w'\ dt \fallingdotseq 0$$
$$\overline{p} = \frac{1}{t}\int_0^t P\ dt, \quad \overline{p'} = \frac{1}{t}\int_0^t p'\ dt \fallingdotseq 0$$

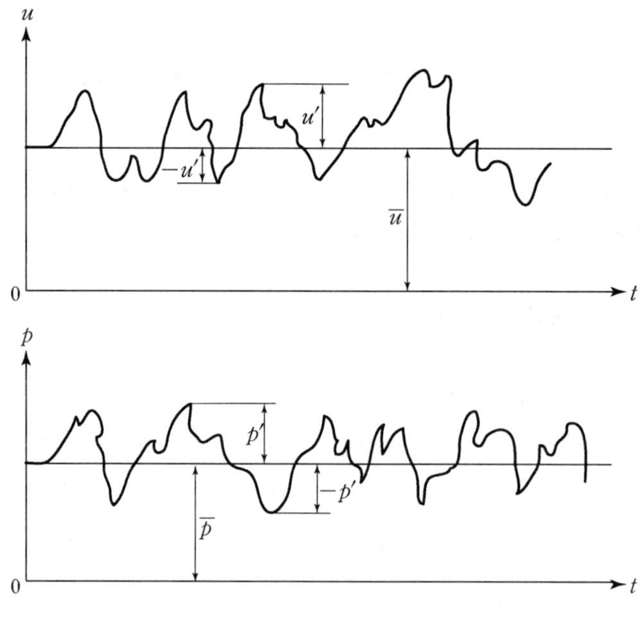

그림 5·8 속도와 압력의 평균성분과 파동성분

그러나 실제로는 파동성분이 0의 값을 갖지 않기 때문에 이들의 값을 측정하기 위하여 $\overline{u'^2}=\frac{1}{t}\int_0^t u'^2\ dt$, $\overline{v'^2}=\frac{1}{t}\int_0^t v'^2\ dt$, $\overline{w'^2}=\frac{1}{t}\int_0^t w'^2\ dt$로 정의하여 RMS (root mean square)라는 값으로 $\sqrt{\overline{u'^2}}, \sqrt{\overline{v'^2}}, \sqrt{\overline{w'^2}}$로 표현하여 나타내고 있다. 또한, 파동성분들의 적(積)에 대한 평균값도 다음의 식처럼 0이 되지 않으며, 시간평균값에 시간평균을 취해도 원래의 시간 평균값이 된다.

$$\overline{u'v'}=\frac{1}{t}\int_0^t u'v'\ dt$$

$$\overline{v'w'}=\frac{1}{t}\int_0^t v'w'\ dt$$

$$\overline{u'w'}=\frac{1}{t}\int_0^t u'w'\ dt$$

$$\overline{\overline{u}}=\overline{u},\quad \overline{\overline{v}}=\overline{v},\quad \overline{\overline{w}}=\overline{w}$$

이와 같이 평균성분과 파동성분에 대하여 나열한 위의 공식들을 정상상태인 비압축성 유동의 연속방정식에 대입하여 각 항을 시간평균을 취하면 다음과 같은 식으로 정리된다.

$$\frac{\partial u}{\partial x}+\frac{\partial v}{\partial y}+\frac{\partial w}{\partial z}=0$$

$$\therefore\ \partial\frac{\overline{(\overline{u}+u')}}{\partial x}+\partial\frac{\overline{(\overline{v}+v')}}{\partial y}+\partial\frac{\overline{(\overline{w}+w')}}{\partial z}=0$$

여기에서 평균성분과 파동성분으로 나누어 정리하면 다음의 결과를 얻는다.

$$\therefore\left(\frac{\partial\,\overline{u}}{\partial x}+\frac{\partial\,\overline{v}}{\partial y}+\frac{\partial\,\overline{w}}{\partial z}\right)+\left(\frac{\partial\,\overline{u'}}{\partial x}+\frac{\partial\,\overline{v'}}{\partial y}+\frac{\partial\,\overline{w'}}{\partial z}\right)=0$$

윗 식은 다음의 결과를 갖는다.

$$\therefore\ \left(\frac{\partial\,\overline{u}}{\partial x}+\frac{\partial\,\overline{v}}{\partial y}+\frac{\partial\,\overline{w}}{\partial z}\right)=0$$

$$\therefore\ \left(\frac{\partial\,\overline{u'}}{\partial x}+\frac{\partial\,\overline{v'}}{\partial y}+\frac{\partial\,\overline{w'}}{\partial z}\right)=0$$

결과가 정상상태의 비압축성유체인 경우는 난류유동의 평균성분이나 파동성분도 연속방정식을 만족한다는 것을 나타내고 있는데, 이들을 일명 레이놀즈 법칙이라고 한다. 실제 난류유동의 문제에 실제적인 유동변수를 적용하여 해석을 한다는 것은 불가능하기 때문에 비압축성유동에 대한 나비어－스토크스 운동 방정식에 아주 쉽게 측정이 가능한 시간평균을 취하여 위에서 언급한 레이놀즈 법칙을 이용하면 다음과 같은 식으로 정리된다.

$$\frac{\partial(\overline{u}+u')}{\partial t}+(\overline{u}+u')\frac{\partial(\overline{u}+u')}{\partial x}$$

$$+(\overline{v}+v')\frac{\partial(\overline{u}+u')}{\partial y}+(\overline{w}+w')\frac{\partial(\overline{u}+u')}{\partial z}$$

$$=f_x-\frac{1}{\rho}\frac{\partial(\overline{p}+p')}{\partial x}$$

$$+\nu\left\{\frac{\partial}{\partial x}\left(\frac{\partial(\overline{u}+u')}{\partial x}\right)+\frac{\partial}{\partial y}\left(\frac{\partial(\overline{u}+u')}{\partial y}\right)+\frac{\partial}{\partial z}\left(\frac{\partial(\overline{u}+u')}{\partial z}\right)\right\}$$

여기에서 각 항을 전개하여 평균을 취하게 되면 아래의 세 항을 다음의 식으로 고쳐서 표현할 수 있기 때문에 위의 나비어-스토크스 운동 방정식이 다음의 식으로 정리된다.

$$\overline{u'\frac{\partial u'}{\partial x}}+\overline{v'\frac{\partial u'}{\partial y}}+\overline{w'\frac{\partial u'}{\partial z}}$$

$$=\frac{\partial\overline{u'^2}}{\partial x}+\frac{\partial\overline{u'v'}}{\partial y}+\frac{\partial\overline{u'w'}}{\partial z}-\overline{u'\left(\frac{\partial u'}{\partial x}+\frac{\partial v'}{\partial y}+\frac{\partial w'}{\partial z}\right)}$$

$$\frac{\partial\overline{u}}{\partial t}+\overline{u}\frac{\partial\overline{u}}{\partial x}+\overline{v}\frac{\partial\overline{u}}{\partial y}+\overline{w}\frac{\partial\overline{u}}{\partial z}+\frac{\partial\overline{u'^2}}{\partial x}+\frac{\partial\overline{u'v'}}{\partial y}+\frac{\partial\overline{u'w'}}{\partial z}$$

$$-\overline{u'\left(\frac{\partial u'}{\partial x}+\frac{\partial v'}{\partial y}+\frac{\partial w'}{\partial z}\right)}$$

$$=f_x-\frac{1}{\rho}\frac{\partial\overline{p}}{\partial x}+\nu\left(\frac{\partial^2\overline{u}}{\partial x^2}+\frac{\partial^2\overline{u}}{\partial y^2}+\frac{\partial^2\overline{u}}{\partial z^2}\right)$$

여기에서 파동성분에 대한 연속방정식도 영(零)이 되므로 삭제하고 우변의 마지막 항에 있는 $\left(\frac{\partial^2}{\partial x^2}+\frac{\partial^2}{\partial y^2}+\frac{\partial^2}{\partial z^2}\right)=\nabla^2$으로 놓으면 위의 나비어-스토크스 운동 방정식이 레이놀즈의 운동 방정식 또는 난류운동방정식으로 불리는 방정식이 된다.

$$\frac{\partial\overline{u}}{\partial t}+\overline{u}\frac{\partial\overline{u}}{\partial x}+\overline{v}\frac{\partial\overline{u}}{\partial y}+\overline{w}\frac{\partial\overline{u}}{\partial z}$$

$$=f_x-\frac{1}{\rho}\frac{\partial\overline{p}}{\partial x}+\nu\nabla^2\overline{u}-\left(\frac{\partial\overline{u'^2}}{\partial x}+\frac{\partial\overline{u'v'}}{\partial y}+\frac{\partial\overline{u'w'}}{\partial z}\right)$$

동일한 방법으로 y와 z방향에 있어서도 다음과 같은 방정식이 얻어진다.

$$\frac{\partial\overline{v}}{\partial t}+\overline{u}\frac{\partial\overline{v}}{\partial x}+\overline{v}\frac{\partial\overline{v}}{\partial y}+\overline{w}\frac{\partial\overline{v}}{\partial z}$$

$$=f_y-\frac{1}{\rho}\frac{\partial\overline{p}}{\partial y}+\nu\nabla^2\overline{v}-\left(\frac{\partial\overline{v'u'}}{\partial x}+\frac{\partial\overline{v'^2}}{\partial y}+\frac{\partial\overline{v'w'}}{\partial z}\right)$$

$$\frac{\partial \overline{w}}{\partial t}+\overline{u}\frac{\partial \overline{w}}{\partial x}+\overline{v}\frac{\partial \overline{w}}{\partial y}+\overline{w}\frac{\partial \overline{w}}{\partial z}$$
$$=f_z-\frac{1}{\rho}\frac{\partial \overline{p}}{\partial z}+\nu\nabla^2\overline{w}-\left(\frac{\partial \overline{w'u'}}{\partial x}+\frac{\partial \overline{w'v'}}{\partial y}+\frac{\partial \overline{w'^2}}{\partial z}\right)$$

이들의 레이놀즈 운동 방정식에서 우변의 세 번째 항에 해당하는 부분들은 평균속도와 점도에 의하여 발생되는 응력으로 일명 점성 응력이라고도 하고, 우변의 마지막 네 번째 항에 해당하는 부분들은 파동속도에 의하여 발생되는 응력들로 수직 응력과 전단 응력들인데 일명 겉보기 응력이라고도 한다.

5·2·2 프랜틀의 혼합거리 이론

혼합거리 이론은 난류유동을 양적으로 표현하기 위한 것인데, 난류유동에서 발생되는 대부분의 마찰손실은 유체입자들 사이에서의 운동량 교환으로 인하여 발생된다고 보는 관점이다. 더욱 쉽게 설명하면, 두 유동층 사이에서 속도가 빠른 유체입자가 속도가 느린 유동층으로 진입하게 되면 그 유동층의 속도를 증가시키는 역할을 하며, 속도가 느린 유체입자가 속도가 빠른 유동층으로 진입한 경우에는 그 유동층의 속도를 감소시키는 역할을 할 것이다. 이와 같이 하나의 유체입자가 다른 유체입자들과 혼합될 때 그의 유동 특성을 잃어버리기 전까지 평균속도로 유동하고 있는 유동장을 횡단하여 이동한 거리, 즉 움직이는 주류방향에서 수직방향으로의 거리를 혼합거리(l)로 정의하여 파동속도성분인 u', v'를 혼합거리와 속도구배 $\left(\frac{du}{dy}\right)$로 나타낼 수 있다고 프랜틀(Prandtl)이 제일 먼저 주장하였기 때문에 이것을 프랜틀의 혼합거리 이론이라고 한다.

그림 5·9에서처럼 ①의 단면에서 평균유속을 u라고 하면 ②의 단면인 y방향으로 l만큼 떨어진 위치에서는 $u+l\left(\frac{du}{dy}\right)$가 된다. 그러므로 ①의 단면에서 프랜틀은 x방향으

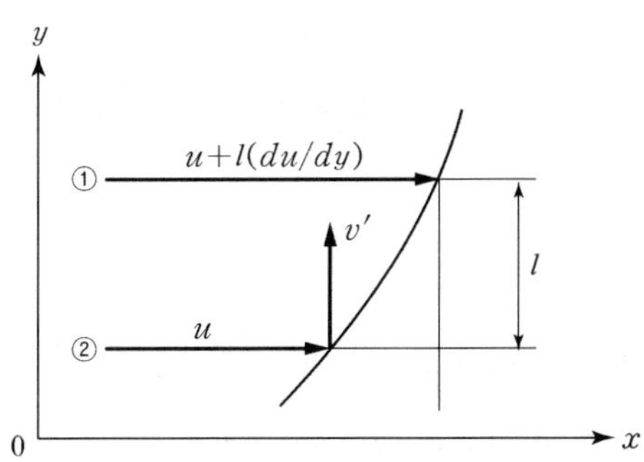

그림 5·9 프랜틀의 혼합거리 이론

로의 파동속도를 u', y방향으로의 파동속도를 v'로 하여 다음과 같은 식을 이용하였다.

$$u' = l\left(\frac{du}{dy}\right), \quad v' = l\left(\frac{du}{dy}\right)$$

이들의 식을 겉보기 응력에 해당하는 난류의 평균 전단응력, $\rho\overline{u'v'}$에 대입하면 다음과 같은 식으로 정리된다.

$$\tau_t = \rho\overline{u'v'} = \rho\left(l\frac{du}{dy}\right)^2 = \rho l^2\frac{du}{dy}\left(\frac{du}{dy}\right)$$

위의 식을 층류의 전단응력을 나타내는 $\tau = \mu\frac{du}{dy}$와 비교하면 전단응력에 해당하는 부분이 $\rho l^2\frac{du}{dy} = \eta$가 되는데, 이 부분을 층류유동의 점성계수와 비교하여 와점성계수(eddy viscosity)라고 한다. 그런데 프랜틀은 혼합거리가 점성의 영향을 받지 않는다고 할 수 있다면 벽면으로부터 거리의 함수로 표현할 수 있다고 생각하여 $l = ky$를 난류의 평균 전단응력의 식에 대입하여 다음의 식으로 정리하였다.

$$\tau_t = \rho k^2 y^2\left(\frac{du}{dy}\right)^2$$

여기에서 카르만(Von Kármán)은 $k = 0.4$로 놓을 때 실험결과가 잘 일치함을 확인하였다. 또한, 위의 식에서 전단응력, τ_t를 밀도, ρ로 나눈 식에 제곱근을 취하면 속도의 차원을 갖게 되는데, 다음의 식을 전단응력 속도(shearing stress velocity) 또는 마찰속도(friction velocity)라고 한다.

$$u_\tau = \sqrt{\frac{\tau_t}{\rho}} = ky\frac{du}{dy}$$

5·3 관마찰 손실

푸루드는 평판상의 유동에서 마찰저항을 평판의 면적과 속도의 제곱에 비례한다는 다음의 식으로 나타냈다.

$$F_r = f\,Sv^2$$

여기에서 S가 평판의 면적을 나타내고 있는데, 원형관에 적용한다면 유체와 접하고 있는 내벽의 면적을 의미하므로, $S = l_w \cdot l$로 나타내어 l_w는 유체와 접하고 있는 길이로, l은 유동거리로 계산하면 되고, f는 마찰계수, v는 유동속도를 나타내고 있다. 그러므로 평판상의 유동에 대한 마찰저항을 원형관에 흐르는 유동으로 적용하면 $F_r = f\ l_w \cdot l\ v^2$ 이 된다.

관내에 유동하고 있는 유체의 전에너지는 압력에너지와 운동에너지 및 위치에너지의 합이다. 이러한 전에너지가 항상 일정하다고 간주하여 만들어진 방정식이 베르누이 방정식이다. 그런데, 실제유동에서는 손실 에너지라는 것이 존재하기 때문에 베르누이 방정식 그 자체를 실제유동에 적용하는 것은 곤란한 일이다. 이러한 손실수두에 해당하는 압력손실은 유체유동의 방향에 대하여 반대방향으로 작용하고 있는 마찰저항과 같은 값으로 간주할 수 있으므로 다음의 식으로 정리할 수 있다.

$$F_r = (P_1 - P_2)\frac{\pi d^2}{4} = \gamma h A = f\ l_w \cdot l\ v^2$$

여기에서 압력손실 수두에 해당하는 h에 대하여 정리하면 다음의 식으로 된다.

$$h = \frac{f}{\gamma} \cdot \frac{l_w}{A} \cdot l\ v^2$$

위의 식에서 $\frac{l_w}{A}$는 원형관에서 수력 반지름의 역수를 나타내고 있는 식이다. 유체의 평균깊이(hyrdaulic mean depth)라고도 일컬어지는 수력반지름(hydraulic radius)은 유체의 유동 단면적, A를 접수길이, l_w로 나누어 계산하므로 원형관의 경우는 수력 반지름이 다음과 같이 계산된다.

$$r_h = \frac{A}{l_w} = \frac{\frac{\pi}{4}d^2}{\pi d} = \frac{d}{4}$$

이렇게 계산되는 수력 반지름의 역수를 압력손실 수두를 나타내는 식에 대입하면 다음의 식으로 정리된다.

$$h = \frac{4f}{\gamma} \cdot \frac{l}{d} v^2 = \lambda \frac{l}{d} \frac{v^2}{2g}$$

위의 식은 상수에 해당하는 $\frac{4f}{\gamma} = \frac{\lambda}{2g}$로 놓고 정리한 식인데, λ는 마찰계수(friction factor)를 의미하며, 이 식을 다르시-바이스바하(Darcy-Weisbach)의 식이라고 한다. 이러한 다르시-바이스바하의 식을 관마찰계수의 식이라고도 하는데, 압력손실은 관의 길이와 속도의 제곱에 비례하고, 관의 지름에 반비례함을 알 수 있다. 또한, 이들 식에 대한 실험을 이행해 보면 압력손실이 압력에는 영향을 받지 않으나, 밀도와 점도의 영향을 받게 되고, 관 내부의 표면조도에도 크게 영향을 받음을 알 수 있다.

그리고 위의 식에서 언급된 관 마찰계수, λ에 대한 식을 층류유동에 대한 식으로 얻기 위하여 하겐－포아젤 방정식과 다르시－바이스바하의 식을 연립하여 풀면 다음의 식으로 정리된다.

$$A \cdot v = Q = -\frac{\pi R^4}{8\mu}\left(\frac{dp}{dx}\right)$$

$$\therefore\ v = \frac{\pi R^4}{8\mu l A}\Delta p \quad (\because \Delta p = \gamma h)$$

$$\therefore\ h = \frac{8\mu l v}{\gamma R^2} = \lambda\frac{l}{d}\frac{v^2}{2g}$$

$$\therefore\ \lambda = \frac{16\mu d g}{\gamma R^2 v} = \frac{16\mu d g}{\gamma\left(\frac{d}{2}\right)^2 v} = \frac{64\mu}{\rho v d} = \frac{64}{Re}$$

그러므로 층류유동에서는 원형관의 지름과 유속을 알게 되면 아주 쉽게 관 마찰계수를 직접 계산할 수 있게 되었다.

관마찰 손실에 대한 많은 실험적 연구가 이루어졌는데, 프랑스의 듀피(Dupuit)는 압력손실을 계산할 때 관마찰계수의 값으로 일반적으로 이용할 수 있는 $\lambda = 0.03$을 가정하였으며, 다르시는 신주철관에 대하여 $\lambda = 0.02 + \dfrac{0.0005}{d}$를 실험식으로 제안했으며, 독일의 미제스(Mises)는 상대조도(relative roughness), $\dfrac{\varepsilon}{d}$의 개념을 도입하여 다음의 실험식을 제안하였다.

$$\lambda = 0.0096 + \sqrt[4]{\frac{\varepsilon}{d}} + \frac{1.7}{\sqrt{Re}}$$

여기에서 ε은 관의 조도, 즉 거칠음 정도를 나타내며, d는 관의 직경을 의미하고 있다. 현재에도 가장 많이 이용되고 있는 식으로 블라시우스(Blasius)는 매끈한 관을 이용한 난류유동($Re < 5\times10^4$)의 경우에 관마찰 계수에 대하여 다음의 식을 제안하였다.

$$\lambda = 0.3164\,Re^{-0.25}$$

야코프(Jakob)와 어크(Erk)는 $Re \geq 5\times10^4$의 난류유동에 적용이 가능한 다음의 식을 제안하였다.

$$\lambda = 0.00714 + 0.6104\,Re^{-0.35}$$

그림 5·10은 원형관의 관마찰계수에 대한 니쿠라드세(Nikuradse)의 실험결과를 나타내고 있는데, 니쿠라드세는 모래를 입도별로 분류하여 이들의 모래로 거친 관을 만든 다음, 상대조도$\left(\dfrac{\varepsilon}{d}\right)$가 관마찰계수에 미치는 영향을 레이놀즈 수에 따라 어떻게 변화

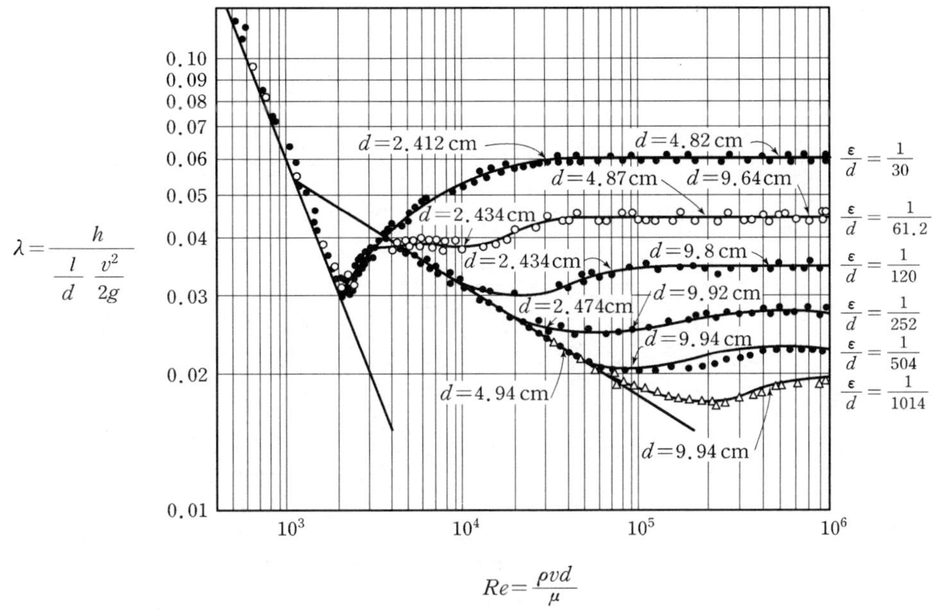

그림 5·10 니쿠라드세의 관마찰계수 실험결과

하는가를 살펴 본 것이다. 이 그림에서 알 수 있듯이 레이놀즈 수가 작은 층류영역에서는 상대조도의 영향을 거의 받지 않고 있음을 알 수 있고, 레이놀즈 수가 증가하여도 난류영역의 초기단계에서는 상대조도의 영향을 받지 않고 매끈한 관에서와 동일한 결과를 얻는다고 하여 이 영역을 매끈한 영역(smooth zone)이라고 한다. 그러나 레이놀즈 수가 더욱더 증가하게 되면 관마찰계수가 레이놀즈 수의 영향을 받지 않고 수평으로 그려지는 영역이 있는데, 이 부분을 거칠은 영역(rough zone) 또는 완전 난류영역(completely turbulent zone)이라고도 하고, 이 두 영역의 중간영역을 천이영역(transitional zone)이라고 한다.

난류유동에서는 층류유동과 비교해서 관의 축방향 성분에 수직한 방향의 속도성분이 크게 발생하고 또한 이들의 성분이 아주 중요한 역할을 하나, 관의 벽 부근에서는 이들의 수직한 방향의 성분이 없어지는 아주 얇은 유동층이 존재하게 되는데, 이러한 유동층을 층류저층(laminar sublayer)이라고 한다. 또한, 레이놀즈 수가 증가 할수록 더욱더 커지는 수직방향의 속도성분이 층류저층으로 침투되기 때문에 이러한 층류저층은 점점 얇아지게 된다. 이러한 니쿠라드세의 실험 결과는 아주 균일한 조도를 갖는 인공적으로 만든 관을 사용하여 얻어진 결과이기 때문에 실제적으로 이용되고 있는 실용관에 그림 5·7의 선도를 적용하기는 곤란한 점이 있다. 그러므로 미국의 무디(Moody)는 실제적으로 이용되고 있는 상업용 관을 구입하여 니쿠라드세와 유사한 실험을 하면서 조도의 간

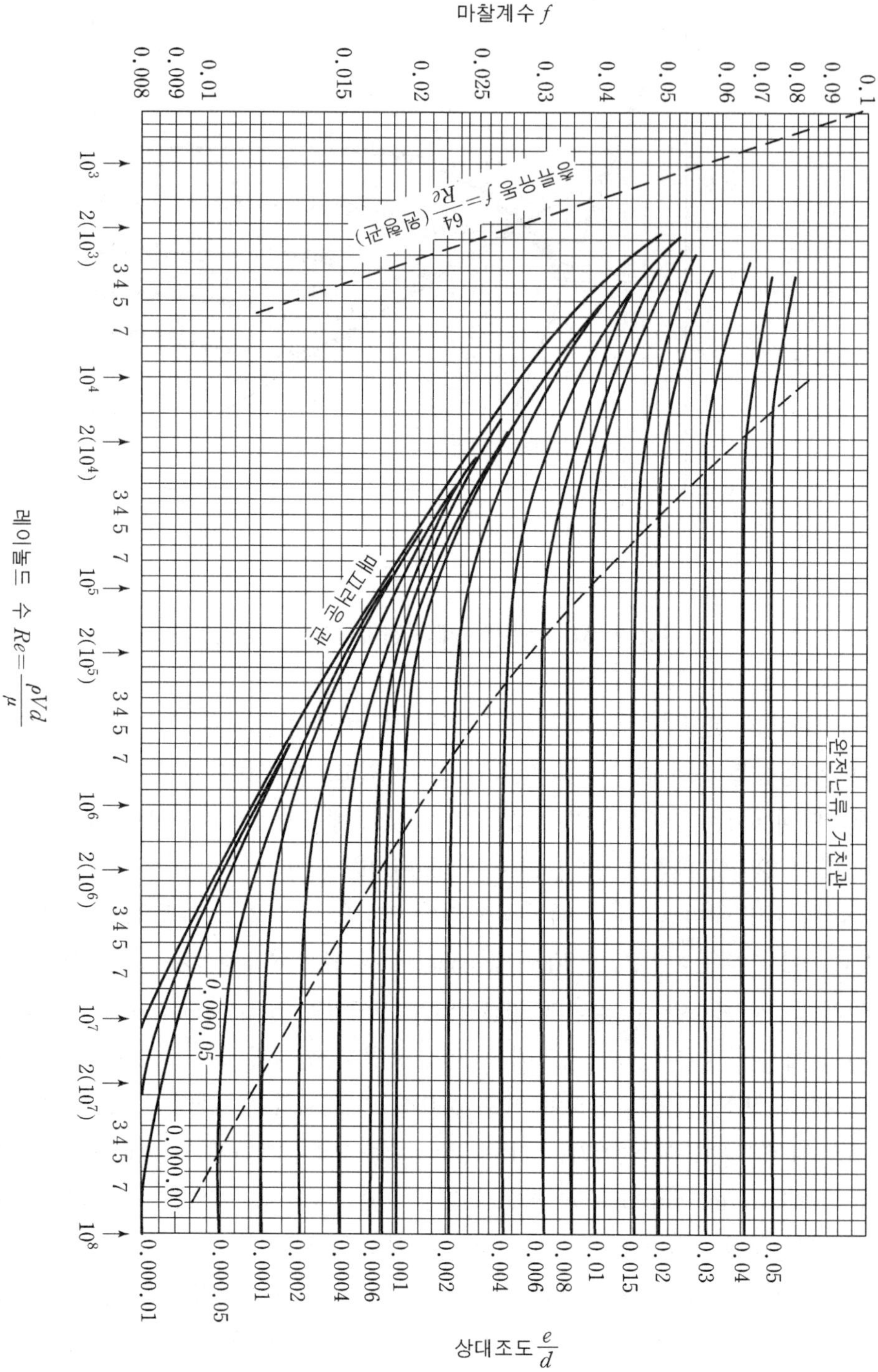
마찰계수 f
층류유동 $f=\frac{64}{Re}$ (원형관)
완전난류, 거친관
매끈한 관
레이놀드 수 $Re=\frac{\rho Vd}{\mu}$
상대조도 $\frac{e}{d}$

그림 5·11 무디 선도

격도 변화시켰다. 이러한 실험의 결과로 그림 5·11에 나타낸 Moody 선도라는 것을 발표하였으며, 다음의 실험식을 제안하였다.

$$\lambda = 0.001375\left\{1 + \left(20000\frac{\varepsilon}{d} + \frac{10^6}{Re}\right)^{\frac{1}{3}}\right\}$$

그리고 무디는 실험을 통하여 상대조도가 관마찰계수에 가장 커다란 영향을 미치고 있음을 발견하였고, 또한 거칠은 영역에서는 조도의 간격도 마찰손실에 영향을 미침을 알게 되었다.

예제 5·5

지름이 12.5cm이고 길이가 200m인 관에 물이 1.96m/s의 평균속도로 흐르고 있다. 관의 마찰계수가 0.025이면 관마찰 손실수두는 얼마인가?

● 풀이 ● Darcy-Weisbach의 식에서 손실수두는

$$h = \lambda\frac{l}{d}\frac{v^2}{2g} = 0.025\times\frac{200}{0.125}\times\frac{1.96^2}{2\times9.8} = 7.84\,\text{m}$$

예제 5·6

지름이 5cm이고 길이가 20m인 원형관에 밀도가 2500 kg/m^{3}인 유체가 0.8m/s인 층류상태로 흐르고 있다. 이 유체의 점성계수는 0.125kg/m·s인 경우에 손실수두를 계산하시오.

● 풀이 ● 우선, 손실수두를 구하려면 Darcy-Weisbach의 식을 이용해야 한다.

$$h = \lambda\frac{l}{d}\frac{v^2}{2g}$$

여기서 층류유동인 경우에 관마찰계수인 $\lambda = \frac{64}{Re}$ 이므로

$$\lambda = \frac{64}{\frac{\rho d v}{\mu}} = \frac{64}{\frac{2500\times0.05\times0.8}{0.125}} = 0.08$$

$$\therefore\ h = 0.08\times\frac{20}{0.05}\times\frac{0.8^2}{2\times9.8} = 1.045\,\text{m}$$

예제 5·7

동점성계수가 $\nu = 0.02\times10^{-4}\,\text{m}^2/\text{sec}$ 인 물이 주철 관을 통하여 0.01965m^3/s로 흐르고 있다. 이 주철관의 지름이 6.25cm이고, 길이가 1000m이라면 손실수두는 얼마인가? (Moody 선도를 이용하시오.)

● 풀이 ● $v = \frac{Q}{A} = \frac{0.01965}{\frac{\pi}{4} \times 0.0625^2} = 6.4\,\text{m/s}$

$Re = \frac{vd}{\nu} = \frac{6.4 \times 0.0625}{0.02 \times 10^{-4}} = 2 \times 10^5$

상대조도는 $\frac{\varepsilon}{d} = \frac{0.025}{6.25} = 0.004$이므로

Moody선도에서 레이놀즈 수와 상대조도에 맞는 관마찰계수는 $\lambda = 0.0285$이다.

$$\therefore\ h = \lambda \frac{l}{d} \frac{v^2}{2g} = 0.0285 \times \frac{1000}{0.0625} \times \frac{6.4^2}{2 \times 9.8} = 952.95\,\text{m}$$

5·4 관 내 난류유동과 전단응력 분포

그림 5·12에서 평균속도 $\overline{u}$와 $\overline{v}$는 다음처럼 정의될 수 있다.

$$\overline{u} = \frac{1}{t} \int_0^t u\ dt$$

$$\overline{v} = \frac{1}{n} \sum_{i=1}^{n} v_i$$

관 내에서 유속은 반지름 함수이므로 $\overline{u} = f(r)$로 표현할 수 있고, 이 식을 무차원 함수의 식으로 변형하면

$$\frac{\overline{u}}{\overline{u}_\infty} = f\left(\frac{r}{r_o}\right)$$

길이가 l인 관에서 압력저하를 $(P_1 - P_2)$로 표현하고, 관 벽에서의 전단응력을 τ_o로 나타내면

$$(P_1 - P_2)\pi\, r_o^2 = 2\pi\, r_o l \cdot \tau$$

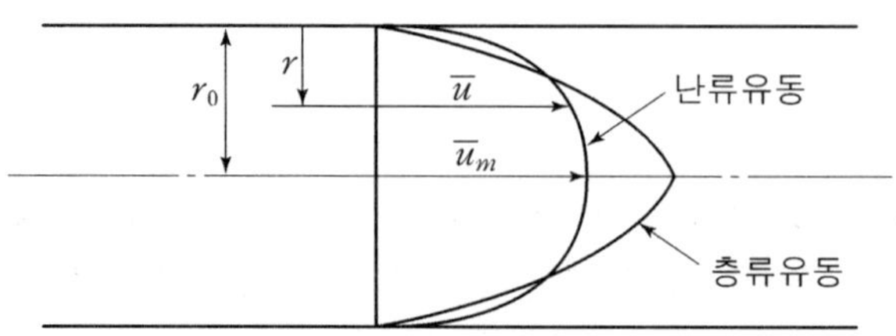

그림 5·12 관 내 난류유동 분포

$$\therefore\ (P_1 - P_2) = \frac{2l}{r_o}\tau_o$$

관마찰 손실수두에 대한 식인 $h = \lambda \frac{l}{d}\frac{v^2}{2g}$ 에 난류유동의 관마찰계수를 나타내는 블라시우스의 실험식 $\lambda = \frac{0.3164}{\sqrt[4]{Re}}$ 을 대입하면

$$h = \frac{0.3164}{\sqrt[4]{Re}}\frac{l}{d}\frac{\bar{v}^2}{2g}$$

그런데 $(P_1 - P_2) = \gamma h$에서 $h = \frac{(P_1 - P_2)}{\gamma}$ 를 위의 식과 같게 놓으면

$$\frac{(P_1 - P_2)}{\gamma} = \frac{0.3164}{\sqrt[4]{Re}}\frac{l}{d}\frac{\bar{v}^2}{2g}$$

$$\therefore\ \frac{2l}{r_o}\tau_o = 0.3164\,\gamma\, Re^{-\frac{1}{4}}\frac{l}{d}\frac{\bar{v}^2}{2g}$$

$$\therefore\ \tau_o = 0.3164\frac{r_o}{2d}\,\gamma\, Re^{-\frac{1}{4}}\frac{\bar{v}^2}{2g}$$

$$= \frac{0.3164}{8}\rho Re^{-\frac{1}{4}}\,\bar{v}^2 \quad \left(\because\ Re = \frac{\bar{v}d}{\nu} = \frac{2r_o\bar{v}}{\nu}\right)$$

$$= \frac{0.3164}{8}\rho\left(\frac{2r_o}{\nu}\right)^{-\frac{1}{2}}\bar{v}^{-\frac{1}{4}}\,\bar{v}^2$$

$$= \frac{0.3164}{8}\rho\left(\frac{2}{\nu}\right)^{1\frac{1}{4}} r_o^{-\frac{1}{4}}\,\bar{v}^{\frac{7}{4}}$$

$$\therefore\ \tau_o = K(r_o)^{-\frac{1}{4}}(\bar{v})^{\frac{7}{4}}$$

난류유동의 속도분포가 임의의 포물선을 형성한다는 것은 이미 알고 있는 사실이다. 그러므로 난류유동의 속도분포를 임의의 지수함수 식으로 표현하면

$$\bar{u} = \bar{u}_m\left(\frac{r}{r_o}\right)^n$$

여기에서 $\bar{u}_m = c\times\bar{v}$ 로 놓고 정리하면

$$\bar{u} = c\bar{v}\left(\frac{r}{r_o}\right)^n$$

$$\therefore\ \bar{v} = c'\bar{u}\left(\frac{r_o}{r}\right)^n$$

이들 식을 전단응력의 식에 대입하면

$$\tau_o = K(r_o)^{-\frac{1}{4}}\left\{c'\bar{u}\left(\frac{r_o}{r}\right)^n\right\}^{\frac{7}{4}}$$

$$= K(c')^{\frac{7}{4}}\cdot(\bar{u})^{\frac{7}{4}}\cdot(r)^{-\frac{7}{4}n}\cdot(r_o)^{\frac{7}{4}n-\frac{1}{4}}$$

$$= K'\cdot(\bar{u})^{\frac{7}{4}}\cdot(r)^{-\frac{7}{4}n}\cdot(r_o)^{\frac{7}{4}n-\frac{1}{4}}$$

전단응력은 반지름 r_o와는 무관하므로 r_o의 지수는 0이어야 한다.

$$\therefore\ \frac{7}{4}n - \frac{1}{4} = 0 \quad \rightarrow \quad \therefore\ n = \frac{1}{7}$$

$$\therefore\ \bar{u} = \bar{u}_m\left(\frac{r}{r_o}\right)^{\frac{1}{7}}$$

위의 식을 난류유동에 대한 속도분포의 식 또는 프랜틀－카르만(Prandtl－Karman)의 $\frac{1}{7}$승 법칙이라고 한다.

원형관 내에서 밀도가 일정한 유동에 대하여 전단응력과 압력손실 및 반지름의 관계를 알아보자. 그림 5·13에서와 같이 유동이 평형을 이루어 압력기울기가 일정한 값에 도달한다고 가정하는 경우에 전단응력의 식은 다음과 같이 얻어진다.

$$p\cdot\pi r^2 - (p+\varDelta p)\cdot\pi r^2 = 2\pi r\cdot l\cdot\tau$$

$$\therefore\ \tau = -\frac{\varDelta p}{l}\frac{r}{2}$$

$$\therefore\ \tau_o = -\frac{\varDelta p}{l}\frac{r_o}{2}$$

$$\therefore\ \tau = \tau_o\frac{r}{r_o}$$

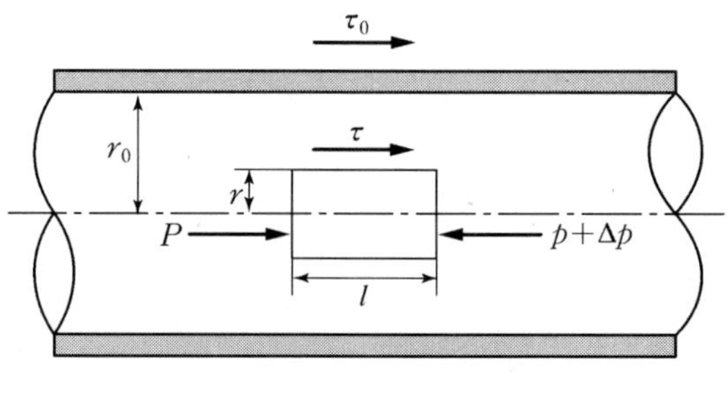

그림 5·13 관 내 전단응력 분포

그러므로 전단응력은 반지름과 함께 선형적으로 변화하고 있음을 알 수 있고, 또한 이들 식을 관마찰계수의 식과 연관시켜 보면 다음의 식을 얻을 수 있다.

$$\varDelta p = \gamma h = \gamma \cdot \lambda \frac{l}{d} \frac{v^2}{2g} = \frac{2\tau_o l}{r_o}$$

$$\therefore \ \tau_o = \frac{\gamma \cdot r_o \cdot \lambda \frac{l}{d} \frac{v^2}{2g}}{2\, l} = \gamma \cdot \frac{1}{4} \lambda \cdot \frac{v^2}{2g}$$

$$\therefore \ \tau_o = \frac{1}{8} \lambda \cdot \rho v^2$$

위의 벽면 전단응력분포의 식은 층류유동이나 난류유동에 모두 적용되는 식이므로 아주 긴요하게 사용된다.

예제 5·8

지름이 150mm인 관 내의 물이 4.5m/s로 흐르고 있다. 두 점 30m 간의 압력손실 수두가 5.33m인 경우에 마찰속도를 구하여라.

● 풀이 ● $h = \lambda \frac{l}{d} \frac{v^2}{2g}$ 에서 $5.33 = \lambda \frac{30 \times (4.5)^2}{0.15 \times 2 \times 9.8}$ 이므로

$\therefore \ \lambda = 0.026$

$U_\tau = \sqrt{\frac{\tau_0}{\rho}}$ 에서 $\tau_0 = \frac{1}{8} \lambda \rho v^2$ 이므로

$$U_\tau = v \sqrt{\frac{\lambda}{8}} = 4.5 \sqrt{\frac{0.026}{8}} = 0.26 \text{ m/s}$$

5·5 관로유동

유체의 관로유동은 대부분 난류유동이다. 그러므로 압력손실이 유체의 유동거리에 따라 발생한다는 것을 아래의 다르시－바이스바하(Darcy－Weisbach) 식을 통하여 잘 알고 있으며 그림 5·14에서 손실수두 h_L을 나타내었다.

$$h_L = \lambda \frac{l}{d} \frac{v^2}{2g}$$

이러한 압력손실에 가장 큰 영향을 미치는 것은 관 내벽의 조도와 유속이다. 이러한 제반 관로유동의 손실을 마찰손실이라고 한다.

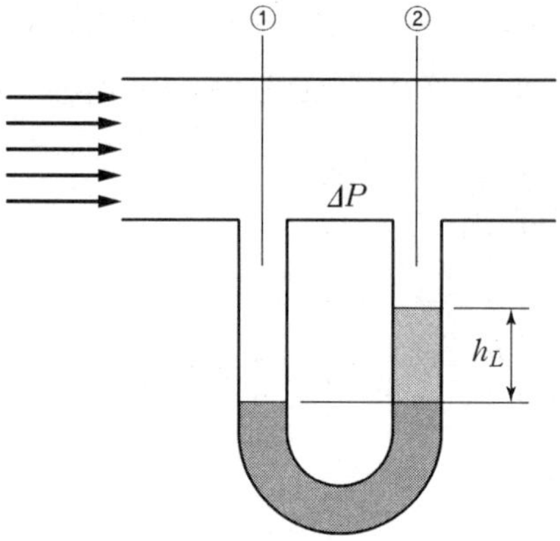

그림 5·14 관로에서 손실수두

그림 5·15에서 유체를 수송하는 관로가 θ만큼 경사져 있을 때 상당기울기는 아래의 식으로 나타낸다.

$$i = \tan\theta = \frac{h_L}{l}$$

$$\therefore \ i = \frac{h_L}{l} = \frac{\lambda}{d}\frac{v^2}{2g}$$

$$\therefore \ v = \sqrt{\frac{2g}{\lambda}\, d\, i}$$

이 식을 관로유동에서 셰지(Chezy)의 식이라고 한다.

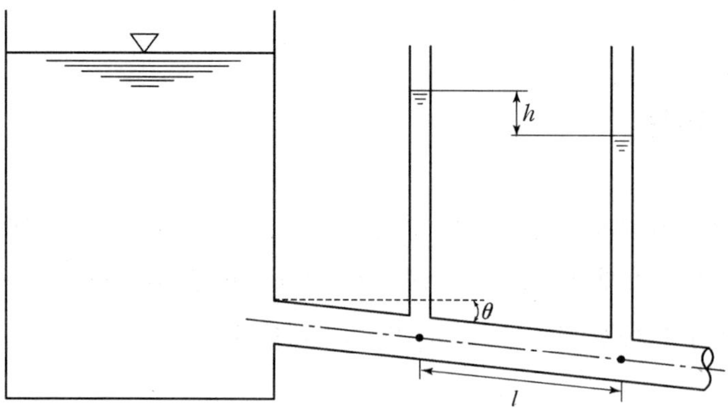

그림 5·15 경사진 관로유동

예제 5·9

곧은 관로의 길이는 800m이고 내경이 20cm이다. 이 곧은 관로를 통하여 30 l/s의 물이 흐르고 있다. 마찰계수를 0.03으로 가정한 경우에 손실수두와 상당기울기 i를 계산하여라.

● 풀이 ●

$$v=\frac{Q}{A}=\frac{0.03}{\frac{\pi}{4}\times(0.2)^2}=0.955\,\text{m/s}$$

$$\therefore \text{ 손실수두 } h_L=\lambda\frac{l}{d}\frac{v^2}{2g}=0.03\times\frac{800}{0.2}\times\frac{0.955^2}{2\times9.8}=5.584\,\text{m/s}$$

$$\therefore \text{ 상당기울기 } i=\frac{h_L}{l}=\frac{5.584}{800}=0.00698 \fallingdotseq 0.007$$

예제 5·10

수도관을 통하여 물이 $60\,\text{m}^3/\text{min}$ 으로 수송되고 있다. 이 수도관의 관마찰계수는 0.03이고, 상당기울기가 $i=\frac{1}{800}$ 인 경우에 관의 내경(m)은 얼마가 되겠는가?

● 풀이 ●

$$v=\frac{Q}{A}=\frac{60/60}{\frac{\pi}{4}\times d^2}=\frac{1.274}{d^2}\,\text{m/s}$$

$$i=\frac{h_L}{l}=\lambda\frac{l}{d}\frac{v^2}{2g} \text{ 에서}$$

$$\therefore \frac{1}{800}=0.03\times\frac{l}{d}\times\frac{(1.274)^2}{2\times9.8\times d^4}=\frac{0.0025}{d^5}$$

$$\therefore d=1.149\,\text{m}$$

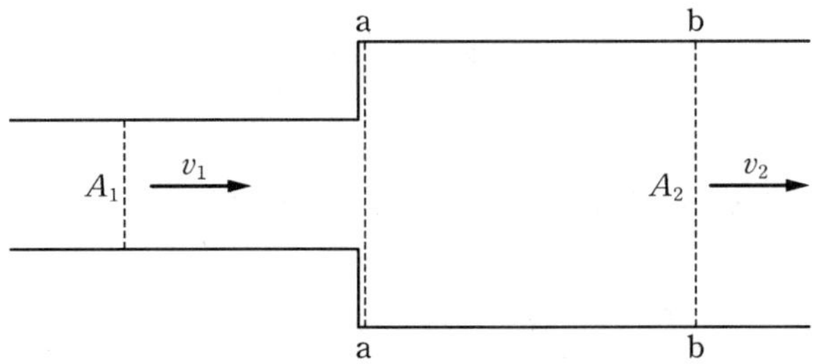

그림 5·16 급확대되는 관로유동

일반적으로 관로유동에서의 손실은 유동 단면적이 일정한 경우에 발생하는 마찰손실을 의미한다. 그러나 유동방향이나 유동 단면적의 변화로 인하여 발생되는 손실도 있는데,

이러한 손실은 유체입자들의 충돌에 의하여 발생된다. 그러므로 이러한 손실을 충돌손실(shock loss)이라고 한다. 충돌손실은 일반적으로 유속에 크게 지배되므로, $h_s = \zeta\dfrac{v^2}{2g}$로 계산한다.

그림 5·16에서처럼 단면이 급확대되는 관로에서 발생되는 충돌손실을 구하기 위해서 우선 좁은 관로와 확대된 관로에서의 운동량을 계산한다.

$$\text{좁은 관로 } A_1\text{에서의 운동량 : } \rho A_1 v_1 \times v_1 = \frac{\gamma}{g} A_1 v_1^2$$

$$\text{확대된 관로 } A_2\text{에서의 운동량 : } \rho A_2 v_2 \times v_2 = \frac{\gamma}{g} A_2 v_2^2$$

단면 a−a에서의 압력을 P_1, 단면 b−b에서의 압력을 P_2라고 하면 압력 차에 의한 힘은 $(P_2 A_2 - P_1 A_2)$로 계산된다. 그런데, 힘은 단위시간당 운동량의 변화와 같으므로

$$\begin{aligned} P_2 A_2 - P_1 A_2 &= \frac{\gamma}{g}(A_1 v_1^2 - A_2 v_2^2) \\ &= \frac{\gamma}{g} A_1 v_1 (v_1 - v_2) \ (\because\ A_1 v_1 = A_2 v_2) \end{aligned}$$

$A_1 v_1 = A_2 v_2$에서 $A_2 = A_1 \dfrac{v_1}{v_2}$이므로

$$(P_2 - P_1) A_1 \frac{v_1}{v_2} = \frac{\gamma}{g} A_1 v_1 (v_1 - v_2)$$

양변을 $A_1 v_1$으로 나누고 정리하면

$$\frac{P_2 - P_1}{\gamma} = \frac{v_2(v_1 - v_2)}{g}$$

$$\therefore\ \frac{P_1}{\gamma} = \frac{P_2}{\gamma} - \frac{v_1 v_2}{g} + \frac{v_2^2}{g}$$

위 식에서 $\dfrac{v_1^2}{2g}$을 양변에 똑같이 더한 후에 정리하면

$$\begin{aligned} \frac{P_1}{\gamma} + \frac{v_1^2}{2g} &= \frac{P_2}{\gamma} + \frac{v_2^2}{2g} + \left(\frac{v_1^2}{2g} - \frac{2 v_1 v_2}{2g} + \frac{v_2^2}{2g}\right) \\ &= \frac{P_2}{\gamma} + \frac{v_2^2}{2g} + \frac{(v_1 - v_2)^2}{2g} \end{aligned}$$

위의 식에서 베르누이 방정식이 성립하려면 $\dfrac{(v_1 - v_2)^2}{2g} = 0$가 되어야 한다. 그러므

로 급확대되는 관로의 유동에서는 $\dfrac{(v_1 - v_2)^2}{2g}$ 이 충돌손실 h_s가 된다.

$$\therefore \ h_s = \frac{(v_1 - v_2)^2}{2g}$$

$A_1 v_1 = A_2 v_2$에서 $v_1 = \dfrac{A_2}{A_1} v_2$를 대입하면 충돌손실은

$$h_s = \left(\frac{A_2}{A_1} - 1\right)^2 \frac{{v_2}^2}{2g} \quad \text{또는} \quad h_s = \left(1 - \frac{A_1}{A_2}\right)^2 \frac{{v_1}^2}{2g}$$

그러므로 일반적으로 충돌과 마찰에 대한 손실계수는 $K = \left(1 - \dfrac{A_1}{A_2}\right)^2$을 이용한다. 또한 이러한 경우와 반대되는 경우에 해당하는 급축소되는 관로유동에서의 충돌손실도 $h_s = K\dfrac{{v_2}^2}{2g}$ 을 사용한다.

유동단면이 점진적으로 축소되다가 점진적으로 증가하는 벤튜리 미터(venturi meter)와 같은 경우도 있는데, 점진적으로 단면적이 축소하는 하는 경우에는 충돌손실을 무시할 수도 있지만 단면적이 점진적으로 증가하는 경우에 있어서 유동을 계산할 때는 충돌손실이 단면적의 확대율이 커질수록 충돌손실이 크게 발생하므로 반드시 충돌손실이 고려되어야 한다.

그림 5·17에서 $\dfrac{p}{\gamma}$는 유동방향으로 측정된 압력수두를 의미하며 h_s는 단면의 변화에 따른 충돌손실을 의미한다.

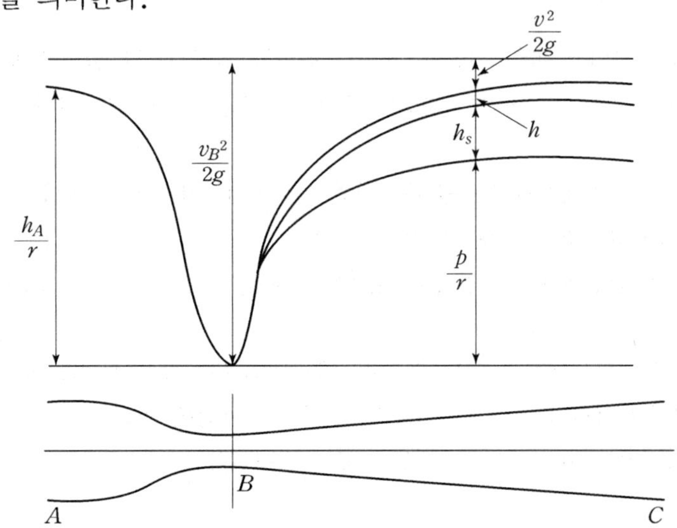

그림 5·17 벤튜리 미터의 관로유동

연습문제

1. 지름이 4cm인 원관에 물이 흐르고 있는데, 임계 레이놀즈 수를 2100으로 사용하는 경우에 층류로 흐를 수 있는 최대 평균속도는 얼마인가? (단, 물의 동점성계수는 $1.005\times10^{-6}\,m^2/s$로 한다.)

2. 원형 관에서 유체가 층류로 흐르는 경우에 전단응력분포를 올바르게 표현한 것은 어느 것인가?
① 관 중심과 관 벽에서 0이다.
② 포물선형태를 이룬다.
③ 관 벽에서 0이고, 중심까지 선형적으로 증가한다.
④ 관 중심에서는 0이나, 관 벽까지 선형적으로 증가한다.

3. 지름이 d인 원형 관에 일정한 유량의 물이 층류의 상태로 흐르고 있는 경우에 지름을 2배로 크게 하면 손실수두는 몇 배가 되겠는가?

4. 프랜틀의 혼합거리에 대한 설명이 옳은 것은?
① 항상 일정한 값을 유지한다.
② 층류유동의 문제를 해결하는데 유용한 이론이다.
③ 벽에서 0의 값을 갖는다.
④ 전단응력과는 무관한 이론이다.

5. 지름이 50cm인 파이프 속을 비중이 $S=0.85$이고 점성계수가 $\mu=0.025$인 유체가 $0.4\,m^3/s$으로 흐르고 있다. 이러한 경우에 레이놀즈 수는 얼마 정도 되겠는가?

6. 지름이 2cm인 원형관에 층류상태를 유지하면서 글리세린이 흐르고 있다. 단위 길이당 압력강하가 200kPa/m인 경우에 유량은 얼마인가?
(단, 글리세린의 점성계수는 $0.5\,N\cdot s/m^2$이고 동점성계수는 $\nu=2.7\times10^{-4}\,m^2/s$이다.)

7. 원형 관에 층류유동이 흐르고 있는 경우에, 유량과의 관계를 적절하게 표현한 것은?
① 관의 길이에 비례한다. ② 관의 반경의 제곱에 비례한다.
③ 압력강하에 비례한다. ④ 점성에 비례한다.

8. 지름이 25cm이고 길이가 400m인 원형 관에 물이 1.32m/s로 흐르고 있다. 이 원형 관의 마찰계수가 0.0422인 경우에 손실수두를 계산하여라.

9. 지름이 20cm이고 길이가 30m인 원형 관에 물이 5m/s로 흐르고 있다. 이러한 경우에 측정된 손실수두가 6m이었다면 관마찰계수를 계산하여라.

10. 레이놀즈 수가 1800인 경우에 관마찰계수는 얼마이겠는가?

11. 지름이 20cm인 원형관에 동점성계수가 $\nu = 1\times10^{-6}\,\mathrm{m^2/s}$인 물이 흐르고 있다. $0.002\,\mathrm{m^3/s}$의 물이 흐르는 경우에 길이 10000m당 손실수두를 계산하여라.

12. 원형 관에 있어서 수력반지름을 계산하여라.

13. 수력반지름을 가장 적절하게 표현한 것은?

① 유동단면적을 접수 길이로 나눈 값이다.
② 유동단면적의 제곱근이다.
③ 면적을 접수길이 제곱으로 나눈 값이다.
④ 접수길이를 유동단면적으로 나눈 값이다.

14. 지름이 0.5m이고 길이가 1000m인 원형 관에 물이 4.45m/s로 흐르고 있다. 마찰손실수두를 계산하시오.(단, 관마찰계수는 0.03이다.)

15. 하겐-포아젤 방정식이 아닌 것을 선택하여라.

① $Q=\dfrac{\Delta p\pi d^4}{128\mu l}$　　② $Q=\dfrac{\pi R^4}{8\mu}\left(\dfrac{dp}{dx}\right)$

③ $Q=\dfrac{\pi R^4}{8\mu l}(p_1-p_2)$　　④ $Q=-\dfrac{\pi d^4}{128\mu}\left(\dfrac{dp}{dx}\right)$

16. 하임계 레이놀즈 수란 어느 것인가?

① 층류에서 난류로 바뀌는 레이놀즈 수
② 난류에서 층류로 바뀌는 레이놀즈 수
③ 균속도 유동에서 비균속도 유동으로 바뀌는 레이놀즈 수
④ 비균속도 유동에서 균속도 유동으로 바뀌는 레이놀즈 수

17. 원관에서 유체가 층류로 흐를 때 전단응력은?

① 전단면에서 일정하다.
② 관 벽에서 0이고, 중심까지 선형적으로 증가한다.
③ 관 중심에서 0이고, 관 벽까지 직선적으로 증가한다.
④ 포물선 모양이다.

18. 원관에서 유체가 층류로 흐를 때 속도분포는?

① 전단면에서 일정하다.
② 관벽에서 0이고, 중심까지 선형적으로 증가한다.
③ 관 중심에서 0이고, 관벽까지 직선적으로 증가한다.
④ 2차포물선으로 관벽에서 속도는 0 이고, 관 중심에서 속도는 최대속도이다.

19. 15°C인 물이 직경 30cm의 관속을 $0.27\,m^3/s$의 유량으로 흐르고 있다. 이때 레이놀즈 수를 구하여라.(단, 15°C 물의 동점성계수는 $\nu=1.141\times10^{-6}\,m^2/s$이다.)

20. $\nu=1.006\times10^{-6}\,m^2/s$인 물이 직경 5cm의 원관에 흐르고 있다. 층류로 흐를 수 있는 최대 평균속도를 구하여라.(단, 임계레이놀즈 수는 2100이다.)

21. 온도 66°C, 절대압력 380kPa인 이산화탄소(CO_2)가 1.5m/s로 5cm인 관 속을 흐르고 있을 때 유동상태를 구하여라.
(단, 이산화탄소의 기체상수 $R=187.8\,Nm/kgK$, 점성계수 $\mu=1.772\times10^{-5}\,kg/ms$이다.)

22. $0.001\,m^3/s$의 유량으로 직경 5cm, 길이 400m인 수평원관 속을 비중 $s=0.86$인 기름이 흐르고 있다. 압력강하 $2\,kgf/cm^2$이면 기름의 점성계수를 구하여라.

23. $\mu=1.1\times10^{-4}\,kgf\,s/m^2$인 물이 직경 1cm인 수평원관 속에서 층류로 흐르고 있다. 이때 1000m 길이에서 압력강하 $\Delta P=0.2\,kgf/cm^2$일 때 유량을 구하여라.

24. $9\,m^3/min$의 유량으로 직경이 10cm인 관속을 중유($s=0.92$, $\mu=9.8$poise)가 흐르고 있다. 거리가 10km 떨어진 곳에 수송하려면 필요한 동력을 구하여라.

25. 지름 200mm인 수평원관 내에 어떤 액체가 흐르고 있다. 관벽에서의 전단 응력이 150Pa이다. 관의 길이가 30m일 때 압력강하를 구하여라.

26. 점성계수 0.42Pa s이고, 비중 0.92인 유체가 평균속도 1.2m/s로 직경 250mm 관속을 흐르고 있다. 중심선으로부터 60mm인 곳의 전단응력과 속도를 구하여라.

27. 점성계수 0.12Pa s인 유체가 250mm 관속에 층류로 흐르고 있다. 벽면에서의 전단응력이 48Pa이라 할 때 중심선에서 30mm 떨어진 곳의 속도구배를 구하여라.

28. 비중 0.88인 유체가 레이놀즈 수 1200으로 250mm 관속을 흐르고 있다. 벽면에서 40mm인 곳의 속도가 2.5m/s일 때 유량과 벽면에서의 속도구배를 구하여라.

29. 지름 20cm인 원관에 비중 0.9, 점성계수 0.52poise인 유체가 평균속도 0.48m/s로 흐르고 있다. 층류, 난류를 판별하여라.

30. 20°C, 1.9 l/s의 물이 75mm 직경의 관속에 흐르고 있다. 흐름은 층류인가 난류인가 판별하여라.

31. 직경 10mm인 원관에 최대속도 0.12m/s인 층류흐름이 있다. 유량을 구하여라.

32. 비중 1.02인 유체가 직경 50mm의 원관을 평균속도 1m/s의 층류로 흐르고 있다. 매초 당 단면을 통과하는 유체가 가지는 운동에너지를 구하여라.

33. 절대압력 200kPa, 온도 40°C의 공기가 직경 100mm 관에서 층류로 흐를 수 있는 최대유량을 구하여라.

34. 동점성계수 $1\times10^{-4}\,m^2/s$이고, 비중이 0.9인 기름이 평균속도 1.5m/s로 50mm 원관 속에서 흐르고 있다. 50m 관 길이에 걸쳐 9m의 손실수두가 일어났다면 속도를 3m/s로 증가시켰을 때 손실수두를 구하여라.

35. 6 l/s의 유체가 80mm 관 속을 흐르면서 벽면에서의 전단응력이 45Pa로 알려졌다. 이 유체의 점성계수를 구하여라.

6장

경계층 이론

6·1 경계층 개념

물이나 공기와 같은 점성이 낮은 유체가 물체 둘레를 흐를 때 레이놀즈 수가 비교적 높은 경우에는 그림 6·1과 같이 두 개의 층으로 구분된다. 이들의 구분은 레이놀즈 수로 규정되는데, 평판의 선단으로부터의 유동이 층류 경계층으로부터 난류 경계층으로 옮겨지는 것은 평판으로부터의 거리 x에 비례하며 임계 레이놀즈 수는 다음과 같이 정의된다.

$$Re_x = \frac{U_\infty x}{\nu} = \frac{\rho U_\infty x}{\mu} > 5\times10^5 \text{(여기서 } U_\infty \text{ 는 자유유동속도이다)}$$

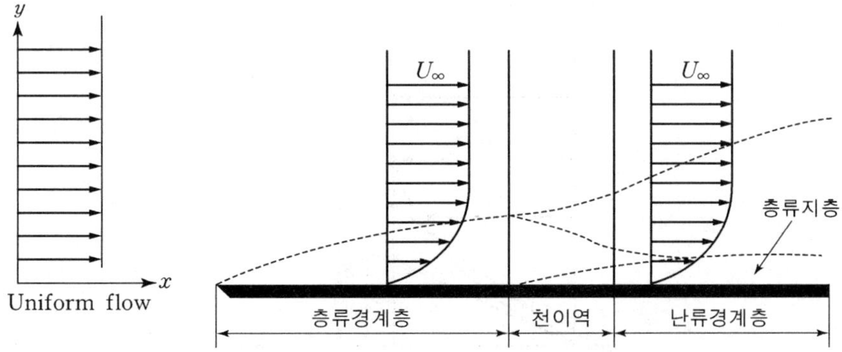

그림 6·1 경계층의 속도분포 형상

속도가 고체와의 경계면에서 0이 되었다가 거리가 멀어짐에 따라 점차 증가하여 어느 거리 이상이 되면 최대속도가 되어 속도의 증감이 없게 되는데 속도가 0에서 최대속도가 되기 직전까지의 층을 경계층이라고 하는데, 즉 평판의 선단으로부터 점성의 영향이 미치는 얇은 층이다. 또 경계층 밖에서는 점성의 영향이 없으므로 자유유동속도로 흘러가는 것을 알 수 있다.

그림 6·1에서 보는 것과 같이 층류 경계층(laminar boundary layer)에서 난류 경계층(turbulent boundary layer)으로 변화되는 유동영역 부근에 경계층의 천이영역(transition region)이 존재하며, 천이영역으로부터 난류 경계층 내의 고체평판 바닥 부근에 또 다른 층류유동층이 존재하는데, 이러한 유동층을 층류저층(laminar sublayer)이라고 한다.

많은 실제 유동의 경우에서 경계층은 표면을 따라 길게 발달한다. 예를 들면 선박과 잠수함 선체, 항공기 날개 주위의 유동, 그리고 평평한 지형 중위의 대기유동이 있다. 이러한 모든 유동들의 기본적 특성들은 평판 주위의 단순한 유동과 같다고 할 수 있다.

6·2 경계층 두께

경계층의 내부와 외부에서도 점진적으로 속도의 변동이 이루어지고 있기 때문에 정확하게 경계층 두께를 표현하는 것이 쉬운 일은 아니다. 그러므로 그림 6·2에서와 같이 물체의 표면으로 x축을 놓고, 이 축과 수직으로 y축을 설정한 다음, 경계층 외부의 속도를 U_∞로 나타내면 경계층 두께는 이러한 방법으로 정의될 수 있다.

그림 6·2와 같이 물체 표면에서 측정한 속도 u가 자유유동속도의 99%(0.99 U_∞)에

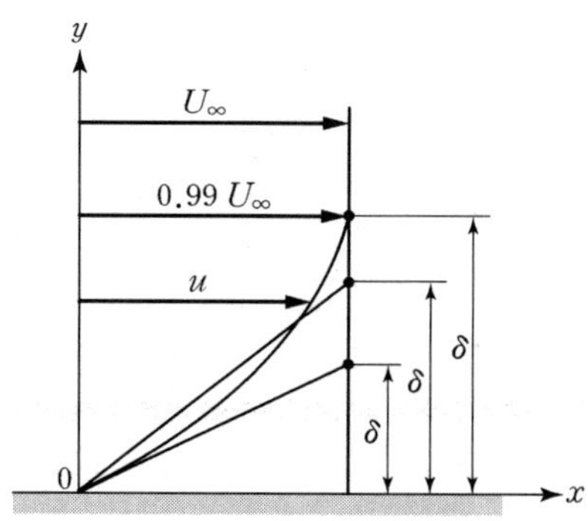

그림 6·2 경계층 두께

이르는 지점까지의 y좌표를 일반적으로 경계층 두께 δ로 사용한다. 또한, 그림 6·2에서 보는 것과 같이 속도분포를 나타내는 곡선과의 사이에 해칭한 면적이 같도록 원점 O를 지나는 직선을 긋고, 속도분포 곡선과의 교점을 만들어 물체 표면에서 교점까지의 y좌표를 경계층 두께로 사용하기도 하며, 원점 O에서 속도분포 곡선에 접선을 긋고 속도분포 곡선과의 교점을 만들어 물체 표면에서 이 점까지의 y좌표를 경계층 두께로 사용하기도 한다. 그리고 일반적으로 이러한 경계층 두께의 종류에는 배제두께와 운동량두께 및 소산에너지 두께로 나누어져 사용되고 있다.

6·2·1 배제 두께(Displacement Thickness ; δ_1)

경계층 내의 유동속도는 점성 마찰력의 작용으로 인하여 감소되므로, 임의의 단면에서 동일 질량유량이 유지되기 위해서 유체 일부가 배제되어야만 한다. 이 배제층이 경계층 두께와 밀접한 관계를 갖게 된다. 그러므로 경계층 두께로 이러한 배제 두께의 정의를 많이 사용하는 경우가 있다.

그림 6·3에서 δ는 실제유동에서의 경계층 두께를 의미하고, δ_1은 마찰이 없다고 간주했을 때의 경계층 두께인 배제 두께를 의미하고 있다. 이러한 배제 두께를 식으로 표현하면

$$\delta_1 = \int_0^{\infty} \left(1 - \frac{u}{U_0}\right) dy = \int_0^{\delta} \left(1 - \frac{u}{U_0}\right) dy$$

이다.

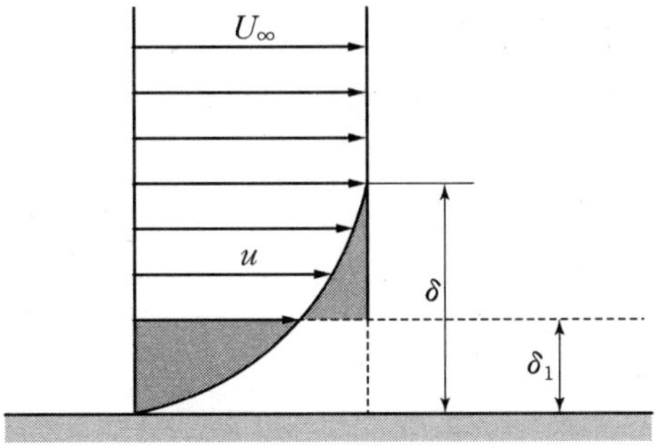

그림 6·3 경계층의 배제 두께

6·2·2 운동량 두께(Momentum Thickness ; δ_2)

경계층 내에서 유동속도의 감속으로 인하여 배제되는 운동량을 운반하는 데 필요한 자유유동에서의 두께, 즉 경계층 생성으로 인하여 배제되는 운동량에 대응하는 자유유동에서의 두께를 운동량 두께로 사용한다. 이러한 운동량 두께를 식으로 표현하면

$$\delta_2 = \int_0^{\delta} \frac{u}{U_0}\left(1 - \frac{u}{U_0}\right) dy$$

이다.

6·2·3 소산에너지 두께(Dissipation Energy Thickness ; δ_3)

유체의 운동에너지가 점성의 작용으로 생기는 에너지 손실과 같다고 했을 때 생기는 경계층 두께를 소산에너지 두께로 사용한다. 이러한 소산에너지 두께를 식으로 표현하면

$$\delta_3 = \int_0^{\delta} \frac{u}{U_0}\left(1 - \frac{u^2}{{U_0}^2}\right) dy$$

이다.

6·3 경계층의 운동방정식

층류유동에 대한 2차원 경계층 운동방정식을 유도하기 위하여 그림 6·4에 대하여 다음의 가정을 하였다.

1) 비압축성 유동이며 정상유동이다.
2) 평판에 수직한 방향으로는 압력의 변화가 없다.

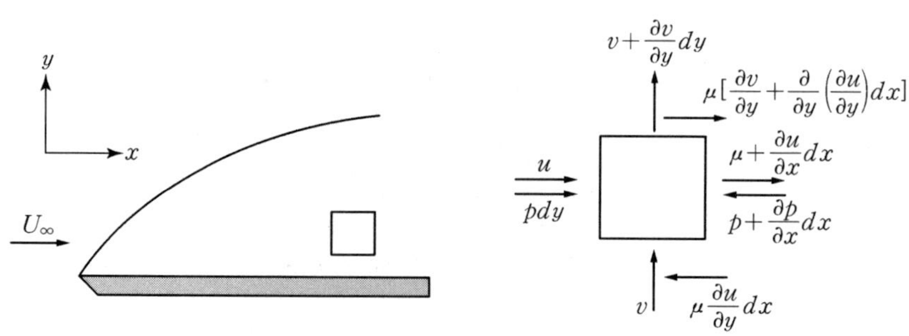

그림 6·4 경계층 내 유체입자의 운동성분

3) 점성계수는 일정한 값을 갖는다.

4) y방향에 대한 점성 전단력은 무시한다.

그림 6·4에서 미소체적에 대하여 운동량의 변화는 힘과 같으므로

$$\sum F_x = \rho Q(V_{x2} - V_{x1})$$

그림 6·4에 나타낸 것처럼 왼쪽에서 들어오는 단위시간당의 운동량은 $\rho u^2 dy$이고, 오른쪽에서 들어오는 단위시간당의 운동량은 $\rho\left(u+\frac{\partial u}{\partial x}dx\right)^2 dy$이다. 또한, 아래쪽에서 흘러 들어오는 단위시간당의 운동량은 $\rho v u dx$이고, 위쪽으로 흘러나가는 운동량은 $\rho\left(v+\frac{\partial v}{\partial y}dy\right)\left(u+\frac{\partial u}{\partial y}dy\right)dx$이다. 그리고 체적요소에 작용되는 외력으로는 압력과 전단력이 있는데, 먼저 압력에 의한 힘은 다음처럼 나타낼 수 있다.

$$p\,dy - \left\{p + \frac{\partial p}{\partial x}dx\right\} = -\frac{\partial p}{\partial x}dx\,dy$$

전단력은 다음처럼 나타낼 수 있다.

$$-\mu\frac{\partial u}{\partial y}dx + \mu\left\{\frac{\partial u}{\partial y} + \frac{\partial}{\partial y}\left(\frac{\partial u}{\partial y}\right)dy\right\}dx = \mu\frac{\partial^2 u}{\partial y^2}dx\,dy$$

그러므로 미소체적에 작용되는 외력과 운동량의 변화를 같게 놓으면 다음의 식으로 표현된다.

$$\mu\frac{\partial^2 u}{\partial y^2}dx\,dy - \frac{\partial p}{\partial x}dx\,dy = \rho\left(u+\frac{\partial u}{\partial x}dx\right)^2 dy - \rho u^2 dy$$

$$+\ \rho\left(v+\frac{\partial v}{\partial y}dy\right)\left(u+\frac{\partial u}{\partial y}dy\right)dx - \rho v u dx$$

위의 식에서 2차 이상의 고차 미분항은 무시하고, 2차원유동에 대한 연속방정식 $\frac{\partial u}{\partial x}+\frac{\partial v}{\partial y}=0$를 적용하면 다음의 층류유동에 대한 2차원 경계층 운동방정식을 얻는다.

$$\rho\left(u\frac{\partial u}{\partial x} + v\frac{\partial u}{\partial y}\right) = \mu\frac{\partial^2 u}{\partial y^2} - \frac{\partial p}{\partial x}$$

6·4 유체 속에 잠겨있는 물체에 작용하는 항력

흐르고 있는 유동 속에 물체가 놓여있는 경우와 정지하고 있는 유체 속에서 물체가 움직이는 경우에 그림 6·5에서와 같이 물체에 미치는 힘 R는 유체유동 방향의 성분 D

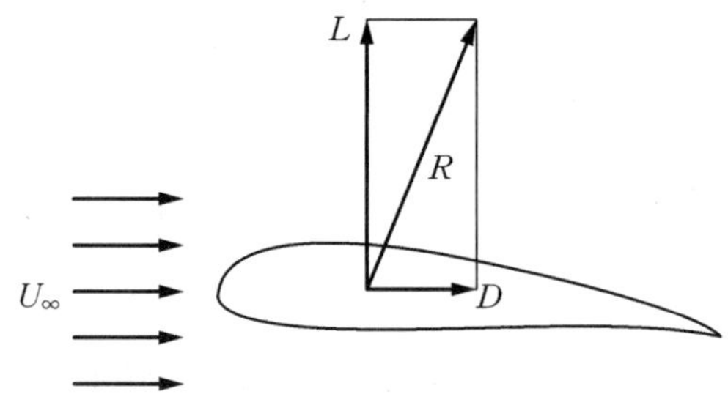

그림 6·5 항력과 양력

와 그것에 직각방향의 성분 L로 분해될 수 있는데, 여기에서 유체운동방향에 평행하게 물체에 작용하는 힘의 성분 D를 항력(drag)이라고 하고, 유체 운동 방향에 수직한 성분의 힘 L을 양력(lift)이라고 한다.

속도가 일정한 유체 속에 잠겨있는 물체 주위의 유체유동을 고찰해 보자. 균일한 유체흐름 속에 놓인 물체 주위의 유체유동은 점성작용으로 인하여 속도변화가 뚜렷하게 발생되는 경계층과 완만하게 속도변화가 나타나는 영역을 관찰할 수 있다. 유체의 유동 방향에 있어서 곡률 반지름이 경계층 두께와 비교되어 충분하게 큰 경우, 그림 6·6에서처럼 A지점에서 C지점까지는 속도가 빨라져 압력기울기가 0보다 적은 값 $\left(\dfrac{\partial p}{\partial x} < 0\right)$을 유지하고 있으나, C지점을 지나면서부터 속도가 느려진 반면 압력은 증가하게 되어 압력의 기울기가 바뀌게 된다. 그 영향 때문에 운동량이 순압력에 의하여 계속적으로 감소하게 되므로 D지점에서 표면의 유체가 정지상태가 되는데, $\dfrac{\partial u}{\partial y} = 0$인 D점을 박리

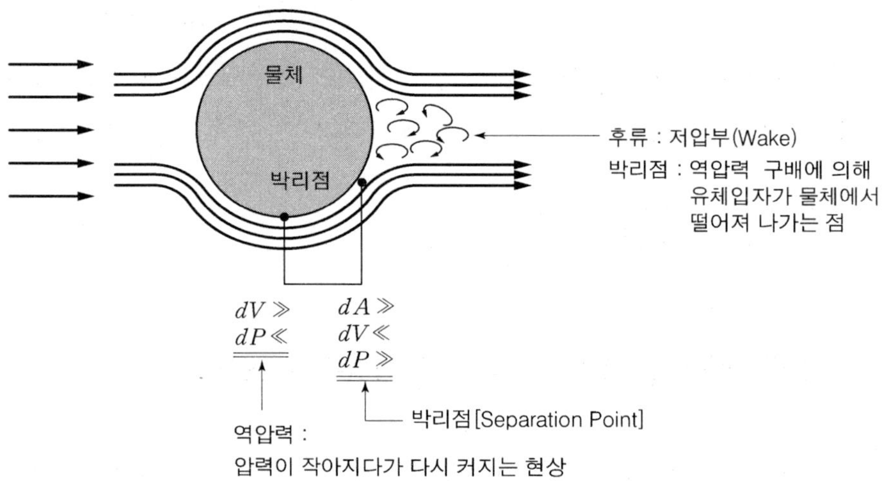

그림 6·6 박리점과 박리유선

점(separation point)이라고 한다. 다시 말하면 유체입자가 물체 주위에 붙어 흐르다 C 지점을 지나며 압력이 커져 D에서 물체 주위로부터 떨어져 나가는 현상을 박리라 하며 박리가 발생하는 지점 D를 박리점이라 한다.

박리가 발생하면 운동량이 결집된 저압부의 후류(wake)가 발생하게 되어 물체의 진행을 방해한다. 박리는 층류유동과 난류유동에서 모두 발생되나 층류유동에서 더욱 많이 발생된다. 이유는 역압력 기울기가 표면에서 저속으로 흐르고 있는 유체를 더욱 쉽게 정지시킬 수 있기 때문이다. 그러므로 C지점 전후의 형상변화가 클수록 역압력 기울기가 커져 박리는 더욱 빠르게 발생하여 후류를 더 강하게 만듦을 알아야 한다. 그림 6·6에서 나타난 것처럼, 점선으로 연결되어 있는, 박리가 발생된 지점에서부터 속도가 0인 점들을 연결한 선을 박리유선(separation streamline)이라고 한다. 또한, 역류가 발생되고 있는 지점에서 압력은 감소하고 물체에 작용하는 압력항력은 증가하게 됨으로써 경계층의 박리는 유동에 아주 큰 영향을 미치게 된다.

물체가 받는 유체저항은 물체 표면에 있어서 유체의 압력과 전단응력에 의한 힘을 구한 것이다. 그림 6·7에서와 같이 물체가 균일한 속도 U_∞의 유체유동을 고찰해 보자.

물체의 표면에 미소면적 ds를 잡고 이 부분에 미치는 압력을 p, 그 표면에 세운 법선과 유동의 방향이 이루는 각을 θ라고 하면, 이 부분에 미치는 압력에 의한 힘은 $p\,ds$가 되고, 이 힘의 유동방향의 성분은 $p\,ds\cos\theta$가 되므로, 이 힘을 물체의 전체 표면에 걸쳐서 적분하면 압력에 의한 항력인 압력항력 D_p가 얻어진다.

$$D_p = \int_s p\cos\theta\ ds$$

유체의 점성으로 인하여 발생되는 벽면에 미치는 전단응력을 τ_o라고 하면, 이 부분에 미치는 전단응력에 의한 힘은 $\tau_o ds$이고, 이 힘의 유동방향 성분은 $\tau_o ds\sin\theta$가 되므로, 이 힘을 물체의 전체 표면에 걸쳐서 적분하면 표면 마찰항력 D_f가 얻어진다.

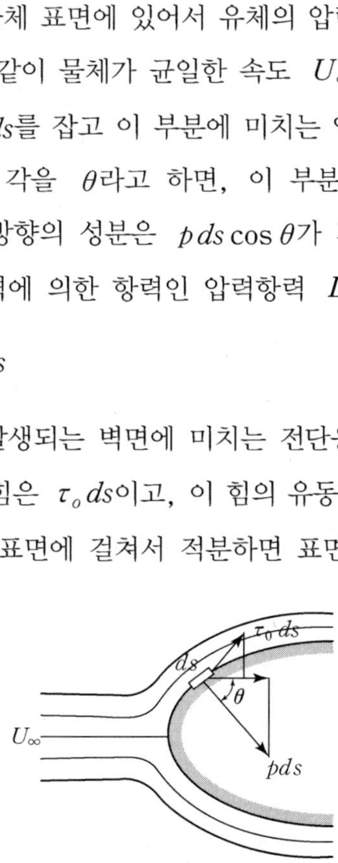

그림 6·7 물체에 작용하는 압력과 전단응력

$$D_f = \int_s \tau_o \sin\theta \; ds$$

이들의 표면 마찰항력과 압력항력의 합을 형상항력(profile drag), D_r이라 한다.

$$D_r = D_p + D_f$$

한편, 물체의 표면에 작용하는 압력은 유체의 동압 $\rho\, U_\infty{}^2/2$에 비례하므로 일반적으로 항력이라는 용어로 사용되는 형상항력은 다음과 같이 나타낸다.

$$D_r = C_D\left(\frac{1}{2}\rho\, U_\infty{}^2 A\right) = (C_p + C_f)\left(\frac{1}{2}\rho\, U_\infty{}^2 A\right)$$

여기에서 ρ는 유체의 밀도, A는 유동방향에 수직인 평면에 투상된 면적을 의미하며, C_p와 C_f 및 C_D는 무차원 계수로서 각각 물체의 압력항력 계수, 표면 마찰항력 계수 및 항력계수(drag coefficient)라고 한다. 이 항력계수 C_D는 물체 형상에 따라 다르며 실험에 의하여 구해진다.

물체의 항력 중에서 압력항력의 크기는 물체의 형상과 그 물체에 대한 유동 방향에 의하여 영향을 받고 표면 마찰항력의 크기는 물체의 표면에서 유체의 점성에 의한 전단력의 크기 및 그 표면의 조도에 의하여 크게 영향을 받는다.

날아가거나 굴러가거나 하는 움직이는 어떠한 물체를 만들 때 일반적으로 맵시있는 물체를 만들려고 노력하는데, 이러한 물체를 유선형 물체(streamlined body)라고 한다. 다시 말하면, 배나 비행기 또는 자동차를 제작하는 경우에 안전하고 편리하도록 제작하는 것도 중요하지만, 가능한 범위에서 유선형으로 제작될 수 있도록 설계에서부터 세심한 관심을 갖게 되는 것이다. 유선형 물체란 물체의 형상이 박리가 뒤쪽에서 발생되도록 함으로써 후류(역류)가 아주 적게 만들어지도록 만들어진 물체다. 그러므로 이러한 유선형 물체는 압력항력이 적게 발생되어 비유선형 물체보다 더 빠르게 움직일 수 있게 되므로 실제로 운송수단은 급격한 형상 변화를 피하는 유선형으로 설계하게 된다.

예제 6·1

지름이 1m이고 높이가 6 m인 굴뚝이 풍속 30m/s의 바람에 의하여 받는 항력(N)을 구하여라.(단, 항력계수는 1.2, 공기의 밀도는 2kg/m^{3}이다.)

● 풀이 ● 항력 $D_r = C_D\left(\frac{1}{2}\rho\, U_\infty{}^2 A\right)$이므로

$$D_r = 1.2 \times \frac{1}{2} \times 2 \times 30^2 \times 6 = 6480\,\text{N}$$

6·5 양력

어떠한 경우에서도 물체에는 반드시 항력이 작용한다. 그러나 양력은 항상 작용되는 것이 아니고, 그 물체의 형상과 깊은 관련을 갖는다. 양력을 설명할 수 있는 형상으로 우리의 주변에서 쉽게 찾을 수 있는 것은 항공기 날개와 축류기계의 회전차 등이 있다. 이 날개와 회전차는 가능한 양력이 크고 항력이 작게 발생되도록 제작되어야 한다.

회전하고 있는 원주 주변의 유체유동을 예로 들어 양력 L의 발생을 설명해 보려 한다. 그림 6·8(a)와 같이 속도 U_∞의 유체유동 속에 반지름이 a인 원기둥이 놓여진 경우에서 그 표면의 임의의 점(각 θ)의 유속은 다음과 같이 표현된다.

$$v_\theta = 2U_\infty \sin\theta$$

그림 6·8(b)와 같이 원기둥을 축 주위로 각속도 ω로 회전시키면, 원기둥 표면의 유체는 점성 때문에 원기둥에 부착하여 주속도 $u = a\omega$로 운동한다(또는 원주 둘레로 유체의 순환유동이 있는 것으로 생각해도 된다). 그러므로 평행유동 속에 회전 원기둥이 놓여있는 경우의 유체유동은 그림 6·8(c)와 같이 되고, 원기둥 표면의 유체속도는 $(v_\theta + u)$가 된다.

평행한 유체유동의 압력을 p_o, 원기둥 표면의 임의의 점의 압력을 p로 하고 베르누이 정리를 적용하면

$$p_o + \frac{\rho}{2} U_\infty^2 = p + \frac{\rho}{2}(v_\theta + u)^2$$

$$p - p_o = \frac{\rho}{2} U_\infty^2 \left\{1 - \left(\frac{v_\theta + u}{U_\infty}\right)^2\right\}$$

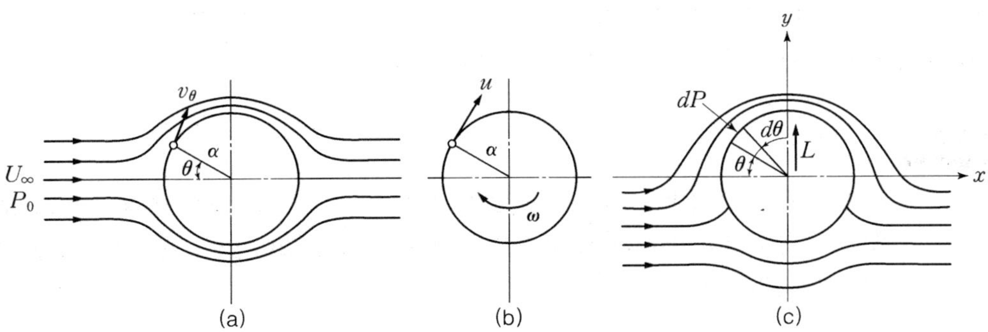

그림 6·8 회전 원기둥에 미치는 양력

$$\therefore \quad \frac{p-p_o}{\frac{\rho}{2}U_\infty^2} = 1 - \left(\frac{2U_\infty \sin\theta + a\omega}{U_\infty}\right)^2$$

이 된다.

그러므로 원기둥 표면의 미소면적 $a\,d\theta$(단위 폭)에 작용하는 압력 $(p-p_o)$에 의한 힘인 $(p-p_o)a\,d\theta$의 y방향 성분 $\{-(p-p_o)a\,d\theta\sin\theta\}$를 원기둥 표면 전체에 대하여 적분하면, 단위길이이 원기둥에 작용하는 양력은 다음과 같이 정리된다.

$$L = 2\int_{-\frac{\pi}{2}}^{\frac{\pi}{2}} \{-(p-p_o)\,a\,d\theta\sin\theta\}$$

$$= -a\rho\,U_\infty^2 \int_{-\frac{\pi}{2}}^{\frac{\pi}{2}} \left\{1-\left(\frac{2U_\infty\sin\theta + a\omega}{U_\infty}\right)^2\right\}\sin\theta\,d\theta$$

$$= -a\rho\,U_\infty^2 \int_{-\frac{\pi}{2}}^{\frac{\pi}{2}} \left\{1-\left(\frac{a\omega}{U_\infty}\right)^2 - \frac{4a\omega}{U_\infty}\sin\theta - 4\sin^2\theta\right\}\sin\theta\,d\theta$$

$$= 2\pi a^2\omega\rho U_\infty = 2\pi a u \rho U_\infty$$

그런데, 원기둥 표면에 따른 순환(circulation)은 $\Gamma = 2\pi a u$이므로 위의 양력에 대한 식은 다음과 같이 정리된다.

$$L = \rho U_\infty \Gamma$$

윗 식은 회전 원기둥을 예로 들어 나타냈지만, 일반적으로 평행한 유동 U_∞ 속에 놓인 물체 주변의 순환(circulation)이 Γ인 경우에, 그 물체에 작용하는 양력은 위의 식으로 표현되는데, 이 식을 코다-주우코우스키(Kutter-Joukowski)의 정리라고 한다. 야구나 테니스에서 공에 회전을 줌으로써 공이 곡선을 형성하면서 진행되는 것도 지금까지 설명된 양력의 작용 때문에 발생되는 것이다.

예제 6·2

비중이 0.98인 액체가 2m/s의 속도로 흐르는 평행한 유체유동 속에서 반지름이 20cm인 원기둥이 120 rpm의 속도로 회전되고 있다. 길이 1m의 원기둥이 받는 양력(N)은 얼마인가?

● 풀이 ● $\rho = 0.98 \times 1000 = 980\,\mathrm{kg/m^3}$

$$\omega = \frac{2\pi N}{60} = \frac{2\pi \times 120}{60} = 4\pi\,(\mathrm{rad/s})$$

$$L = 2\pi a^2 \omega \rho U_\infty \cdot l$$

$$= 2 \times 3.14 \times 0.1^2 \times 4 \times 980 \times 2 \times 1 = 492.352\,\mathrm{N}$$

큰 양력이 발생되도록 물체의 형상을 만들어서 그 양력을 이용하도록 제작된 것 중에서 대표적인 것이 익형(wing or airfoil)이다. 비행기의 날개나 프로펠러, 헬리콥터의 회전날개, 수차의 회전차 등은 모두 날개에 발생하는 양력을 응용한 것이다.

그림 6·9와 같이 익형의 전연(前緣)과 후연(後緣)을 잇는 선을 익현(wing chord)이라 부르며, 익현의 길이를 익현장(翼弦長, chord length) l, 익현과 유체유동 방향 V 사이의 각 α를 영각(attack angle), 익형의 윗면과 아랫면의 중앙을 맺는 선을 골격선(camber line)이라고 한다. 또한, 익폭을 b, 익형의 최대 투상면적을 A로 할 때, b^2/A를 종횡비(aspect ratio)라고 하는데, 익현의 길이를 l이라고 한 경우에 사각형의 익형에서는 $A = bl$이므로, 종횡비는 $b^2/A = b/l$이 된다.

그림 6·9에서 익형에 작용하는 양력을 L, 항력을 D_r, 모멘트를 M(익형 전연 둘레의 모멘트)이라고 한 경우, 단위 폭에 대하여 이들은 다음과 같이 표현된다.

$$L = C_L \frac{\rho}{2} U_\infty^2 l$$

$$D_r = C_D \frac{\rho}{2} U_\infty^2 l$$

$$M = C_M \frac{\rho}{2} U_\infty^2 l$$

여기에서 C_L, C_D, C_M은 각각 양력계수, 항력계수 및 모멘트 계수로서, 영각 α의

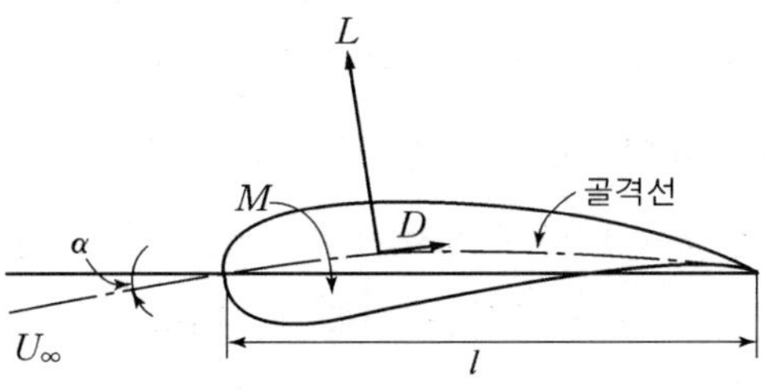

그림 6·9 익형

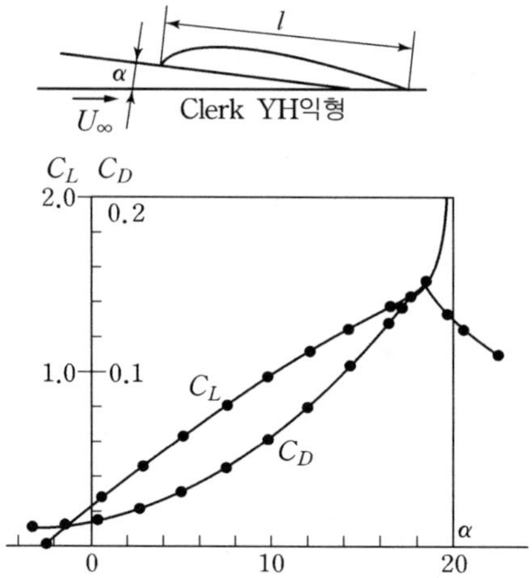

그림 6·10 익형의 성능곡선

함수이고, 익형의 성능은 이들 값의 크기에 따라 정해진다. 하나의 예로 그림 6·10은 익형의 성능곡선을 보여주고 있는데, 보통 사용되는 범위에서 항력계수 C_D는 양력계수 C_L의 1/20 정도로 작은 값을 갖는다. 또한 C_L은 영각 α와 함께 직선적으로 증가하다가 $\alpha = 15 \sim 20°$의 범위에서 최대값을 갖고, 그 이상의 각도가 되면 C_L은 급격하게 감소되며 동시에 항력이 급격하게 증가함을 알 수 있다. 이 현상은 익형 윗면을 따라 흐르는 유동이 익형 표면에서 박리현상을 일으키기 때문에 발생되는 것으로, 이러한 상태를 실속(stall)이라고 한다.

익형에서 양력이 발생하는 이유는 익형이 평행한 유동 U_∞ 속에 놓임으로써 익형의 주변에 순환 Γ가 발생되기 때문이다. 익형의 윗면에서는 평행한 유동과 순환유동이 합해져서 속도가 커지므로 베르누이 정리에 의하여 압력이 낮아진다. 또한 익형의 아랫면에서는 평행한 유동의 속도와 순환유동의 속도의 방향이 반대가 되기 때문에 속도는 낮아지고 압력은 높아지게 된다. 이렇게 익형의 윗면과 아랫면의 압력차이로 인하여 양력이 발생하게 된다. 그림 6·11은 익현을 횡축으로 하고 날개 표면의 압력 p와 평행한 유동의 정압 p_o의 차이를 동압으로 나누어 종축에 나타낸 것이다. 일반적으로 날개의 양력은 아랫면의 양(+)압력에 의하여 밀어올린 작용보다도 윗면의 음(−)압력에 의하여 흡상(吸上)되는 작용의 효과가 크다는 것을 보여주고 있다.

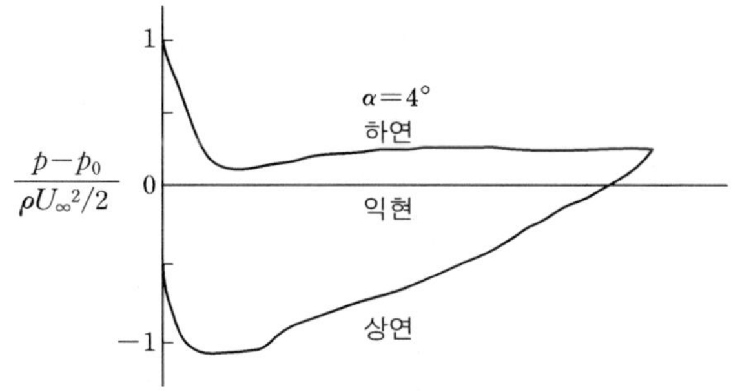

그림 6·11 날개표면의 압력분포

예제 6·3

익현길이 1.8m, 익폭 10m인 날개를 가지는 항공기가 112m/s의 속도 날고 있다. 이 때의 영각은 1°이고 양력계수가 0.326, 항력계수가 0.0761이면, 양력과 항역은 각각 얼마가 되는가?

(단, 항공기 본체의 영향은 무시하고, 공기의 비중량은 11.76N/㎥으로 한다.)

● 풀이 ● 양력은 $L = C_L \frac{\rho}{2} U_\infty{}^2 l$

$$= 0.326 \times \frac{11.76}{2 \times 9.8} \times 112^2 \times 10 \times 1.8 = 44165\,\mathrm{N}$$

항력은 $D_r = C_D \frac{\rho}{2} U_\infty{}^2 l$

$$= 0.0761 \times \frac{1.2}{2 \times 9.8} \times 112^2 \times 10 \times 9.8 = 10310\,\mathrm{N}$$

7장

차원해석과 상사법칙

실제 유동을 해석적 방법으로 엄밀하게 풀 수 있는 경우는 극히 제한되어있기 때문에 유체역학의 발달은 실험 결과에 크게 의존하여 왔으며 실제 문제의 해는 일반적으로 해석과 실험결과의 조합으로 되어있다. 그래서 현대공학에서는 모형의 사용과 모형 연구의 신뢰도가 계속해서 증가되어 왔다. 항공공학자는 풍동에서의 모형실험들로부터 데이터(data)를 얻으며, 조선공학자들은 선박모형을 예인수조(towing basin)에서 실험하며 기계공학자들은 터빈과 펌프의 모형들을 실험하고 이 실험들로부터 원척기계들의 성능을 예측하며, 토목공학자는 그의 설계문제들에 대한 더욱 신뢰할 수 있는 해답을 얻기 위하여 수력구조물들, 하천들과 강어귀의 모형들을 사용한다. 이렇게 실제 크기의 원형(prototype)을 이용한 실험이 불가능하거나 막대한 경비가 들 때는 이 문제를 해결할 수 있는 유일한 방법이 실험실에서 모형실험을 하는 것이다. 모형에 대한 측정값으로부터 원형의 거동을 예측할 수 있도록 하기 위해서는 어떤 모형에 대한 실험을 임의로 해서는 안 되며 모형유동과 원형유동은 일정한 상사법칙이 적용되어야 한다.

7·1 차원해석

모든 물리량들은 질량(M), 길이(L), 시간(T)과 같은 기본인자들로 나타낼 수 있는데, 차원해석(dimensional analysis)이란, 어떤 물리적인 현상을 나타내는 방정식의 양변의 차원은 동차원(동일)하여야 한다는 것으로 물리적 관계를 나타내는 방정식은 좌변과 우변의 차원이 모두 동차가 되어야 한다(푸리에의 차원동차성의 원리)는 원리를 이용하여 해석하고 분석하는 방법을 말한다. 좌우변의 기본차원이 같다는 것은 동일한 물리량을 의미한다.

어떤 물리현상이 매우 복잡해서 해석적으로 이론식을 유도하기가 힘들 때 차원해석에 의하여 물리 현상을 나타내는 대략식의 형태를 간편하게 추정할 수가 있다. 여기에서 부족한 사항은 실험에 의하여 보충한다.

또, 관계되는 인자가 많은 복잡한 현상의 실험결과를 정리할 때, 이 현상을 지배하는 소수의 변수군(상기한 각 인자의 조합으로 성립)을 알아서 실험 값을 간편하게 정리할 수가 있다. 이외에 방정식의 음미, 단위의 변환에도 이용된다.

차원해석의 발달사를 살펴보면, 1850년경 Stokes는 기하학적 상사가 만족되는 유체기구에서 역학적 상사가 만족될 수 있는 요건은 레이놀즈 수에 의해서 결정된다고 주장했고, 1899년 Rayleigh는 일반화된 차원해석 방법을 처음으로 확립했으며, 1915년 Buckingham이 7.3절에서 다루게 될 π정리를 증명함으로써 현재 사용하는 상사해석법이 이용되게 되었다.

각 인자들에 대한 어느 기준 값을 정하고 각 측정값들을 같은 종류의 인자 기준 값으로 나누어 그 비로 나타냄으로서 무차원화하여 어느 조건에서나 동일한 무차원의 값을 갖도록 하는 것을 상사(similarity)라고 한다. 이러한 상사에는 기하학적 상사(geometrical similarity)와 운동학적 상사(kinematically similarity), 역학적 상사(mechanical similarity)가 있다.

7·2 관로의 실험식

7·2·1 원형 관에서의 유량

원형 관에서의 유동을 보기로 들어 그 실험식을 세우는 방법을 생각해 보자. 길이가 l인 원형 관에 대하여 그 양단의 압력 차, $(P_2 - P_1)$를 $\varDelta P$라고 할 때, 실험에 의하여 압력구배 $\varDelta P/l$는 유체의 밀도 ρ, 점성계수 μ, 평균유속 V 및 원관의 지름 d와 관계가 있다고 한다.

즉 $\varDelta P/l$은 ρ, μ, V 및 d의 함수란 뜻이므로

$$\frac{\varDelta P}{l} = f(\rho,\ \mu,\ V,\ d) \tag{7·1}$$

로 표시할 수 있다. 이것을 간단하게 정리하면 다음과 같이 나타난다.

$$\frac{\Delta P}{l} = k\rho^a \mu^b V^c d^d \tag{7·2}$$

단, k는 무차원 상수이다. 식(7·2)를 기본차원 M, L, T로서 표시하면

$$ML^{-2}T^{-2} = (ML^{-3})^a (ML^{-1}T^{-1})^b (LT^{-1})^c L^d$$

이 되고, 이 양변의 M, L, T에 대한 지수방정식을 세우면

$$\begin{aligned} M &: \ 1 = a + b \\ L &: \ -2 = -3a - b + c + d \\ T &: \ -2 = -b - c \end{aligned} \tag{7·3}$$

윗 식에서 a, c, d를 b의 함수라 놓고 풀면

$$\begin{aligned} a &= 1 - b \\ c &= 2 - b \\ d &= -1 - b \end{aligned} \tag{7·4}$$

이 된다. 이 값을 식(7·2)에 대입하면

$$\frac{\Delta P}{l} = k\rho^{1-b}\mu^b V^{2-b} d^{-1-b}$$

$$\therefore \frac{\Delta P}{l} = k\rho \frac{V^2}{d}\left(\frac{\mu}{\rho V d}\right)^b \tag{7·5}$$

이것이 차원해석에 의하여 구한 실험식이다.

하겐-포아젤의 실험결과에 의하면 윗 식에서 $k=32$, $b=1$로 놓아

$$\frac{\Delta P}{l} = 32\frac{\rho V^2}{d}\left(\frac{\mu}{\rho V d}\right)^1 = 32\frac{\mu V}{d^2} \tag{7·6}$$

가 된다. 이것으로부터 유량 Q는

$$Q = \frac{\pi d^2}{4},\ V = \frac{\pi}{128}\ \frac{\Delta P d^4}{\mu l} \tag{7·7}$$

이 된다.

7·2·2 유체저항

속도가 U인 균일한 유동 속에 놓은 유체가 받는 항력 D의 표시식을 차원해석에 의하여 구해보자. 항력 D에 영향을 미치는 인자로는 유체의 밀도 ρ, 유속 U, 점도 μ

및 물체의 길이 L을 생각할 수가 있다. 따라서 D는 이 변수들의 함수가 될 것이다. 즉

$$D = f(\rho,\ U,\ \mu,\ l)$$

위 식의 함수의 꼴은 변하지 않으나, 지금 다음과 같은 꼴로 된다고 가정한다.

$$D = k\rho^a U^b \mu^c l^d \tag{7·8}$$

k는 무차원 상수이다. 윗 식이 성립되자면 좌우 양변의 차원이 일치해야 한다.

M, L, T의 기본단위를 써서 윗 식의 차원을 비교하면

$$MLT^{-2} = (ML^{-3})^a (LT^{-1})^b (ML^{-1}T^{-1})^c l^d$$

이 된다. 지수방정식을 만들면

$$M:\ 1 = a + c$$

$$L:\ 1 = -3a + b - c + d$$

$$T:\ -2 = -b - c$$

이 연립방정식에서 a, b, d를 c의 함수라 두고 풀면

$$a = 1 - c,\ \ b = 2 - c,\ \ d = 2 - c \tag{7·9}$$

식(7·9)를 식(7·8)에 대입하면

$$D = k\rho^{1-c}U^{2-c}\mu^c l^{2-c} = k\rho U^2 l^2\left(\frac{\mu}{\rho Ul}\right) \tag{7·10}$$

이 된다. 윗 식에서 l^2은 물체의 투영면적 A에 비례하고, $\rho Ul/\mu = Ul/\nu = Re$이므로 윗 식은 일반적으로

$$D = C_D\ A\frac{\rho U^2}{2} \tag{7·11}$$

단, $CD = f(Re)$로 쓸 수가 있다. 이와 같이 항력의 식을 유도할 수 있게 되고, 또 항력계수 CD가 Re의 함수란 것을 추정할 수 있으므로 실험에 의하여 구한 CD를 Re의 함수로서 정리할 수가 있다.

7·2·3 관마찰계수

관마찰에 의한 압력손실 ΔP(수두손실 $h = \Delta P/\gamma$)는 관로의 길이 l, 평균유속 V, 관 내경 d, 유체의 점성계수 μ, 밀도 ρ, 관 내벽의 절대조도 ε의 함수로 생각할 수 있다. 즉

$$\varDelta P=\gamma h=f(l,\ V,\ d,\ \mu,\ \rho,\ \varepsilon)$$

윗 식을 다음과 같이 가정한다.

$$\varDelta P=kl^a V^b d^c \mu^d \rho^e \varepsilon^f \tag{7·12}$$

그러나 간단한 실험에 의하여 $\varDelta P\propto l$의 관계가 확인되어 있으므로 $a=1$이라 한다.

윗 식의 양변의 차원을 비교하면

$$\begin{aligned} ML^{-1}T^{-2} &= L^a(LT^{-1})^b L^c (ML^{-1}T^{-1})^d (ML^{-3})^e L^f \\ &= M^{d+e}\ L^{1+b+c-d+3e+f}\ T^{-b-d} \end{aligned}$$

$$M:\ 1=d+e$$

$$L:\ -1=1+b+c-d-3e+f$$

$$T:\ -2=-b-d$$

$$\therefore\ b=2-d,\ e=1-d,\ c=1-d-f$$

이들을 식(7－12)에 대입하면

$$\varDelta P=klV^{2-d}d^{-1-d-5}\mu^d\rho^{1-d}e^f=2k\frac{l}{d}\ \frac{\rho V^2}{2}\left(\frac{\mu}{Vd\rho}\right)^d\left(\frac{e}{d}\right)^f$$

$$\therefore\ h=\frac{\varDelta P}{\gamma}=2k\left(\frac{1}{Re}\right)^d\left(\frac{e}{d}\right)^f\frac{l}{d}\cdot\frac{V^2}{2g} \tag{7·13}$$

따라서 일반적으로

$$h=\lambda\frac{l}{d}\cdot\frac{V^2}{2g} \tag{7·14}$$

이 되고, 이때 관마찰계수 λ는 Reynolds수 Re와 상대조도 e/d의 함수가 된다.

$$\lambda=f\left(Re,\ \frac{e}{d}\right)$$

7·3 버킹함의 π 정리

버킹함의 π 정리(Buckingham's π theorem)는 자연의 어떤 물리적 현상을 나타내는 n개의 물리량에서 기본 차원수가 m개일 때 물리현상을 $(n-m)$개의 독립 무차원 변수로 나타낼 수 있다는 것이다. 즉 어떤 문제의 물리량이 $A_1,\ A_2,\cdots,\ A_n$일 때 이 물리량 사이에

$$f(A_1,\ A_2,\ A_3,\ \cdots,\ A_n) = 0 \tag{7·15}$$

와 같이 주어지면 ($n-m$)개의 독립무차원수 π를 써서, 식(7·15)를 다음과 같은 무차원수로 나타낼 수 있다.

$$f(\pi_1,\ \pi_2,\ \pi_3,\ \cdots,\ \pi_{n-1}) = 0 \tag{7·16}$$

이때 π는 n개 물리량 중에서 m개의 기본차원수만큼 택한 반복변수(repeating variable)와 남은 ($n-m$)개의 물리량 중 하나와 조합하여 구한다.

예를 들어, 기본차원이 $M,\ L,\ T$인 경우 반복변수를 $A_1,\ A_2,\ A_3$로 택하면 독립무차원수 π는 다음과 같이 쓸 수 있다.

$$\begin{aligned} \pi_1 &= A_1^{\ x1},\ A_2^{\ y1},\ A_3^{\ z1},\ A_4 \\ \pi_2 &= A_1^{\ x2},\ A_2^{\ y2},\ A_3^{\ z2},\ A_5 \\ &\ \ \vdots \\ \pi_{n-m} &= A_1^{\ xn-m},\ A_2^{\ yn-m},\ A_3^{\ zn-m},\ A_n \end{aligned} \tag{7·17}$$

위 식에 $A_1,\ A_2,\ A_3, \cdots,\ A_n$의 차원을 대입하여 $M,\ L,\ T$의 지수가 0이 되도록 한 후에, $x,\ y,\ z$를 구하면 $\pi_1,\ \pi_2, \cdots,\ \pi_{n-m}$이 결정된다.

주의하여야 할 것은 기본 차원수가 2개이면 반복변수도 2개를 택해야 한다. 특히 반복변수는 다음과 같은 방법으로 선정하는 것이 바람직하다.

(1) 종속변수(구하고자 하는 물리량)는 반복변수로 선택하지 않는다.

(2) 반복변수는 문제에서 나타난 m개의 기본차원을 포함하여야 한다.

(3) 문제에서 주어진 물리량 가운데 중요한 물리량을 반복변수로 택한다. 이때 가능한 한 아래의 변수에서 각각 하나씩만 택한다.

① 크기를 대표하는 변수(예: $d,\ L,\ A$)

② 유동변수(예: $V,\ Q,\ P$)

③ 유체의 성질(예: $\rho,\ \mu,\ \gamma$)

예제 7·1

평균유속 V로 유동하는 비압축성 유체 속에서 구가 받는 항력 D는 구의 지름 d, 유체속도 V, 밀도 ρ, 점성계수 μ와 관계가 있다. π정리를 사용하여 이들 사이의 관계식을 구하여라.

● 풀이 ● 문제에서 주어진 물리량의 차원은 아래의 표와 같다.

물리량	D	d	V	ρ	μ
차 원	MLT^{-2}	L	LT^{-1}	ML^{-3}	$ML^{-1}T^{-1}$

이 물리량의 함수관계는

$$f(D, d, V, \rho, \mu) = 0$$

문제에서 주어진 물리량의 갯수는 $n=5$, 기본 차원수는 $m=3\,(M,\ L,\ T)$이므로 독립 무차원수 π는 $n-m=5-3=2$개이다.

문제에서 D는 구하고자 하는 물리량, 즉 종속변수이므로 반복변수로 택해서는 안된다. 따라서 구의 지름 d(크기를 대표하는 변수), 유체속도 V(유동변수), 밀도 ρ(유체의 성질)를 반복변수로 택하고, 이 반복변수와 남은 물리량 2개(D, μ)와 각각 결합하여 두 개의 π를 구한다.

$$\pi_1 = d^{x1} V^{y1} \rho^{z1} D$$
$$= (L)^{x1} (LT^{-1})^{y1} (ML^{-3})^{z1} MLT^{-2}$$
$$= M^0 L^0 T^0$$

$M : z_1 + 1 = 0$	$x_1 = -2$
$L : x_1 + y_1 - 3z_1 + 1 = 0$	$y_1 = -2$
$T : -y_1 - 2 = 0$	$z_1 = -1$

$$\therefore\ \pi_1 = \frac{D}{\rho V^2 d^2}$$

$$\pi_2 = d^{x2} V^{y2} \rho^{z2} \mu$$
$$= (L)^{x2} (LT^{-1})^{y2} (ML^{-3})^{z2} ML^{-1}T^{-1}$$
$$= M^0 L^0 T^0$$

$M :\ z_1 + 1 = 0$	$x_2 = -1$
$L :\ x_2 + y_2 - 3z_2 - 1 = 0$	$y_2 = -1$
$T :\ -y_2 - 1 = 0$	$z_2 = -1$

$$\therefore\ \pi_2 = \frac{\mu}{\rho V d}$$

따라서 위에서 주어진 물리량의 함수관계는 다음과 같은 무차원수의 함수로 나타낼 수 있다.

$$f(\pi_1, \pi_2) = 0 \quad \text{또는} \quad f\left(\frac{D}{\rho V^2 d^2}\ ,\ \frac{\mu}{\rho V d}\right) = 0$$

윗 식에서 $\dfrac{D}{\rho V^2 d^2}$에 대하여 풀면 $\dfrac{D}{\rho V^2 d^2} = f_1\left(\dfrac{\mu}{\rho V d}\right)$

일반적으로 함수의 형태 f_1는 실험적으로 결정되어진다.

7·4 상사법칙(相似法則)

유체역학에서는 유동현상을 연구할 때 모형(model)을 사용하는 경우가 많다. 모형을 사용하면 실형(prototype)에 비하여 시간과 제작비가 적게 들어 경제적이지만 모형을 사용하는 것도 해석적인 방법에 비하면 비경제적이다. 그러므로 해석적인 방법으로 해결되지 않을 때 모형실험을 하게 된다. 이와 같이 모형실험을 할 때 모형과 실형사이에는 상사법칙(the law of similarity)을 만족해야 한다. 이 상사법칙에는 ① 기하학적 상사, ② 운동학적 상사, ③ 역학적 상사가 있다.

7·4·1 기하학적 상사(geometric similarity)

기하학적상사는 기계 제작이나 건축에 있어서 실물을 제작하거나 건축하기 전에 실물과 기하학적으로 완전히 상사되게 모형을 만드는데, 각 해당부분들의 비가 일정한 모형을 제작하였을 때, 서로 기하학적 상사 관계에 있다고 한다. 실형과 모형사이에 대응하는 길이의 비는 물론이고, 표면조도의 비까지도 일정하여야 한다는 의미이다.

7·4·2 운동학적 상사(kinematically similarity)

모형과 실형에 나타나는 두 유동은 모형과 실형의 대응하는 점들에서 속도들이 동일한 방향이어야 하고 그 크기가 일정한 축적계수를 가져야 한다는 의미이다.

7·4·3 역학적 상사(mechanical similarity)

물리적 상사 또는 동역학적 상사(dynamic similarity)라고도 말하는 역학적 상사(mechanical similarity)는 물리적 성질, 즉 점도에 의한 마찰력이나 항력, 전단력, 응력 등 역학적인 제반문제가 상호 상사성을 가질 때를 역학적 상사에 있다고 한다. 이러한 역학적 상사를 만족하려면 차원해석으로부터 얻어진 마하 수, 푸루드 수, 레이놀즈 수 등이 원형과 모형에 있어서 같아야 한다.

예를 들면, 실형과 모형사이에 각종 힘의 비로 정의된 무차원수인 레이놀즈 수, 마하 수, 푸루드 수, 웨버 수 등과 같은 무차원 함수들이 모형과 실형에서 같을 때 역학적인 상사를 만족한다. 그러므로 완전한 상사가 성립하려면 기하학적 상사와 운동학적 상사, 역학적 상사 관계가 모두 성립해야만 완벽한 상사가 되는 것이다.

이러한 역학적인 상사를 만족시키는 대표적인 무차원수에는 다음과 같은 종류들이 있으며 이런 무차원수들에 대한 물리적 중요성을 이해하게 되면 우리가 공부하는 유체유동의 현상들을 실험에 적용하는데 커다란 도움이 될 것이다.

1 레이놀즈 수(Reynolds number)

층류유동과 난류유동의 유동형태를 구별하는 판정 기준으로 사용하는 무차원 변수이다. 레이놀즈 수가 적다는 것은 점성력이 우세함을 의미하므로 질서 정연한 층류유동임을 알 수 있고, 레이놀즈 수가 크다는 것은 관성력이 우세함을 의미하므로 난류유동임을 알 수 있다. 그리고 레이놀즈 수는 관유동뿐만 아니라 다른 유동들에 대해서도 아주 중요한 변수라는 것이 입증되었다.

$$Re = \frac{\rho d V}{\mu} = \frac{\text{관성력}}{\text{점성력}}$$

2 마하 수(Mach number)

압축성 유동인 경우에 적용되는 무차원 함수이다. 일반적으로 음속보다 빠른 유동을 취급할 경우에는 압축성을 무시할 수 없으므로 마하 수가 아주 중요한 무차원 변수가 된다.

$$M = \frac{V}{C} = \frac{\text{유속}}{\text{음속}} = \left(\frac{\text{관성력}}{\text{탄성력}}\right)^{\frac{1}{2}}$$

3 푸루드 수(Froude number)

일반적으로 자유표면의 영향을 받는 유동에 적용되며, 수력도약의 계산이나 수력 구조물의 설계 및 선박설계 등에서 유용하게 이용되는 무차원 변수가 푸루드 수이다. 푸루드(William Froude)는 1870년경 영국에서 프루드 수를 발견하여 선박모형실험에 대해 적용하였다. 또 이러한 방정식들과 원리들은 중력과 점성작용에 의하여 지배되는 어떠한 유동장에 대해서도 적용되며 하천, 항만, 수력구조물과 개수로유동 문제들의 모형들은 일반적으로 좋은 예이다. 그러나 이와 같은 모형들은 표면조도와 복잡한 경계형상의 변화들에 의하여 생기는 마찰저항 때문에 선박모형보다 훨씬 해석이 복잡하고 어렵다.

$$Fr = \frac{V}{\sqrt{Lg}} = \frac{\text{관성력}}{\text{중력}}$$

4 오일러 수(Euler number)

공기역학이나 수력학에 적용되는 무차원 변수이다. 캐비테이션을 동반하는 유동장에서 중력은 유동장에 작은 영향을 미칠 것이고, 유체의 압축성은 별로 중요하지 않으며 표면장력은 무시할 수 있다. 따라서 역학적 상사법칙은 오일러 수를 무차원 변수로 사용한다.

$$E = \frac{\Delta P}{\frac{1}{2}\rho V^2} = \frac{\text{관성력}}{\text{압력력}}$$

5 웨버 수(Weber number)

표면장력이 영향을 미치는 자유표면 유동에 대해 적용하는 무차원 변수이다.

$$W = \frac{\rho L V^2}{\sigma} = \frac{\text{관성력}}{\text{표면장력}}$$

6 코시 수(Cauchy number)

압축성 유동에서 중요한 무차원 변수이다.

$$C = \frac{\rho V^2}{E} = \frac{\text{관성력}}{\text{탄성력}}$$

이러한 무차원 변수들이 적용되는 역학적 상사의 응용분야도 관 속의 유동, 풍동시험, 수면상에 떠 있는 배의 저항문제, 수력기계, 개수로의 문제 등으로 나누어 설명할 수 있다. 먼저 관 속의 유동(pipe flow)에서는 관 속에 정상유동이 흐르고 있다면 관련되는 힘은 점성력과 관성력만이 작용되고 있으므로 원형(prototype)과 모형(model)사이에 레이놀즈 수를 같게 놓으면 된다.

$$(Re)_p = (Re)_m$$

풍동시험인 경우에서는 풍속이 음속보다 적은 경우와 음속보다 빠른 경우로 나누어서 설명할 수 있다. 풍속이 음속보다 적은 경우에는 표면장력과 압축성 및 중력의 영향을 무시할 수 있으므로 레이놀즈 수만 같게 $\{(Re)_p = (Re)_m\}$ 놓으면 되나, 음속보다 빠른 경우는 압축성을 무시할 수 없으므로 다음과 같이 반드시 마하 수까지 상사를 고려해야 된다.

$$(M)_p = (M)_m$$

수면상에 떠 있는 배의 저항문제에서는 주로 압력과 표면저항 및 파도저항을 고려해야 하므로 모형시험에서는 관성력과 점성력 및 중력을 고려해야 한다. 즉, 표면저항은 레이놀즈 수를 같게 놓으면 되고, 파도저항은 푸루드 수를 같게 놓아야 하므로 두 무차원 함수를 동시에 같게 놓으려면 원형과 모형의 크기가 1 : 1로 되어야 하므로 불가능한 방법이다. 그러므로 먼저 모형에서 푸루드 수를 같게 놓은 다음 $\{(Fr)_p = (Fr)_m\}$, 그 결과를 레이놀즈 수에 의한 실험값으로 수정하면 문제를 해결할 수 있다.

수력기계 문제에서는 수력기계 가동부의 입구와 출구에서 속도벡터들이 상사를 이루어야 하므로 제일 먼저 레이놀즈 수를 같게 놓아서 $\{(Re)_p = (Re)_m\}$ 문제를 해결하고, 다음은 푸루드 수를 같게 놓아서 $\{(Fr)_p = (Fr)_m\}$ 해결하며, 축류 압축기나 가스 터빈과 같이 압축효과를 무시할 수 없는 경우는 마하 수를 같게 놓아 $\{(M)_p = (M)_m\}$ 해결한다.

개수로의 문제에서는 수면의 낙차에 의한 힘 등이 작용되어 중력의 변화가 아주 중요한 요소이므로 일반적으로 다음과 같이 푸루드 수를 같게 놓아서 문제를 해결한다.

$$(Fr)_p = (Fr)_m$$

예제 7·2

직경이 10cm인 수평 관에 0°C의 공기가 3m/s의 속도로 흐르고 있다. 이 관의 10m 길이에서 압력손실이 7000N/m^{2}이었다. 직경이 3cm인 수평관에서는 상사법칙을 만족하려면 속도(m/s)가 얼마가 되어야 하겠는가?

(단, 직경이 3cm인 관에서는 기름이 흐르고 있는데, 기름의 동점성계수는 9.9×10^{-5} m^2/s이고 공기의 동점성계수는 1.794×10^{-6} m^2/s이다.)

● **풀이** ● 관 속의 유동에 대한 문제이므로

$$(Re)_p = (Re)_m$$

$$\therefore \frac{V\times0.03}{9.9\times10^{-5}} = \frac{3\times0.1}{1.794\times10^{-6}} \qquad \therefore V = 5.5\,\text{m/s}$$

예제 7·3

해면에 떠 있는 배의 길이가 120m이다. 이 배의 모형을 만들어서 시험하기 위하여 모형을 만들었는데, 모형 배의 길이는 3m이다. 배의 항해속도가 10m/s이라면 역학적 상사를 이루기 위한 모형 배의 속도(m/s)는 얼마인가?

●풀이● 수면상에 떠 있는 배의 저항문제 이므로 다음과 같이 푸루드 수를 같게 놓아서 문제를 해결하면 된다.

$$(Fr)_p = (Fr)_m$$

$$\therefore \left(\frac{V^2}{Lg}\right)_p = \left(\frac{V^2}{Lg}\right)_m$$

(∵모형과 실형의 중력가속도 g는 같으므로)

$$\therefore \frac{10^2}{120\times 9.8} = \frac{V^2}{3\times 9.8} \qquad \therefore V = 1.58\,\text{m/s}$$

예제 7·4

원심펌프가 윤활유를 수송하고 있다. 이 펌프의 회전속도는 1200rpm이고, 윤활유의 동점성계수는 $0.0009\,\text{m}^2/\text{s}$이다. 이 원심펌프의 모형펌프를 만들어서 20°C의 공기를 이용하여 모형시험을 하려고 한다. 모형펌프의 직경을 원형펌프의 3배로 하였을 때, 모형펌프의 회전수(rpm)를 산출하여라.
(단, 공기의 동점성계수는 $1.56\times 10^{-4}\,\text{m}^2/\text{s}$이다.)

●풀이● 수력기계에 대한 문제이므로 우선 레이놀즈 수를 같게 놓고 문제를 해결하면 된다.

$$(Re)_p = (Re)_m$$

$$\therefore \frac{\frac{d}{2}\cdot\omega_p\cdot d}{0.0009} = \frac{\frac{3}{2}d\cdot\omega_m\cdot 3d}{1.56\times 10^{-4}} \qquad \therefore \omega_p = 52\,\omega_m$$

$$\therefore \omega_m = \frac{1200}{52} \fallingdotseq 23\,\text{rpm}$$

연습문제

1. 표면장력의 차원은 어느 것인가?

① MT^{-2} ② $ML^{-1}T^{-2}$ ③ ML^{-3} ④ MLT^{-3}

2. 물리량 A, B, C가 $A = C/B$일 때 다음 중 옳은 것은?

① A의 차원이 C/B의 차원과 같아야 한다.

② A, B, C의 차원이 모두 같아야 한다.

③ A와 C의 차원은 같아야 한다.

④ A, B, C의 단위는 모두 같아야 한다.

3. 무차원수가 아닌 것은 어느 것인가?

① 압력계수 ② 관마찰 계수 ③ 웨버 수 ④ 동점성계수

4. $f(\tau, V, d, \rho, \mu)=0$의 무차원의 개수를 구하여라.(단, 여기서 τ는 전단응력, V는 속도, d는 지름, ρ는 밀도, μ는 점성계수이다.)

5. 점성계수(μ), 힘(F), 압력강하(ΔP), 시간(t)에서 얻을 수 있는 무차원수를 구하여라.

6. 원관유동에서 중요한 무차원수는 어느 것인가?

① 레이놀즈 수 ② 푸루드 수 ③ 오일러 수 ④ 코시 수

7. 풍동시험에서 중요한 무차원수는 어느 것인가?

① 레이놀즈 수, 코시 수 ② 푸루드 수, 웨버 수

③ 푸루드 수, 마하 수 ④ 레이놀즈 수, 마하 수

8. 푸루드 수의 정의는 어느 것인가?

① $\dfrac{\text{관성력}}{\text{압력}}$ ② $\dfrac{\text{관성력}}{\text{탄력성}}$ ③ $\dfrac{\text{관성력}}{\text{중력}}$ ④ $\dfrac{\text{관성력}}{\text{정성력}}$

9. 물위를 2m/s의 속도로 항진하는 길이 2.5m의 모형선에 작용하는 조파저항이 5kgf이다. 길이 40m인 실물의 배가 이것과 상사인 조파상태로 항진하자면 실물의 속도를 얼마로 하여야 하는가?

10. 두 개의 좁은 평행한 평판 사이를 흐르는 층류유동에서 중요한 힘은 어느 것인가?

① 관성력, 점성력 ② 압력, 관성력

③ 중력, 압력 ④ 점성력, 압력

11. 상사비가 1/100인 강의 모형에서 표면유속이 0.2m/s이었다. 역학적상사가 이루어지려면 실형의 표면유속은 얼마로 하는 것이 좋은가?

12. 길이 150m의 배를 길이 5m인 모형으로 실험하고자 한다. 실형의 배가 60km/hr로 움직인다면 실형과 모형 사이에 역학적 상사를 만족하기 위해서 모형이 얼마로 움직여야 하는가? (단, 점성마찰은 무시한다.)

13. 8장 연습문제 12에서 모형의 항력이 9N이면 실형의 항력은 약 얼마인가?(단, 실형과 모형은 같은 액체에서 실험한다.)

14. 실형의 1/16인 모형 잠수함을 해수에서 실험한다. 실형 잠수함이 5m/s로 움직인다면 역학적 상사를 만족하기 위해서는 모형 잠수함을 얼마로 끌어야 하는가?

15. 안지름 150mm 파이프에 20°C의 물이 4m/s의 속도로 흐른다. 이것과 기하학적으로 상사인 안지름 75mm 파이프에 40°C의 암모니아가 흐를 때 이 두 흐름이 역학적 상사를 이루려면 암모니아의 유속은 얼마로 하면 좋은가?(단, 물의 동점성계수는 $1.0 \times 10^{-6}\,m^2/s$, 암모니아의 동점 성계수는 $0.34 \times 10^{-6}\,m^2/s$, 비중량 $\gamma = 581\ kg_f/m^3$이다.)

16. 실형의 1/16인 모형 배가 물위를 2m/s의 속도로 움직일 때 조파항력이 10N이었다. 역학적 상사를 만족하려면 실형 배의 물위에서의 속도와 조파항력을 구하여라.

17. 길이 300m인 유조선을 1/25인 모형배로 실험하고자 한다. 유조선이 12m/s로 항해한다면 역학적 상사를 얻기 위해서 모형을 얼마로 끌어야 하는가?(단, 점성마찰은 무시한다.)

18. $\rho = 40\ kg/m^3$, $\mu = 0.0002\ N\,s/m^2$인 기체가 지름이 1.2m인 관을 통하여 25m/s로 흐른다. 이 때 역학적 상사를 만족하는 모형관에 20°C인 물을 $75\ l/s$로 흘려보냈다. 이때 모형관의 지름을 구하여라.(단, 20°C인 물의 동점성계수는 $\nu = 1.007 \times 10^{-6}\,m^2/s$이다.)

19. 펌프에서 동력 P는 유체의 비중량 γ, 유량 Q, 양정 H와 관계가 있다. 펌프 동력 P에 관한 식을 차원해석으로 구하여라.

20. 어떤 물체가 자유낙하할 때 자유낙하거리 S를 구하여라.(단, S는 물체의 무게 W, 중력가속도 g, 시간 T와 관계가 있다.)

8장

압축성유동

지금까지는 비압축성 유체, 즉 밀도의 변화가 없고 온도도 변하지 않는 유체를 취급하였다. 모든 분야에서 고도화가 이루어지는 현실을 감안할 때 유체를 압축성으로, 또한 온도의 변화도 고려하여야 할 문제들이 더 많이 제기되는 것은 당연하다.

본 장에서는 앞장까지에서 취급한 압력에너지, 운동에너지, 위치에너지 이외에 열에너지를 합쳐서 연구한다. 따라서 처음에 열역학의 기초지식을 공부하고 고속흐름 충격파 등을 논하는 데, 주로 완전기체의 1차원흐름에 관한 문제가 논의된다.

8·1 열역학 제1법칙

열은 에너지의 한 형태로서 기계적인 일이 열로 변화하고 반대로 열이 기계적 일로 변화할 수도 있다. 열량 Q는 JQ만한 기계적 일과 동등하다. 비례상수 J는 중요한 상수의 하나인 데 여러 학자들이 측정한 바에 의하면 $M.\ K.\ S$ 절대단위에서는

$$J = 4.185\,\mathrm{kJ/kcal} \tag{8·1}$$

이다. 즉, 1kcal의 열량은 4.185 kJ의 기계적 일에 상당한다. 이 J을 열의 일당량이라고 한다. 만일 $M.\ K.\ S$ 절대단위가 아니고, $J=1$ 이 되는 적당한 단위(SI단위)를 선택하면 열량 Q는 이와 같은 단위계에서는 Q 단위의 기계적 일과 동등하다. 앞으로는 열량의 단위로 kJ을 사용하기로 한다.

단위질량의 유체에 δQ인 미소열량을 가하여 주면 그 일부는 유체의 체적이 변화할 때의 외부 일로 소비되고 나머지는 내부에너지의 증가량으로 저장된다. w를 외부일, u를 내부에너지라 하고, 이것을 식으로 표시하면

$$\delta Q = du + dw \tag{8·2}$$

로 된다. 이것을 열역학의 제1법칙이라고 한다. 외부일 w는 압력 p와 체적 v에 의하여 $dw = p\ dv$로 되므로 이것을 위 식(8·2)에 대입하여서

$$\delta Q = du + p dv \tag{8·3}$$

로 된다.

예제 8·1

100°C에 있어서 물의 비중을 0.95라고 하고, 100°C, 1기압에서 수증기의 비중을 0.000625라고 하면, 100°C인 1kg의 물이 100°C의 수증기로 변화할 때 내부일 때문에 소비되는 열량(내부에너지의 변화량)은 얼마인가?(단, 압력을 1기압이라 하고, 물의 기화열은 2255kJ/kg이라고 한다.)

● 풀이 ● $\delta Q = du + p dv$를 적분하면 $Q = \Delta u + p\Delta v$(p = 일정)이고, 100°C에 있어서 물 1kg의 체적은

$$v_1 = \frac{1}{0.95 \times 1000} = 1.05 \times 10^{-3}\ \mathrm{m^3/kg}$$

이 되며 또한, 100°C에 있어서 수증기 1 kg의 체적

$$v_2 = \frac{1}{0.000625 \times 1000} = 1.6\ \mathrm{m^3/kg}$$

또, $Q = 2255\,\mathrm{kJ}$, $p = 1.013 \times 10^5\,\mathrm{N/m^2}$

$$\therefore \Delta u = Q - p(v_2 - v_1) = 2255 - \frac{1.013 \times 10^5}{1000}(1.6 - 1.05 \times 10^{-3})$$

$$= 2092.9\,\mathrm{kJ/kg}$$

8·2 엔탈피(enthalpy)

물체가 가지는 열에너지란 내부에너지와 외부에너지의 합으로서 일반적으로 단위질량의 물체를 말한다. 이 중에서 외부에너지란 물체가 그 체적 v를 유지하기 위하여 주위

의 압력 p를 밀어내고 있는 에너지로 pv로 사용한다. 따라서 단위질량의 물체가 가지는 전체 열에너지를 i라 하고 내부에너지를 u라고 하면

$$i = u + pv \tag{8·4}$$

로 된다. 이 i를 엔탈피(enthalpy)라고 부른다. 이것을 미분하면 $di = du + p\,dv + v\,dp$로 되는데, 식(8·3)에서 $\delta Q = du + p\,dv$이므로

$$di = \delta Q + v\,dp \tag{8·5}$$

로 된다. 어떤 기체의 엔탈피 i란 그 기체의 단위 질량 내에 포함되는 열량의 합계이다. 엔탈피 100kJ/kg란 그 기체 1kg에 100kJ의 열이 포함되어 있는 것을 뜻하며 이것을 가열하여 75kJ의 열을 주었다고 하면 이 기체의 엔탈피는 175kJ/kg로 된다.

8·3 비열

어떤 물체 단위질량의 온도를 dT만큼 높이는 데 필요한 열량을 δQ라고 하면 $\delta Q \propto dT$ 또는 $\delta Q = c\ dT$로 된다.

$$C = \frac{\delta Q}{dT} \tag{8·6}$$

으로 표시되는 비례상수 c를 비열(specific heat)이라고 하며 단위로서 kJ/kg°C를 사용한다. c는 온도와 압력 등의 영향을 받으며 정적변화 또는 정압변화 등에 의해서 지배된다. 유체가 기체인 경우에는 정압비열 c_p와 정적비열 c_v가 모두 사용된다. 이들 비열의 정의는 다음과 같다.

c_p는 압력을 일정하게 유지하고 단위 질량의 기체의 온도를 1°C 높이는 데 필요한 열량

$$c_p = \left(\frac{\partial Q}{\partial T}\right)_p \tag{8·7}$$

c_v는 체적을 일정하게 유지하고 단위 질량의 기체의 온도를 1°C 높이는 데 필요한 열량

$$c_v = \left(\frac{\partial Q}{\partial T}\right)_v \tag{8·8}$$

식(8·8)과 (8·3)의 $\delta Q = du + p\,dv$에 의해서

$$c_v = \left(\frac{\partial Q}{\partial T}\right)_v = \left(\frac{\partial u}{\partial T}\right)_v + 0$$

그런데, 기체(정확하게는 완전기체)의 내부에너지 u는 체적에 의해서는 변화하지 않고 온도 T에 의해서만 변화한다. 그러므로 내부에너지는 온도만의 함수가 되어 완전미분식으로 표현되어 위의 식은

$$c_v = \frac{du}{dT} \tag{8·9}$$

이것을 적분하면 $\varDelta u = \int c_v dT$ 로 되는데 c_v를 일정한 값으로 보면

$$\varDelta u = c_v \ \varDelta T \tag{8·10}$$

로 된다. 또 식(8·7)과 식(8·5)에 의해서

$$c_p = \left(\frac{\partial Q}{\partial T}\right)_p = \left(\frac{\partial i}{\partial T}\right)_p - 0$$

그런데 u와 pv가 온도만의 함수이므로 $i\ (= u + pv)$도 역시 온도만의 함수이다. 따라서

$$c_p = \frac{di}{dT} \tag{8·11}$$

로 된다. c_p를 일정한 값으로 보고 적분하면

$$\varDelta i = c_p \ \varDelta T \tag{8·12}$$

를 얻는다. 식(8·4)의 $i = u + pv$를 T로 미분하면 $\dfrac{di}{dT} = \dfrac{du}{dT} = \dfrac{d(pv)}{dT}$ 인데, 위 식(8·9), (8·11) 및 기체의 상태방정식 $pv = RT$를 대입하면

$$c_p = c_v + R \tag{8·13}$$

을 얻는다. 이것을

$$k = c_p / c_v \tag{8·14}$$

라 놓고, k를 비열의 비라고 부른다. 공기의 경우 상온에서는 $k = 1.4$이다.

윗 식(8·13), (8·14)에서는

$$c_p = \frac{k}{k-1} R, \qquad c_v = \frac{1}{k-1} R \tag{8·15}$$

로 된다.

예제 8·2

질소의 비열비가 $k=1.41$이라고 하면 그 정압비열 c_p의 값은 얼마인가?

● 풀이 ● 질소 1kmol의 $M=28$ kg이므로 기체상수 R는

$$R=\frac{\overline{R}}{M}=\frac{8.318}{28}\ \text{kJ/kgK}$$

$$c_p=\frac{k}{k-1}R=\frac{1.41}{1.41-1}\ \frac{8.318}{28}=1.025\ \text{kJ/kgK}$$

8·4 상태방정식

기체(완전기체)의 상태방정식이 $pv=RT$ 또는 $\frac{p}{\rho}=RT$로 되는 것은 이미 잘 알고 있는 사실이다. 기체가 일정한 온도 상태에서 변화하는 경우는 상태방정식에 의해서

$$pv=\text{constant} \quad \text{또는} \quad \frac{p}{\rho}=\text{constant} \tag{8·16}$$

가 성립한다. 이것을 등온변화라고 한다.

또 식(8·3), (8·9)에 의해서 $\delta Q=c_v\,dT+p\,dv$로 되는 데 양변을 T로 나누고 $pv=RT$를 고려하면 $\frac{\delta Q}{T}=c_v\frac{dT}{T}+\frac{p}{T}dv=c_v\frac{dT}{T}+R\frac{dv}{v}$ 로 된다. 그런데 식(8·13)의 $c_p-c_v=R$을 쓰면

$$\begin{aligned}\frac{\delta Q}{T}&=c_v\frac{dT}{T}+(c_p-c_v)\frac{dv}{v}=c_v\left(\frac{dT}{T}-\frac{dv}{v}\right)+c_p\frac{dv}{v}\\&=c_v\frac{dp}{p}+c_p\frac{dv}{v}\end{aligned} \tag{8·17}$$

로 된다. 왜냐하면 $pv=RT$ 의 대수를 취하고 미분했을 때

$$\ln p+\ln v=\ln R+\ln T$$

$$\frac{dp}{p}+\frac{dv}{v}=\frac{dT}{T} \tag{8·18}$$

이 성립하기 때문이다. 그러므로

$$\frac{\delta Q}{T} = c_v \frac{dp}{p} + c_p \frac{dv}{v} = c_v \frac{dp}{p} + k\, c_v \frac{dv}{v}$$

$$= c_v\left(\frac{dp}{p} + k\frac{dv}{v}\right) = c_v\ d[\ln(pv^k)] \tag{8·19}$$

위 식이 성립된다. 즉 $\frac{\delta Q}{T}$는 완전미분으로 된다. 이것을 ds라 놓으면

$$\frac{\delta Q}{T} = ds = c_v\ d[\ln(pv^k)] \tag{8·20}$$

이와 같은 함수 s를 엔트로피(entropy)라고 한다. 열역학의 제2법칙에 의하면 외부에서 고립된 계(system)의 엔트로피는 결코 감소하지 않는다. 흐르고 있는 유체 전체에 걸쳐 엔트로피가 일정한 값을 가질 때에는 그와 같은 흐름은 등엔트로피 흐름(단열흐름)이라고 한다.

이 때에는 $ds=0$이므로 결국 위 식(8·20)에서

$$pv^k = c$$

$$\frac{p}{\rho^k} = c \tag{8·21}$$

을 얻는다.

식(8·21) $p_1 v_1{}^k = p_2 v_2{}^k$과 $p_1 v_1 / T_1 = p_2 v_2 / T_2$에서 v_1과 v_2를 소거하면

$$\frac{T_2}{T_1} = \left(\frac{p_2}{p_1}\right)^{k-1/k} \tag{8·22}$$

를 얻는다. 이것을 단열변화라고 한다.

예제 8·3

진공 게이지 압력이 $0.10\,\text{kg/cm}^2$, 20°C인 기체가 게이지 압력 $7\,\text{kg/cm}^2$으로 등온 압축되었다면 처음 체적에 대한 최후의 체적비는 얼마인가?(단, 대기압은 720mmHg이다.)

●풀이● 처음과 최후의 절대압력을 각각 p_1, p_2라고 하면

$$p_1 = 1.0332 \times \frac{720}{760} - 0.1 = 0.98 - 0.10 = 0.88\,\text{kg/cm}^2$$

$$p_2 = 1.0332 \times \frac{720}{760} + 7 = 7.98\,\text{kg/m}^2$$

$$\therefore\ \frac{v_2}{v_1} - \frac{p_1}{p_2} = \frac{0.88}{7.98} = \frac{1}{9.07}$$

예제 8·4

단위질량의 기체가 $p = p_1$, $v = v_1$ 상태에서 팽창하여 $p = p_2$, $v = v_2$로 되었다고 하면 이 사이에 기체가 외부에 한 일은 얼마인가?(단, 팽창조건으로 각각 (a) 등온변화, (b) 단열변화를 구별하여라.)

● 풀이 ● (a) 등온변화의 경우

$pv = p_1 v_1 = p_2 v_2$이므로

$$w = \int_{v_1}^{v_2} p dv = p_1 v_1 \int_{v_1}^{v_2} \frac{dv}{v} = p_2 v_2 \ln \frac{v_2}{v_1} = 2.303 p_2 v_2 \ln \frac{v_2}{v_1}$$

(b) 단열변화의 경우

$pv^k = p_1 {v_1}^k = p_2 {v_2}^k$이므로

$$w = \int_{v_1}^{v_2} p dv = p_1 {v_1}^k \int_{v_1}^{v_2} \frac{dv}{v^k} = \frac{p_1 {v_1}^k}{1-k} ({v_2}^{1-k} - {v_1}^{1-k})$$

$$= \frac{1}{k-1} (p_1 v_1 - p_2 v_2)$$

8·5 에너지방정식

베르누이의 식에 의해서 표시되는 것과 같은 에너지식은 비압축성이고 비점성인 유체, 즉 이상유체에 관해서 성립하는 식이다. 이상유체는 유체의 밀도가 일정하고 따라서 온도도 변하지 않는 것으로 취급할 수 있도록 한다. 그러면 이제부터 액체를 압축성으로 하고 온도의 변화도 고려해서 에너지식을 생각해 보자. 일반적으로 유체가 그림 8·1에

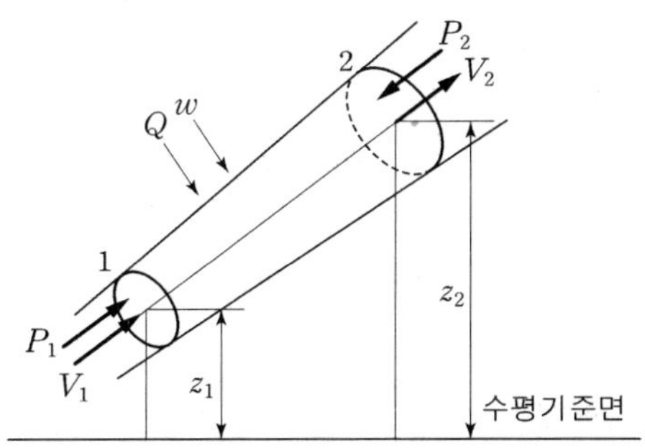

그림 8·1 정상상태의 유동

표시하는 것과 같이 유관 내를 정상상태로 흐르고 있다고 한다. 유관의 단면 1, 2에 있어서 유체의 단위질량당 내부에너지를 각각 u_1, u_2라고 한다. 다음에 단면 1을 통하여 흘러 들어오는 단위질량의 유체는 그 위치의 압력 p_1을 누르고 비체적 v_1과 같은 체적만큼 내부로 밀려들어오므로 이 외부에너지는 p_1v_1으로 표시된다. 이와 같은 방법으로 단면 2에서는 p_2v_2로 된다.

다음에 단면 1, 2에 있어서 평균유속을 각각 V_1, V_2라고 하면 각 단면에 있어서 단위질량인 유체의 운동에너지는 각각 $\frac{1}{2}V_1^2$, $\frac{1}{2}V_2^2$로 표시된다. 다음에 단면 1, 2에서의 높이를 각각 h_1, h_2라고 하면 각 단면에 있어서 단위질량인 유체의 운동에너지는 각각 gh_1, gh_2로 표시된다.

유체가 1에서 2로 운동하는 사이에 외부에서 열량 QkJ/kg 및 일 wkJ/kg의 공급을 받는 경우는 단위질량의 유체가 단면 2를 지날 때 가지는 총에너지에서 단면 1을 지날 때 가지는 총에너지를 뺀 것이 $Q+w$와 같아진다. 즉

$$Q+w=(u_2-u_1)+(p_2v_2-p_1v_1)+\frac{1}{2}(V_2^2-V_1^2)+g(h_2-h_1) \tag{8·23}$$

로 된다. 식(8·4)에 의하여 $i=u+pv$이므로

$$Q+w=(i_2-i_1)+\frac{1}{2}(V_2^2-V_1^2)+g(h_2-h_1) \tag{8·24}$$

로 된다. 식(8·12) $\Delta i=c_p\Delta T$에 의해서

$$Q+w=c_p(T_2-T_1)+\frac{1}{2}(V_2^2-V_1^2)+g(h_2-h_1) \tag{8·25}$$

로 된다. 실제로 취급되는 유체가 기체인 경우에는 위치에너지 gh는 다른 항에 비하여 작고 무시될 때가 많다. 이와 같은 경우에 위 식은

$$Q+w=c_p(T_2-T_1)+\frac{1}{2}(V_2^2-V_1^2) \tag{8·26}$$

로 된다. 식(8·15)의 $c_p=\frac{k}{k-1}R$을 고려하면

$$Q+w=\frac{k}{k-1}R(T_2-T_1)+\frac{1}{2}(V_2^2-V_1^2) \tag{8·27}$$

로 된다. 식(8·23)에서 식(8·27)을 에너지방정식이라고 부른다.

예제 8·5

탱크 내에서 압력 p_1, 밀도 ρ_1인 공기를 노즐을 통하여 진공 속으로 분출시킬 때 이론적으로 도달할 수 있는 최대유속은 탱크내의 상태에서 음속의 몇 배로 되는가? (단, 공기 속에서 음속은 $a=\sqrt{kRT}$로 표시된다.)

● 풀이 ● 식(8·27)의 에너지방정식에서 1, 2의 첨자를 각각 탱크 내와 노즐 출구의 값이라고 하면 탱크 내의 유속 V_1은 0이고 도중에는 단열적으로 흐르고, 또 마찰손실을 무시하면 $Q=0$, $w=0$로 되므로 노즐출구의 유속 V_2는 $V_2=\sqrt{\frac{2k}{k-1}R(T_1-T_2)}$로 된다. 또 위 식에서 $RT_1=p_1v_1$, $RT_2=p_2v_2$로 되는데, 특히 외부압력은 진공이므로 $p_2=0$으로 된다. 따라서

$$V_2=\sqrt{\frac{2k}{k-1}p_1v_1}=\sqrt{\frac{2k}{k-1}\frac{p_1}{\rho_1}}$$

다음에 탱크 내에 공기의 음속은 $a_1=\sqrt{kRT_1}=\sqrt{\frac{kp_1}{\rho_1}}$ 이므로

$$\frac{V_2}{a_1}=\left(\frac{2}{k-1}\right)^{1/2}=\left(\frac{2}{1.4-1}\right)^{1/2}=2.236$$

이다.

8·6 전온, 정온, 동온

유속 0, 온도 T_0인 상태의 기체가 도중에서 열과 일의 공급없이($Q=0$, $w=0$) 유속 V, 온도 T인 상태의 기체로 되었다고 하면 식(8·27)에서와 같이

$$T_0=T+\frac{1}{R}\frac{k-1}{k}\frac{V^2}{2} \tag{8·28}$$

로 된다. 이 경우의 T_0를 전온(total temperature)이라고 한다. 이에 대해서 T를 정온(static temperature), $\frac{1}{R}\frac{k-1}{k}\frac{V^2}{2}$을 동온(dynamic temperature)이라고 한다. T_{01}, T_{02}를 각각 1, 2 상태의 전온이라고 하면 식(8·28)에서 $T_{01}=T_1+\frac{1}{R}\left(\frac{k-1}{k}\frac{V_1^{\ 2}}{2}\right)$이므로 식(8·26)은 $Q+w=c_p(T_{02}-T_{01})$로 된다. 또, 1, 2 사이에서 일의 공급이 없을 경우($w=0$)는

$$Q = c_p(T_{02} - T_{01}) \tag{8·29}$$

로 된다. 또 도중에서 열의 공급도 없는 경우 즉 단열흐름의 경우에는

$$Q = 0 \qquad \therefore \; T_{02} = T_{01}$$

로 된다. 따라서 1, 2 각 상태의 전온은 일정하고 이것을 T_0으로 표시하면

$$T_{01} = T_{02} = T_0 = c \tag{8·30}$$

로 된다. 즉 단열흐름의 경우에는 식(8·28)과 식(8·30)에 의하여 일반적으로

$$T + \frac{1}{k}\,\frac{k-1}{k}\,\frac{V^2}{2} = T_0 = c \tag{8·31}$$

이 성립한다. 이것은 비점성기체의 경우는 물론이고 점성기체의 경우에도 성립한다. 왜냐하면 점성기체의 경우 마찰손실에 의해서 잃은 에너지는 열로 되어 다시 회수되기 때문이다.

그러나 전압(total pressure)은 사정이 조금 다르다. 비점성기체에서는 마찰손실이 없으므로 전압이 일정하지만 점성기체에서는 마찰손실 때문에 이것이 압력감소로 나타난다. 따라서 점성기체의 경우에 전압은 감소한다.

다음에 등온변화의 경우에는 도중에서 열의 출입이 있으므로 위 식(8·29)의 $Q = c_p(T_{02} - T_{01})$에서

$$Q \neq 0 \qquad \therefore \; T_{02} \neq T_{01}$$

로 되고 1, 2 각 상태에서 기체의 전온은 동일하지 않고 식(8·28)에 의하며 일반적으로

$$T + \frac{1}{R}\,\frac{k+1}{k}\,\frac{V^2}{2} = T_0 \neq c \tag{8·32}$$

로 된다.

운동하고 있는 유체 속에 온도계를 삽입하여 온도를 측정할 때 우리는 전온 T_0를 측정하게 되고 정온 T 보다 동온 온도만큼 높은 값을 얻는다. 일반적으로 정온 T를 측정할 수는 없다(유체와 같은 속도로 운동시켰을 때의 온도계 눈금이 정온 T에 상당한다).

실제의 물체가 단열적으로 고속 운동할 때 그 동온은 경계층에 있어서 온도상승으로 나타난다. 예를 들면 고속으로 날고 있는 인공위성의 표면이 고열화되는 것은 그 때문이다.

예제 8·6

상온의 공기($k=1.4$) 속을 Vm/s로 운동하는 물체 표면의 온도증가는 이론상으로 $\varDelta T=\frac{V^2}{2000}$ °C로 되는 것을 증명하여라.

● 풀이 ● $\varDelta T=T_0-T=\frac{1}{R}\frac{k-1}{k}\frac{V^2}{2}=\frac{1}{287}\frac{1.4-1}{1.4}\frac{V^2}{2}$

$$\therefore \frac{V^2}{2023} \fallingdotseq \frac{V^2}{2000}$$

$V=1000$ m/s로 날고 있는 탄환의 표면온도는

$$\varDelta T=\frac{1000^2}{2000}=500\,°\text{C}$$

8·7 음파의 속도

기체 속에 있는 한 점에서 압력의 변화가 일어날 때 그것이 어떤 속도를 갖고 사방으로 전파되는가를 살펴보자. 간단하게 하기 위하여 단면적 A 인 직관 속에 정지하고 있는 기체가 있고, 그 압력은 p와 같다고 한다.

이제 어떠한 원인, 즉 예를 들면 피스톤의 운동에 의하여 왼편의 압력이 조금 증가하여 $p+dp$로 되고 그것이 모양을 바꾸지 않으면서 일정한 속도 a를 갖고 오른쪽으로 전파된다고 생각하자. 그림 8·2의 오른쪽에 나타낸 것과 같이 압력의 변화가 길이 L인 범위 ABCD에 한정되어 있으면 압력변화가 이 부분을 통과하는 시간은 $t=\frac{l}{a}$ 이고 기체의 밀도는 그 시간 내에 압력 p에 상당하는 값 ρ에서 압력 $p+dp$에 상당하는 값 $\rho+d\rho$까지 증가한다. 그러므로 ABCD 내의 질량은 $A\,l\,d\rho$만큼 증가하고 이 부분의 질량이 단위시간에 증가하는 율은 $A\,l\frac{d\rho}{t}=A\,l\,d\rho\frac{a}{l}=A\,a\,d\rho$로 된다.

그런데 이와 같이 질량이 증가하기 위해서는 압력이 높아진 왼쪽부분에서 질량이 흘러 들어오지 않으면 안된다. 기체가 오른쪽으로 가는 속도를 V라고 하면 단위시간 내에는 ABCD 부분에 $AV(\rho+d\rho)$만큼 질량이 흘러 들어오게 되므로 $Aad\rho=AV(\rho+d\rho)$가 성립한다. ρ와 비교하여 $d\rho$는 충분히 작으므로 우변에 있어서 이것을 생략하면 결국

$$ad\rho=\rho V \tag{8·33}$$

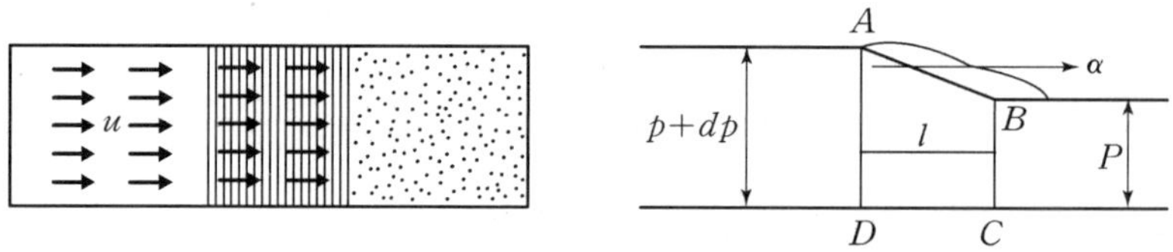

그림 8·8 한정된 범위에서 압력의 변화

라는 관계식을 얻는다. 이 관계식에는 ABCD의 길이 l도 들어 있지 않고 또 그림 8·2에 나타낸 것과 같이 AB사이에서 압력이 직선적으로 변하고 있는 것도 나타나지 않으므로 ABCD의 길이가 임의의 경우에 또는 그 범위 내에서는 압력변화의 모양이 임의의 경우에도 식(8·33)은 성립한다.

다음에 ABCD부분에 대해서 역학적 조건을 적용한다. 처음 정지상태에 있었던 것이 시간 t 후에 속도 V를 갖고 오른쪽으로 운동하게 되므로 ABCD부분의 가속도는 $\frac{V}{t} = \frac{Va}{l}$ 이다. 그런데 그림 8·2의 오른쪽에 나타낸 것과 같이 압력이 AB사이에서 $p+dp$에서 p까지 직선적으로 변화하는 경우에는 ABCD부분의 평균밀도는 $\frac{(\rho+d\rho)+\rho}{2} = \rho + \frac{1}{2}d\rho$이고 ABCD부분의 질량은 $Al(\rho+\frac{1}{2}d\rho) \fallingdotseq Al\rho$로 된다.

한편 이 ABCD부분에는 오른 편으로 $A(p+dp) - Ap = A\,dp$의 힘이 작용한다. 따라서 Newton의 운동법칙에 의하며 ABCD부분의 운동방정식은 $Al\rho\times\frac{V}{l}a = A\,dp$로 된다. 따라서

$$\rho a V = dp \tag{8·34}$$

의 관계식을 얻는다. 이 관계식에도 ABCD부분의 길이 l이 들어있지 않고 또 압력에 직선적으로 변화한다는 것도 나타나지 않으므로 이 관계식도 일반적으로 성립한다.

윗 식(8·33)과 (8·34)에 의하여

$$a^2 = \frac{dp}{d\rho} \tag{8·35}$$

즉
$$a = \sqrt{\frac{dp}{d\rho}} \tag{8·36}$$

이 결과로부터 압력의 변화가 미소하면 그 전파속도는 기체의 압축법칙, 즉 p와 ρ와의 관계식에 관계될 뿐이고 변화의 모양이나 크기에는 관계하지 않는다는 것을 알 수 있다. 예를 들면 dp가 양이든 음이든 간에 압력변화는 같은 속도를 사방으로 전파한다.

소리란 양, 음의 압력변화의 연속이고 그들의 변화는 일정한 모양을 가지며 같은 속도 a로 전파되므로 a를 음속이라 한다.

만일 압력변화가 급격히 일어나는 결과 열의 출입이 없는 즉 단열변화인 경우에는 $p=c\rho^k$가 성립하고 따라서 $\dfrac{dp}{d\rho}=kc\rho^{k-1}=\dfrac{kc}{\rho}\rho^k=\dfrac{kp}{\rho}$로 되고 음속 a는

$$a=\sqrt{\frac{kp}{\rho}} \tag{8·37}$$

로 된다.

완전기체의 상태방정식 $p=\rho RT$를 쓰면

$$a=\sqrt{kRT} \tag{8·38}$$

로 된다. 따라서 완전기체에 있어서는 음속이 절대온도 T의 제곱근에 비례한다.

예제 8·7

기온 20°C에 있어서 공기($k=1.4$) 속의 음속을 구하여라.

● 풀이 ● $a=\sqrt{kRT}\,\mathrm{m/sec}$ 에서

$k=1.4$, $R=287\,\mathrm{J/kg\cdot K}$, $T=273+20=293\,°\mathrm{K}$라고 하면

$a=\sqrt{1.4\times287\times298}=343\,\mathrm{m/sec}$

액체 속에서의 음파는 다음과 같이 생각한다. 액체의 압력상승 dp에 대한 비체적 v의 팽창을 dv라 하면 액체의 체적탄성계수 K는

$$K=\frac{dp}{-\dfrac{dv}{v}} \tag{8·39}$$

로 표시된다. 그런데 $\rho=\dfrac{1}{v}$이므로 대수를 취해서 미분하면

$$-\frac{dv}{v}=\frac{d\rho}{\rho}$$

이것을 위 식(8·39)에 대입하면

$$K=\frac{dp}{\dfrac{d\rho}{\rho}} \qquad \therefore\ \frac{dp}{d\rho}=\frac{K}{\rho} \tag{8·40}$$

이것을 식(8·36)에 대입하여

$$a=a\sqrt{\frac{dp}{d\rho}}=\sqrt{\frac{K}{\rho}} \tag{8·41}$$

를 얻는다. 이것이 액체 속을 전파하는 음속이다.

예제 8·8

수중에서 음파의 속도를 구하여라.(단, 물의 체적탄성계수는 $20.3\times10^{8}\,\mathrm{N/m^2}$이라고 한다.)

● 풀이 ● $a=\sqrt{\dfrac{K}{\rho}}=\sqrt{\dfrac{20.3\times10^{8}}{1000}}=1425\,\mathrm{m/sec}$

8·8 수격작용

그림 8·3과 같이 저장탱크와 도관과 그 끝에 있는 밸브로 구성된 계에 물이 정상적으로 흐르고 있는 경우를 생각하자. 이 때 도관 끝에서의 유속은 V이고 압력(gage)은 0이다. 이제 밸브를 잠그게 되면 흐름이 감속 또는 정지되도록 충분한 힘을 물이 받게 된다. 그래서 짧은 시간에 속도가 감소하고 압력은 증가한다. 그러므로 관 끝에서의 압력이 그 바로 상류의 압력보다 커져서 그 부분의 유체는 상류방향의 힘을 받게 되고 속도는 감소 또는 반전한다. 이와 같은 현상이 차례로 상류쪽으로 파급된다. 다시 말해서 압력파가 전파된다. 이 압력파가 저장탱크까지 전달되면 유체는 도관에서 탱크로 잠시 흐르게 된다.

도관 끝에서 유체가 상류방향으로 역류하기 시작하면 곧 그곳에는 진공이 생겨서 유체를 다시 본래방향으로 흐르게 하려는 힘이 생긴다. 이와 같은 힘, 즉 정상보다 낮은 압력파가 도관을 따라 저장탱크로 전파된다. 그래서 본래방향의 속도파가 곧 도관 끝에 도달된다. 그러나 도관 끝이 잠겨져 있으므로 흐름을 계속할 수 없고 또 다른 압력파가 생겨서 도관을 따라 탱크에 도달한다. 이와 같이 도관 끝에서의 압력과 속도는 그림 8·4에 나타낸 것과 같이 교대로 변화된다. 처음 t_0 때의 압력은 0이고 속도는 V이다. 밸브를 잠금에 따라 속도는 감소하며 t_1에서 0이 되고 압력은 p까지 증가한다. 그 후 압력은 감소하여 t_2에서 0이 되고 속도는 역방향의 최대속도 V로 된다. 이 역류로 말미

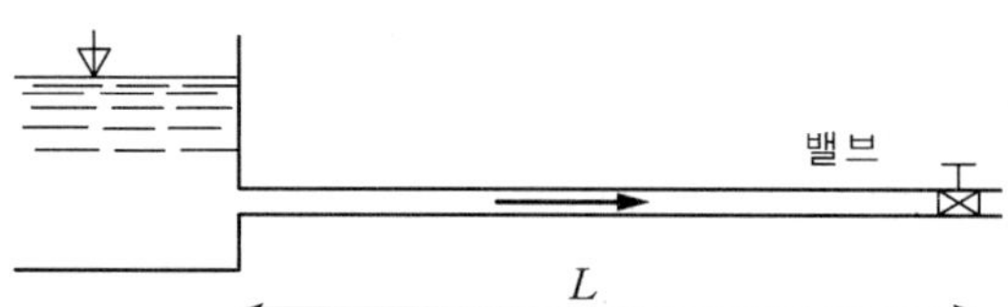

그림 8·3 도관 시스템

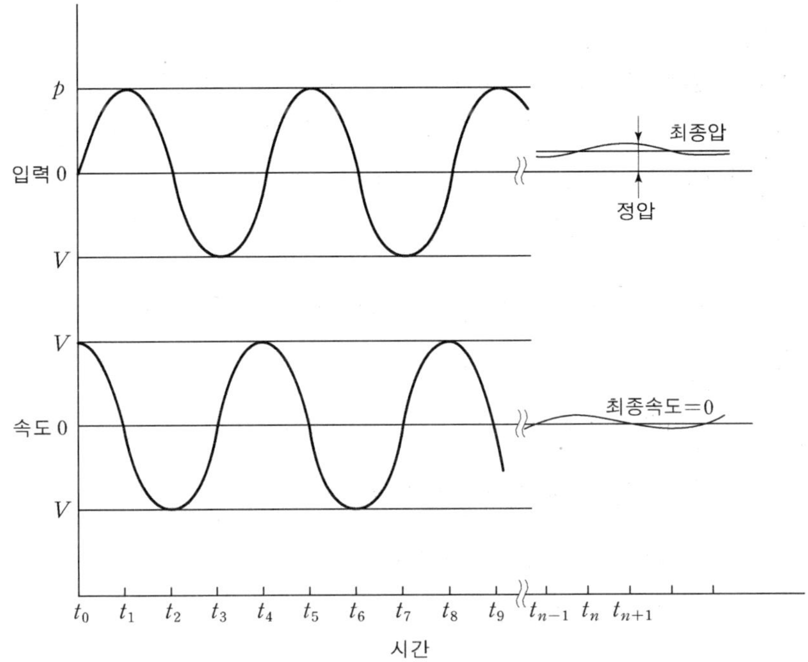

그림 8·4 압력과 속도의 진동

암아 압력이 정상압 보다 적어지고 t_3에서 가장 낮은 압력이 되면 속도는 0으로 된다. 다시 흐름방향이 바뀌면 원상태로 되돌아간다.

이와 같이 한 사이클을 하는 시간, 즉 주기는

$$t = \frac{2L}{a} \tag{8·42}$$

여기에서 t=주기, L=도관의 길이, a=압력파의 속도와 같이 되는 것이 명백하고 밸브를 갑자기 잠그는 이유로 생기는 압력의 증가는 식(8·34)에 의하여

$$dp = \rho a V \quad \text{또는} \quad dh = a\frac{V}{g} \tag{8·43}$$

와 같이 된다.

이상과 같은 이유로 상류로 파급된 압력파가 밸브로 반사되는데 소요되는 시간보다 짧은 시간 내에 밸브가 닫힐 때 최대 압력상승이 일어나는데 이와 같은 현상을 수격작용(water hammering)이라 한다.

예제 8·9

20°C의 물을 수송하는 지경 8cm 되는 관의 밸브를 갑자기 잠근 결과 압력이 $70\,N/cm^2$만큼 증가하였다. 잠그기 전의 유량은 몇 m^3/sec 이였는가?(단 물의 체적탄성계수는 $2.0685\times10\,N/cm^2$이라고 한다.)

●풀이● 이 물 속에서의 음속은 식(8·41)에 의하여

$$a=\sqrt{\frac{K}{\rho}}=\sqrt{\frac{2.0685\times10^9}{1000}}=1438\,m/sec$$

식(8·43)에 의하여 $\Delta p=\rho a V$이므로

$$70\times10^4=1000\times1438\times V$$

$$V=\frac{70\times10^4}{1438\times1000}=0.487\,m/sec$$

$$Q=AV=\frac{\pi}{4}(0.08)^2\times0.487=0.00245\,m^3/sec$$

8·9 아음속유동과 초음속유동

물체가 공기 속에서 어떤 속도로 진행하는 경우를 생각하면 그것에 의해서 공기 속에 압력변화가 생기고 이 변화는 물체로부터 주위의 공기 속에 음속으로 전파되어 간다. 물체의 속도가 음속에 비해서 극히 작은 경우에는 물체의 주위에 있어서 이 압축파의 영향은 균일하다고 볼 수 있으므로 물체는 비압축성 유체 속을 진행하고 있는 것과 같아진다.

물체의 속도가 점차로 빨라져서 음속 가까이 되면 이 압축파의 영향은 물체 주위에서 균일하게 된다. 그림 8·5(a)는 물체가 정지상태($V=0$)에서 압축파만이 음속 a로 전파되는 상태를 표시한다. 시간 0, 1, 2초에 물체로부터 나온 압축파는 3초 후에는 반경 $a\times3$, $a\times2$, a인 원(3차원인 경우는 구면)으로 퍼져간다.

즉, 물체 주위에 있어서 압축파의 영향은 균일하다. 그림 8·5(b)는 물체가 음속 a의 약 반 정도의 속도 V로 진행하는 상태를 표시한다. 0의 위치에 있는 물체가 1, 2, 3초 후에 1, 2, 3의 위치에 왔다고 하면 물체로부터 시간 0, 1, 2초에 떠난 압축파는 3초 후에는 반경 $a\times3$, $a\times2$, a인 원(구면)으로 퍼져간다. 그림 8·5(c)는 물체의 속도 V가 음속 a보다 빠른 속도로 진행해 가는 경우로서 물체는 1, 2, 3초 후에 1, 2, 3위치

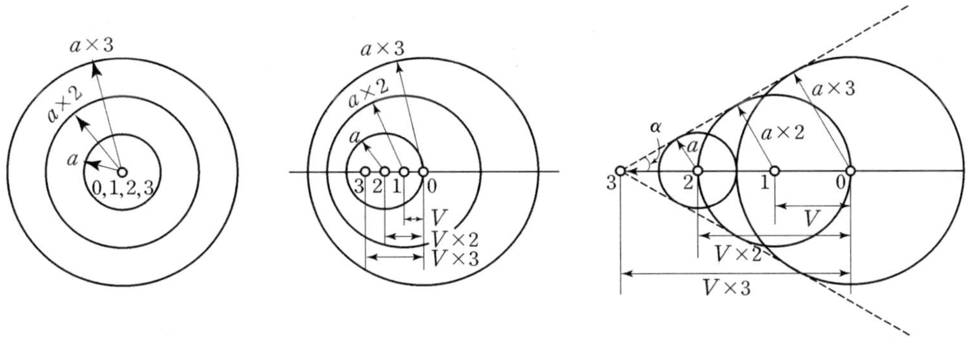

(a) $V=0$인 경우 (b) $V<a$인 경우 (c) $V>a$인 경우

그림 8·5 압축파의 영향

로 갔다고 하면 물체로부터 0, 1, 2초에 떠난 압축파는 3초 후에는 그림이 점선으로 표시되는 직선(3차원 흐름에서는 원뿔면)을 형성하며 진행한다.

그림 8·5(b)의 경우와 같이 물체의 속도가 음속보다 작은 경우는 움직이는 물체 전방에도 후방에서 일어난 현상의 영향이 있고, 그림 8·5(c)의 경우와 같이 물체의 속도가 음속보다 빨라지면 물체 전방에는 이 영향이 없어진다. 예를 들면 음속보다 빠른 속도로 날아가는 제트기는 지나간 다음에 소음이 귀에 들려온다.

그래서 물체가 음속부근의 속도로 운동하든가 또는 정지하고 있는 물체에 음속에 가까운 유체의 흐름이 부딪치게 되면 유체에 있어서 압축의 영향을 무시할 수 없게 된다. 이와 같은 때에 물체의 속도(또는 유속) V가 음속 a보다 작은 경우를 아음속유동(subsonic flow)이라고 하고 물체의 속도(혹은 유속) V가 음속 a보다 큰 경우를 초음속유동(supersonic flow)이라고 한다. 그림 8·5(b)는 아음속유동이고 그림 8·5(c)는 초음속유동이다.

V와 a의 비를 마하 수라 부르며 일반적으로 이것을 M으로 표시한다.

$$M=\frac{V}{a}=\frac{V}{\sqrt{kRT}} \tag{8·44}$$

그림 8·5(c)의 초음속유동에서 중심선과의 각을 α라 하면

$$\sin\alpha=\frac{a}{V} \tag{8·45}$$

로 되고 α를 마하 각이라고 한다. 또 이 경우 점선으로 표시된 직선을 마하 파(Mach wave)라고 부른다.

예제 8·10

음속 341m/sec 인 공기 속을 초음속으로 달리는 물체의 마하 각이 40°이다. 그 물체의 속도(m/s)를 구하여라.

● 풀이 ● $\sin\alpha = \frac{a}{V}$ 에서

$$V = \frac{a}{\sin\alpha} = \frac{341}{\sin 40°} = 530\,\text{m/sec}$$

예제 8·11

매초 270m로 제트기가 비행하고 있다면 그 때의 마하 수는 얼마인가?(단, 기온은 20°C, $R = 287\,\text{m}^2/\text{sec}^2\text{°K}$, $k = 1.4$라고 한다.)

● 풀이 ● $M = \frac{V}{\sqrt{kRT}} = \frac{270}{\sqrt{1.4\times287\times293}} = \frac{270}{343} = 0.787$

8·10 파노 방정식

단면적 A인 관을 통하는 기체의 질량유량 $\dot{m}$라고 하면 단위면적당 유량은 변형하여 $\frac{\dot{m}}{A} = \rho V = \frac{p}{RT}V = \frac{p}{\sqrt{T_0}}\sqrt{\frac{k}{R}}\frac{V}{\sqrt{kRT}}\sqrt{\frac{T_0}{T}}$ 로 된다. 그런데 $M = \frac{V}{\sqrt{kRT}}$ 이고 $\frac{T}{T_0} = \left(1 + \frac{k-1}{2}M^2\right)^{-1}$의 식을 적용하면 위 식은

$$\frac{\dot{m}}{A} = \frac{p}{\sqrt{T_0}}\sqrt{\frac{k}{R}}\,M\sqrt{1 + \frac{k-1}{2}M^2} \tag{8·46}$$

로 되는데 이 식을 파노(Fanno) 방정식이라 부른다. 단열변화의 경우에 대해서 생각하면 기체의 전온 T_0는 일정하다고 볼 수 있으므로 이 전온 T_0 및 어떤 위치에 있어서의 유량 $\dot{m}$, 단면적 A, 정압 p를 알면 그 위치에 있어서의 마하 수 M을 위 식으로부터 구할 수 있다. 이 식은 기체의 점성 또는 비점성유동 모두에 성립되는 식이다. 따라서이 식은 비점성유체에도 점성유체에도 적용되는 식이다. 특히 비점성기체의 단열변화의 경우에 $\frac{p}{p_0} = \left(1 + \frac{k-1}{2}M^2\right)^{\frac{k}{k-1}}$ 의 p값을 윗 식에 대입하여 정리하면

$$\frac{\dot{m}}{A} = \frac{p_0}{\sqrt{T_0}}\sqrt{\frac{k}{R}}\,M\left(1 + \frac{k-1}{2}M^2\right)^{-\frac{(k+1)}{2(k-1)}} \tag{8·47}$$

을 얻는다. 이 식은 비점성기체의 마하 수를 산출하는 경우에 이용된다.

예제 8·12

유속 0, 압력 $6.87\,\mathrm{N/cm^2}$, 온도 38°C인 상태 0의 공기를 축소 확대관을 통하여 그 스롯트부 ①, 확대부 ②에서의 마하 수가 각각 1 및 2가 되게 하기 위해서는 유량은 몇 kg/sec가 되는가?(단, 스롯트부 ①에서의 단면적은 $930\,\mathrm{cm^2}$이고 공기의 점성은 무시한다.)

●풀이● $\dfrac{\dot{m}}{A}=\dfrac{p_0}{\sqrt{T_0}}\sqrt{\dfrac{k}{R}}\;M\left(1+\dfrac{k-1}{2}M^2\right)^{-\frac{(k+1)}{2(k-1)}}$ 에서

$A=A_1=0.0930\,\mathrm{m^2}$, $p_0=6.87\times10^4\,\mathrm{N/m^2}$, $T_0=273+38$, $M=M_1=1$이므로

$$\frac{\dot{m}}{0.930}=\frac{6.87\times10^4}{\sqrt{278+38}}\sqrt{\frac{1.4}{287}}\left(1+\frac{1.4-1}{2}1^2\right)^{-\frac{2.4}{0.8}}\text{ 에서}$$

$\dot{m}=14.6\,\mathrm{kg/sec}$

8·11 축소 · 확대관

유속 0, 온도 T_0, 압력 p_0인 기체가 축소관을 지나는 경우를 생각한다. 이와 같은 경우 기체의 점성에 의한 영향은 작으므로 비점성기체가 단열변화(등엔트로피 변화)를 한다고 생각된다.

단면적 A_1에서의 제요소를 각각 첨자 1로 쓰기로 하면 여기를 지나는 질량유량 $\dot{m}$는 파노의 식에 의하여

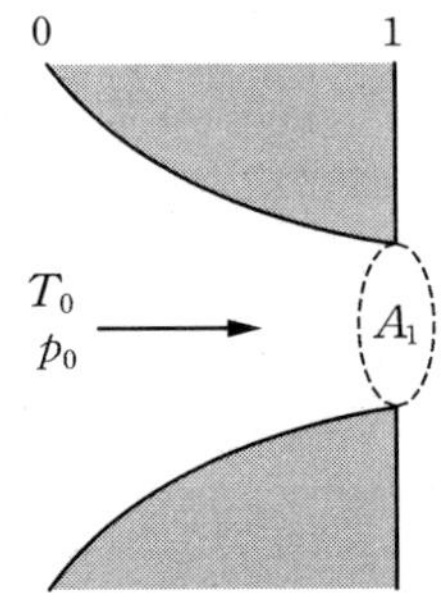

그림 8·6 축소노즐

$$\dot{m} = A_1 \frac{p_0}{\sqrt{T_0}} M_1 \left(1 + \frac{k-1}{2} M_1^2\right)^{-\frac{(k+1)}{2(k-1)}} \tag{8·48}$$

로 되고 $\frac{p}{p_0} = \left(1 + \frac{k-1}{2} M^2\right)^{\frac{k}{k-1}}$ 에 의하여 다음의 식이 성립한다.

$$\frac{p_1}{p_0} = \left(1 + \frac{k-1}{2} M_1^2\right)^{-\frac{k}{k-1}} \tag{8·49}$$

이 두 식에서 $M_1 = \infty$, $M_1 = 0$의 경우를 생각하면

$M_1 = \infty$일 때 $\dot{m} = 0$, $\frac{p_1}{p_0} = 0$

$M_1 = 0$일 때 $\dot{m} = 0$, $\frac{p_1}{p_0} = 1$, $\frac{p_1}{p_0}$

로 된다. 따라서 유량 $\dot{m}$의 극대값이 $\frac{p_1}{p_0} = 0 \sim 1$ 사이에 있을 것이다. 그 조건은 식(8·48)에서 $\frac{d\dot{m}}{dM_1} = 0$으로 구할 수 있다. 식(8·48)에 대입하면 $M_1 = 1$로 된다. 즉 A_1을 지나는 유속이 그 위치의 음속과 같을 때는 유량은 극대로 된다. 또, 이 때의 정압 p_1을 p_{th}라 하면 p_{th}는 식(8·49)에 $M_1 = 1$을 대입하여

$$\frac{p_1}{p_0} \to \frac{p_{th}}{p_0} = \left(\frac{2}{k+1}\right)^{\frac{k}{k-1}} \tag{8·50}$$

로 된다. 유량 $\dot{m}$와 $\frac{p_1}{p_0}$과의 관계를 표시하면 그림 8·7과 같이 된다. 출구 1에 있어서의 정압 p_1이 p_0와 같을 때는 $\dot{m} = 0$이고 p_1이 작아짐에 따라서 $\dot{m}$는 점차로

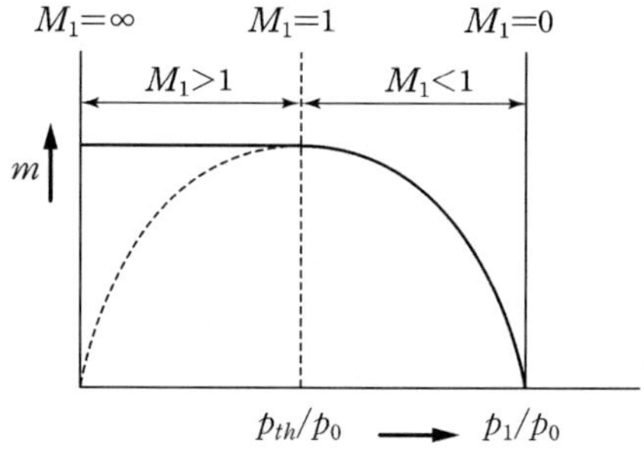

그림 8·7 유량과 $\frac{p_1}{p_0}$의 변화

증가하여 식(8·50)을 만족하는 위치($M_1=1$)에서 극대로 된다. 파노의 식에 의하면 p_1이 더욱 작아지면 $\dot{m}$도 작아질 것이지만 이 경우에는 마하 수는 식(8·49)에 의하여 $M_1>1$로 된다.

축소관에 있어서 마하 수는 0에서 점차로 증가하여 1(극대값)까지 되고 그 이상 증가하는 일은 없다. 즉 p_1이 식(8·50)이 나타내는 값보다 작아지는 경우 마하 수 M_1은 1보다 커지지 않고 극대값 1을 유지하므로 식(8·48)에서 나타낸 것처럼 $\dot{m}$도 일정하게 유지된다. 예를 들면 진공 중에 유출하는 경우 $\frac{p_1}{p_0}=0$, $M_1=\infty$이고 식(8·48)에 의하여 $\dot{m}=0$로 되지만 이것은 출구의 압력 p_1을 진공의 압력과 같다고 놓은 것이 잘못이다. 진공이라 할지라도 출구 1에서는 정압이 사실상 식(8·50)을 만족하는 값을 유지한다.

이 축소관에 확대관을 연결하면 기체의 흐름은 확대관에서 가속 또는 감속된다. 그러나 목(throat)보다 앞부분 관 내의 흐름은 연결 이전의 상태와 변함이 없다.

그러나 확대관을 나온 기체의 압력, 즉 배압을 p_a라 할 때 p_a의 고정에 의하여 노즐 내의 흐름은 변한다. 즉 p_0가 p_a보다 조금 클 경우에는 축소관에서 압력은 p_a보다 차츰 작아져서 목(throat) 부분에 이르러 최저 정압 p_1으로 되고 확대관에서 다시 점차 상승하여 p_a로 된다. 이것은 비압축성기체의 흐름과 같다.

p_a가 더욱 작아지면 목(throat) 부분의 압력 p_1도 점차로 내려가는데 위에서 말한 바와 같은 흐름은 p_1이 $p_{th}=p_0\left(\frac{2}{k+1}\right)^{\frac{k}{k-1}}$로 될 때까지 계속된다.

그림 8·8에서 p_a가 내려가서 p_s로 되는 경우에 압력은 목(throat) 부분의 p_{th}를 지나서

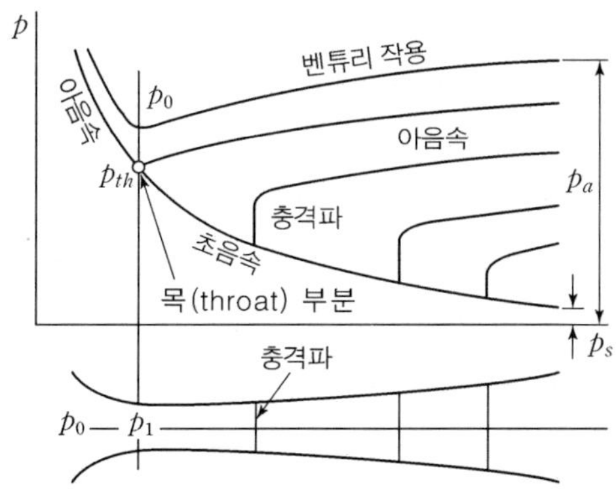

그림 8·8 배압 p_a의 변화

확대관에 따라 더욱 감소하여 p_s에 이르고 유동은 아음속에서 목(throat)을 지나 초음속으로 점차 빨라진다.

이제 p_a가 p_s보다 큰 경우를 생각하자. 이때 압력은 목(throat) 부분의 p_{th}를 지나서 확대관을 따라 차츰 작아져서 초음속으로 흐르다가 어떤 곳까지 오면 갑자기 압력상승이 일어나고 그 후 점차로 높아져 간다. 이와 같이 압력이 급히 상승하는 불연속면에서 초음속흐름이 아음속흐름으로 갑자기 변하고 충격파(shock wave)가 발생한다.

p_a가 p_s에 도달하면 충격파는 없어지고 p_s보다 더 낮아지면 그것에 의해서 생긴 압력차 $p_s - p_a$에 의한 운동에너지의 변환은 확대관을 나온 다음에 일어나고 관 내에서의 흐름은 p_a에 의해서 변화하지 않는다.

8·12 충격파

앞 절에서 기술한 바와 같이 초음속유동($M > 1$)이 갑자기 아음속유동($M < 1$)으로 변화할 때 이 유동에 있어서 불연속면을 충격파(shock wave)라 하는데 이 불연속면에서 압력과 밀도 등도 급격히 증대한다.

그림 8·9(a)는 곧은 관 내를 지나는 기류 속에 생긴 수직 충격파를 표시하고 그림 8·

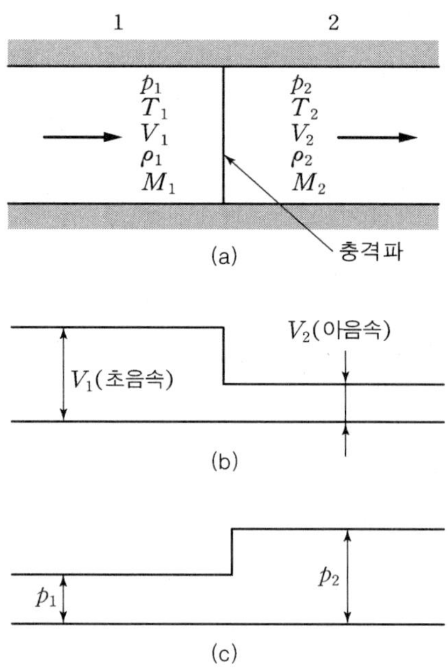

그림 8·9 수직충격파

9(b), (c)는 각각 유속과 압력의 변화를 표시한다.

충격파의 앞부분에 있어서 압력을 p_1, 온도를 T_1, 유속을 V_1, 밀도를 ρ_1, 마하수를 M_1으로 하고, 뒷부분에서의 그것을 각각 p_2, T_2, V_2, ρ_2, M_2라 하면 곧은 관에 있어서는 단위면적당 유량 $\frac{\dot{m}}{A}$는 일정하다. 그런데 Fanno의 방정식, 즉 $\frac{\dot{m}}{A} = \frac{p}{\sqrt{T_0}}\sqrt{\frac{k}{R}}\ M\sqrt{1+\frac{(k-1)}{2}M^2}$를 파의 앞면과 뒷면에 적용하면(단열흐름으로 생각하여 T_0은 일정)

$$\frac{p_1}{\sqrt{T_0}}\sqrt{k/R}\ M_1\sqrt{1+\frac{(k-1)}{2}\ M_1{}^2} = \frac{p^2}{\sqrt{T_0}}\sqrt{\frac{k}{R}\ M_2{}^2}\ \sqrt{1+\frac{(k-1)}{2}M_2{}^2}$$

$$\therefore\ \frac{p_2}{p_1} = \frac{M_1\sqrt{2+(k-1)M_1{}^2}}{M_2\sqrt{2+(k-1)M_2{}^2}} \tag{8·51}$$

로 된다.

다음에 연속방정식 $\rho V=$ constant $(A=$ constant$)$에서

$$\frac{V_2}{V_1} = \frac{\rho_1}{\rho_2} \tag{8·52}$$

이고, $\frac{p}{\rho} = RT$에서

$$\frac{\rho_2}{\rho_1} = \frac{p_2}{p_1}\frac{T_1}{T_2} \tag{8·53}$$

위 식(8·52)와 (8·53)에서

$$\frac{T_2}{T_1} = \frac{p_2}{p_1}\frac{\rho_1}{\rho_2} = \frac{p_2}{p_1}\frac{V_2}{V_1} = \frac{p_2}{p_1}\frac{M_2 a_2}{M_1 a_1} = \frac{M_2}{M_1}\frac{\sqrt{kRT_2}}{\sqrt{kRT_1}}$$

$$\therefore\ \frac{T_2}{T_1} = \left(\frac{p_2}{p_1}\right)^2\left(\frac{M_2}{M_1}\right)^2 \tag{8·54}$$

한편 운동량법칙을 파의 앞면과 뒷면에 적용하면

$$p_1 + \rho_1\ V_1{}^2 = p_2 + \rho_2\ V_2{}^2$$

$V = M\sqrt{kp/\rho}$의 관계를 윗 식에 대입하여

$$p_1 + k\ M_1{}^2\ p_1 = p_2 + k\ M_2{}^2\ p_2$$

$$\therefore \frac{p_2}{p_1} = \frac{1+k M_1^2}{1+k M_2^2} \tag{8·55}$$

식(8·51), (8·55)에서 p/p_1을 소거하면

$$M_2 = M_1 \quad \text{또는} \quad M_2^2 = \frac{2+(k-1) M_1^2}{2k M_1^2-(k-1)} \tag{8·56}$$

로 된다. 충격파의 경우는 온도, 압력, 밀도 등이 불연속적으로 변하여 $M_2 \neq M_1$으로 되므로 식(8·56)만을 생각하면 된다.

식(8·56)을 식(8·55)에 대입하여

$$\frac{p_2}{p_1} = \frac{2k}{k+1} M_1^2 - \frac{k-1}{k+1} \tag{8·57}$$

식(8·56), (8·57)을 식(8·54)에 대입하면

$$\frac{T_2}{T_1} = \frac{[2k M_1^2-(k-1)][2+(k-1) M_1^2]}{(k-1)^2 M_1^2} \tag{8·58}$$

식(8·57), (8·58)을 식(8·53)에 대입하여 정리하면

$$\frac{\rho_2}{\rho_1} = \frac{(k+1) M_1^2}{2+(k-1) M_1^2} \tag{8·59}$$

식(8·52)에 의하여

$$\frac{V_2}{V_1} = \frac{2+(k-1) M_1^2}{(k+1) M_1^2} \tag{8·60}$$

이상으로 충격파 뒷면의 상태를 앞면의 상태로 알 수가 있다.

예제 8·13

마하 수 2, 정압 $0.7\,\text{kg/cm}^2\text{abs}$, 온도 -1°C인 초음속유동의 기체가 충격파를 발생했다. 후방의 마하 수, 유속, 정압 및 전압을 구하여라.

●풀이● $M_1=2$, $P_1=0.7\,\text{kg/cm}^2\text{abs}$, $T_1=273-1=272\,°\text{K}$

$$M_2^2 = \frac{2+(k-1) M_1^2}{2k M_1^2-(k-1)} = \frac{2+(1.4-1)2^2}{2\times1.4\times2^2-(1.4-1)} = 0.333$$

$$a_1 = \sqrt{kRT_1} = \sqrt{1.4\times287\times272} = 331\,\text{m/sec}$$

$$\therefore V_1 = M_1 a_1 = 2\times331 = 662\,\text{m/sec}$$

$$\frac{V_2}{V_1}=\frac{2+(k-1)\ M_1{}^2}{(k+1)\ M_1{}^2}$$ 에서

$$V_2=V_1\frac{2+(k-1)\ M_1{}^2}{(k+1)\ M_1{}^2}=662\frac{2+(1.4-1)\,2^2}{(1.4+1)\,2^2}=248\,\mathrm{m/sec}$$

$$\frac{p_2}{p_1}=\frac{2k}{k+1}\ M_1{}^2-\frac{k-1}{k+1}$$ 에서

$$p_2=p_1\left[\frac{2k}{k+1}M_1{}^2-\frac{k-1}{k+1}\right]=0.7\left[\frac{2\times1.4}{1.4+1}\times2^2-\frac{1.4-1}{1.4+1}\right]$$

$$=3.15\,\mathrm{kg/cm^2}$$

$$\frac{p_2}{p_{02}}=\frac{1}{[1+(k-1)/2\times M_2{}^2]^{k/k-1}}$$ 에서

$$P_{o2}=P_2\left[1+\frac{k-1}{2}M_2{}^2\right]^{k/k-1}=3.15\left[1+\frac{1.4-1}{2}\times0.333\right]^{1.4/1.4-1}$$

$$=3.95\,\mathrm{kg/cm^2}$$

연습문제

1. 관 내에 수소가 흐르고 있다. 단면 1에서 속도가 75m/s, 온도는 50°C이고 단면 2에서 온도가 100°C이다. 1과 2 사이에서 QH=7.5×105 J/kg의 열을 받는다고 하면 단면 2에서의 속도는 얼마인가? 단, 수소의 정압비열은 14.446 kJ/kg °k이다.

2. 다음 기체를 완전기체로 보고 각 경우의 엔트로피변화를 계산하라.

   (1) 질소 $T_1=250\,\mathrm{K}$, $P_1=150\,\mathrm{bar}$

   $T_2=33\,\mathrm{K}$, $P_2=10\,\mathrm{bar}$

   (2) 공기 $T_1=200\,\mathrm{K}$, $P_1=1\,\mathrm{bar}$

   $T_2=233\,\mathrm{K}$, $P_2=200\,\mathrm{bar}$

   단, 질소와 공기의 정압비열은 각각 1038 J/kgK, 1003J/kgK이다.

3. 이산화탄소가 속도 10m/s로 파이프를 통하고 또 50m/s의 속도로 노즐을 통하여 흐르고 있다. 이 때 파이프와 노즐 사이의 온도차는 얼마인가?(단, 완전기체의 단열흐름으로 본다. 이산화탄소의 정압비열은 858.2J/kg °K이다.)

4. 헬륨(He)의 단열흐름에서 한 점에서의 속도가 각각 90m/s, 90°C이라면 속도가 180m/s되는 같은 유선상의 다른 점에서의 온도는 얼마인가? 또, 두 점에서의 압력비는 얼마인가? (단, 헬륨의 정압비열은 5223J/kgK이다.)

5. 질소의 단열흐름 내의 한점에서 속도가 200m/s이고, 같은 유선상의 다른 한점과의 온도차는 10°C라고 한다. 이 점에서 이 속도를 구하여라.

6. 이산화탄소 흐름의 동일유선상의 두 점에서 측정한 속도와 온도가 각각 60m/s, 40°C와 120m/s, 35°C이다. 이 흐름은 단열흐름이 아니다. 두 점 사이에서 어느 정도의 열을 받았는가?

7. 노즐에서 500m/s로 흐르는 공기의 밀도는 $\rho=2\,\mathrm{kg/m^3}$, 온도는 $T=300\,°\mathrm{C}$이다. 속도가 더 증가하기 위하여 단면적은 증가하여야 하는가, 감소하여야 하는가?

8. 도관에서 $M=2.0$으로 흐르고 있다. 속도가 20% 감소하기 위해서 단면적은 몇 % 변화시켜야 하는가?

9. 공기가 대기 중에서 축소노즐을 통하여 진공탱크로 흘러 들어가고 있다 노즐이 축소된 끝 부분의 직경은 38mm이다. 만일 대기압과 온도가 각각 101.3kPa와 15°C이라면 기류가 음속이 되기 위하여 탱크의 진공을 얼마로 하면 좋은가? 또, 그때의 유량은 얼마인가? 만일, 탱크가 254mmHg 진공이라면 유량은 얼마인가?

10. 산소가 탱크에서 축소노즐을 통하여 방출된다. 제트의 온도와 속도는 각각 −20°C, 270m/s이다. 탱크내의 온도는 얼마인가?

11. 이산화탄소가 탱크에서 축소노즐을 통하여 대기 중으로 방출된다. 만일 탱크의 온도와 압력이 각각 38°C, 140kPa이면 제트의 온도, 압력, 속도는 얼마인가?(단, 대기압은 101.3 kPa이다.)

12. 공기(40°C, 700kPa abs)가 큰 탱크에서 150mm 파이프로 흐르고 거기서 첨단직경이 100mm인 축소노즐을 통하여 대기(103kPa) 중으로 방출된다. 파이프 속에서의 압력, 온도, 속도를 구하여라.

13. 이산화탄소가 절대압이 각각 450kPa와 210kPa인 두 탱크 사이를 큰 벽 속의 축소노즐을 통하여 흐르고 있다. 제트의 온도가 10°C이면 제트의 속도는 얼마인가? 또, 상류탱크의 온도는 얼마인가?

14. 온도가 40°C인 큰 탱크로부터 공기가 축소노즐을 통하여 대기중으로(101.3kPa) 방출한다. 유량은 2.55kg/s이다. 만일 탱크의 절대압력이 (1) 175 kPa, (2) 210 kPa일 때 축소노즐의 직경을 구하여라.

15. 공기가 150mm 파이프로부터 25mm 축소노즐을 통하여 대기 중으로 흐르고 있다. 제트의 절대압이 138kPa일 때 파이프 내의 절대압력을 구하여라.

16. 질소가 100mm 파이프로부터 50mm 축소노즐을 통하여 대기 중으로 방출된다. 대기압은 101.3kPa이고, 파이프 내의 압력은 0.3m, 파이프 내의 15.5°C이다. (1) 기체의 팽창을 무시할 때, (2) 팽창을 고려할 때 유량을 계산하여라.

17. 이산화탄소가 탱크에서 스롯트 직경이 25mm, 출구직경이 50mm인 축소 확대노즐을 통하여 흐른다. 탱크의 절대압력과 온도는 각각 241.5kPa와 37.8°C이다. P가 (1) 172.5 kPa abs, (2) 221kPa abs일 때의 질량유량을 구하여라.

18. 98.5kPa abs. 20°C인 대기 중의 공기가 스롯트 직경 50mm, 출구직경 75mm인 축소 확대 노즐을 통하여 진공탱크로 흘러들어가고 있다. 이 때 최대 질량유량을 구하여라.

19. 50N/cm^2, 200°C인 공기가 축소확대노즐을 통하여 10N/cm^{2}인 대기 중으로 방출된다. 유량을 3kg/s라 하면 스롯트 및 출구의 단면적은 각각 얼마인가? 또, 출구의 마하 수, 온도, 풍속을 구하여라.

20. 완전기체($k=2.0$, $R=628$ J/kg°K)가 축소확대노즐을 통하여 탱크로부터 대기(700mmHg) 중으로 방출된다. 탱크의 계기압은 345kPa, 온도는 40°C이다. 노즐의 스로트와 출구의 직경은 각각 28mm, 26.25mm이다. 이 노즐 속에서 충격파가 생길 것인가를 조사하여라.

9장

개수로 유동

자연 상태에서 많은 유동은 자유표면(free surface)을 가진 상태로 발생한다. 자유표면유동은 몇 가지 중요한 막힌 관내의 유동과 다르기 때문에 이 유동들을 이 장에서는 분리하여 다룬다. 빗물이 흘러가는 것과 강의 흐름, 수로, 관개수로 그리고 배수로 등에서의 유동은 자유표면이 대기압인 것으로 잘 알려진 예들이다. 유동이 압력차로 인하여 유지되는 닫힌 관 유동에서와는 달리 개수로 유동을 일으키는 힘은 중력이며 개수로 유동의 대다수 유동은 물리적으로 큰 척도를 갖게 되므로 레이놀즈 수도 일반적으로 커서 대부분 난류유동을 하게 된다.

9·1 개수로 유동의 특징

액체의 자유표면을 갖는 도관(도수관)은 개수로로 분류되며 자연적인 개수로의 예는 아주 많다. 인간이 만든 수로는 운하, 용수로, 배수로 등으로 불리며 다양한 단면형상을 갖게 수로를 만들 수 있다. 보통 사각형 모양이 이용되며 기울기와 단면이 일정한 수로를 프리즘형 수로라고 한다. 표 9·1에서는 기하학적 특성을 요약해 놓았다. 유동의 깊이 y는 수로의 바닥에서 자유표면까지 측정된 수직거리이다. 유동면적 A는 유동방향에 수직한 유동단면적이다. 접수길이 P는 액체와 접하고 있는 고체수로 표면의 길이이다. 수력반경(hydraulic radius) R_h는 다음과 같이 정의된다.

$$R_h = \frac{A}{P}$$

표 9·1 일반적인 개수로형상의 기하학적 특성

모양	단면	유동면적	접수길이	수력반경
사다리형	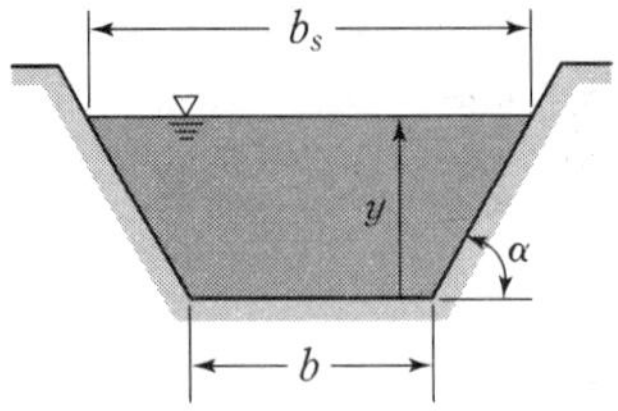	$y(b+y\cot\alpha)$	$b+\frac{2y}{\sin\alpha}$	$\frac{y(b-y\cot\alpha)}{b+\frac{2y}{\sin}\alpha}$
삼각형	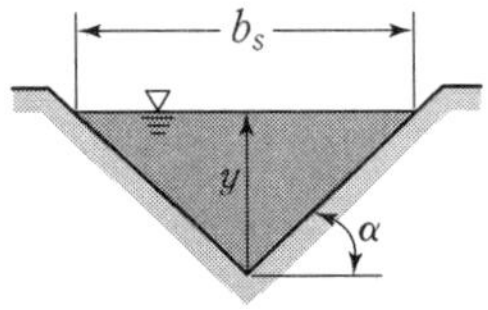	$y^2\cot\alpha$	$\frac{2y}{\sin\alpha}$	$\frac{y\cos\alpha}{2}$
사각형	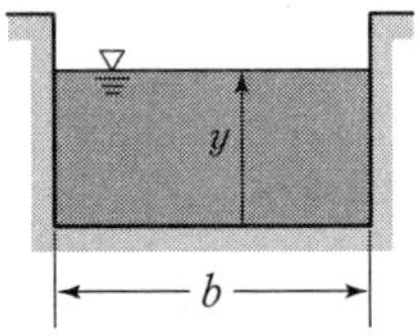	by	$b+2y$	$\frac{by}{b+2y}$
넓은 평판형	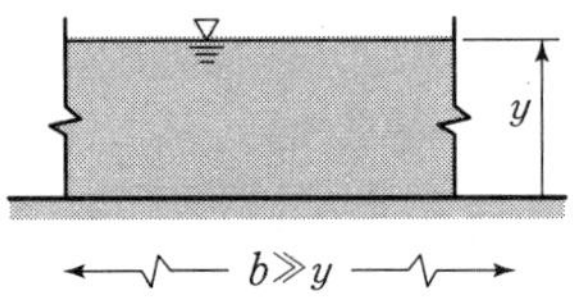	by	b	y
원형	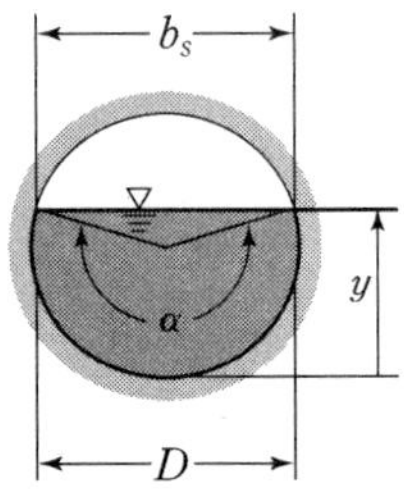	$(\alpha-\sin\alpha)\frac{D^2}{8}$	$\frac{\alpha D}{2}$	$\frac{D}{4}\left(1-\frac{\sin\alpha}{\alpha}\right)$

수력 반지름은 개수로 유동의 해석에 보편적으로 사용되어진다.

그림 9·1에서는 여러 가지의 개수로 단면에 대한 유선 속도 분포가 주어져 있다.

주어진 단면에서 속도분포가 균일하진 않지만 해석의 편의상 주어진 단면에서 속도는 균일한 것으로 가정하였으며 운동에너지 수정계수 α는 1로 택하였다.

그림 9·1로부터 측정된 최대속도는 자유표면 아래에 생긴다는 것을 주목하자. 공기저항으로 인한 전단응력은 무시할 수 있으므로, 사람들은 최대속도가 자유표면에서 생기는 것으로 기대한다. 2차 유동이 축방향 속도분포를 변형시키게 된다.

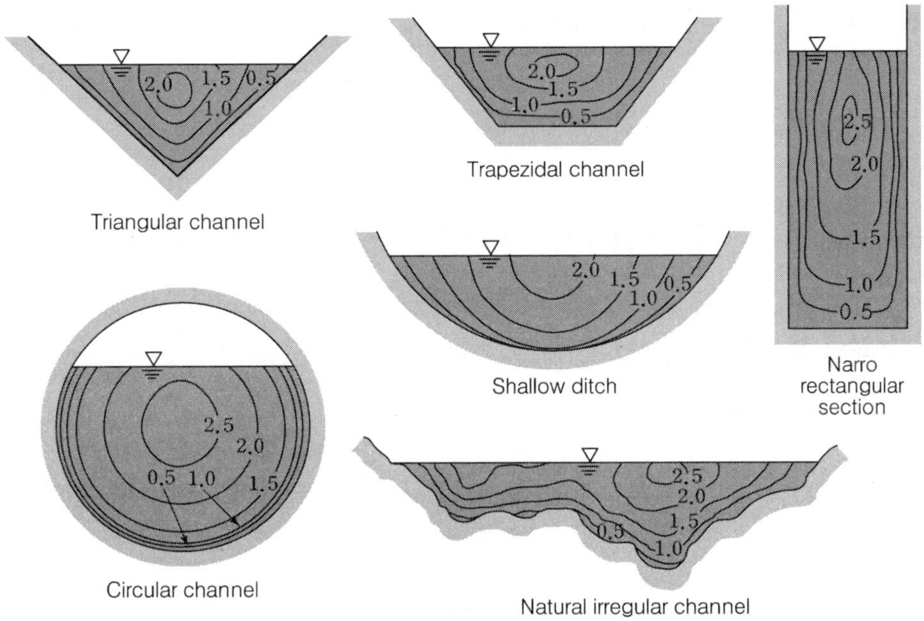

그림 9·1 개수로단면에서의 전형적인 등속도분포

축방향 속도의 불균일 분포는 교각과 같은 장애물의 바닥에서 강한 2차 유동을 발생시킨다. 최대속도의 위치는 수로바닥으로부터 훨씬 위쪽에 있다. 이 지점에서의 높은 정체압력은 장애물 전면에 있는 바닥에서 재순환영역을 형성하게 한다. 이 선회유동은 장애물의 옆쪽으로 이동하면서 말발굽 형태의 와류를 형성한다. 와류핵은 길게 늘어지고 선회속도는 장애물의 옆을 따라 이동하면서 증가된다. 와류 속에 존재하는 고속유동은 측벽면을 따라 자연적인 수로의 바닥을 심하게 침식할 수 있다.

예제 9·1

직경이 10cm인 원관을 통해 물이 흐르고 있다. 수력 반경은 몇 cm인가?

$$R_h = \frac{A}{P} = \frac{\frac{\pi}{4}d^2}{\pi d} = \frac{d}{4} = \frac{10}{4} = 2.5\,\text{cm}$$

9·2 푸루드 수

흥미있는 여러 현상들은 움직이는 유동에서 발생한다. 개수로 유동에서 파속도 해석은 속도 V로 움직이는 흐름의 표면 위에 형성되는 작은 파의 전파에도 같이 적용할 수 있다.

고정 관측자의 입장에서 본 파동속도는 다음과 같게 된다.

$$V_w = V \pm c = V \pm \sqrt{gy}$$

결과적으로 V_w는 V는 $\sqrt{gy}$의 크기에 좌우되는 어떤 값을 택할 수 있다. 파속도 V_w는 $V < \sqrt{gy}$일 때(상류로 거슬러가는 흐름) 음의 부호를 가진다. 따라서 $V = \sqrt{gy}$일 대 유동변화의 특성을 알 수 있다.

$$\frac{V}{\sqrt{gy}} = F_r = 1$$

여기서, F_r은 7장에서 소개된 푸루드 수이다. $F_r = 1$을 기준으로 하여 파운동의 특성은 변한다.

$F_r < 1$　아임계유동 또는 상류(常流, subcritical flow) (교란이 상류로 전파될 수 있다. 하류조건이 유동상류에 영향을 미칠 수 있다.)

$F_r = 1$　임계유동, 또는 한계류(critical flow)

$F_r > 1$　초임계유동 또는 사류(射流, supercritical flow) (교란이 상류로 전파되지 않는다. 하류의 조건은 상류유동에 영향을 미치지 못한다.)

이러한 유동거동의 분류는 8장에서 다룬 가스유동의 아음속, 음속, 초음속과 정성적으로 유사하다.

9·3 개수로 유동에 대한 에너지 방정식

파이프 내 유동의 경우처럼, 정상개수로 유동의 마찰은 기계적 에너지 손실을 가져오며 이것은 수두손실로 특성 지을 수 있다. 마찰의 영향은 수로가 길 때 특히 중요하다. 일정한 폭과 바닥 기울기를 가진 개수로 유동의 에너지 방정식은 다음과 같다.

$$\frac{V_1^2}{2g} + y_1 + z_1 = \frac{V_2^2}{2g} + y_2 + z_2$$

마찰의 영향을 고려해 수두손실(h_L)을 구하기 위한 에너지 방정식은 다음과 같다.

$$\frac{V_1^2}{2g} + y_1 + z_1 = \frac{V_2^2}{2g} + y_2 + z_2 + h_L$$

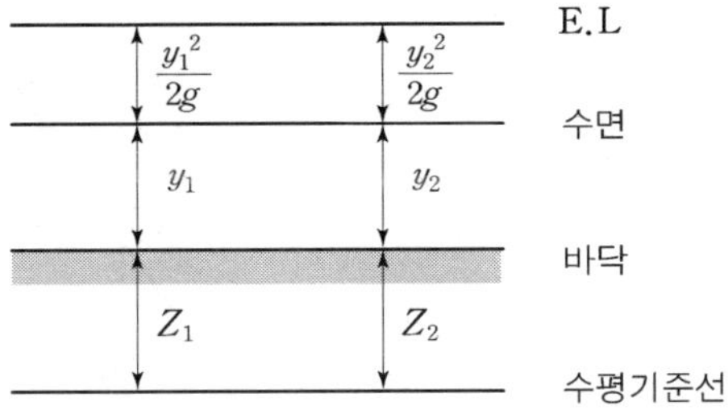

그림 9·2 개수로 유동에 대한 에너지 방정식

9·4 비에너지

개수로유동의 에너지방정식은 $\dfrac{V^2}{2g}+y$항을 양변에 포함하고 있다. 이 항은 비에너지(specific energy) 또는 비양정(specific head)으로 정의되고, 기호 E로 나타낸다. 수로 바닥으로부터 E.L까지를 의미한다.

$$E=\frac{V^2}{2g}+y$$

여기서, 유동깊이 y는 수로바닥에서 수직방향으로 측정된 깊이이다.

어느 단면에서 균일유동일 때 속도는 체적유량의 항으로 나타낼 수 있다. 연속방정식에서 $V=\dfrac{Q}{A}$이므로

$$E=\frac{Q^2}{2gA^2}+y \tag{9·1}$$

주어진 유량에 대한 비에너지는 깊이의 함수이다. 깊이는 또한 면적에 대한 관계식에 나타난다. 유량이 일정할 때 깊이와 비에너지 사이의 관계를 나타내기 위해 폭이 b인 사각형 수로 내의 유동을 고려해 보자. $A=by$이고,

$$E=\frac{Q^2}{2gb^2y^2}+y \tag{9·2}$$

주어진 유량에 대하여 비에너지의 함수로서 깊이변화를 그림 9·3에 도시하였다. 몇 가지 Q에 대한 곡선(실제적으로 $\dfrac{Q^2}{2gb^2}$)을 나타내었다.

$Q=0$일 때, $y=E$이다. 이 극한의 경우는 기울기가 45°인 선이다. 주어진 유량($Q>0$)과 비에너지에 대해 2개의 유동깊이가 얻어질 수 있다. 이 2개의 깊이를 대응수심 또는 교호깊이(alternate depth)라 한다. Q가 일정한 곡선은 모든 가능한 깊이의

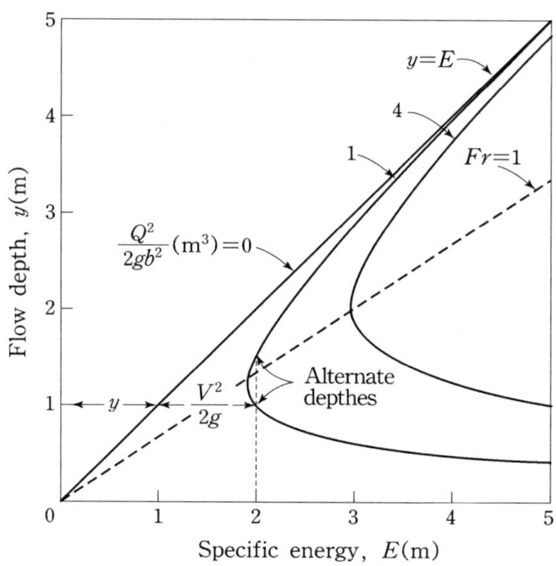

그림 9·3 비에너지선도

궤적과 식(9·2)를 만족하는 해당 비에너지를 나타낸다. Q가 증가함에 따라 곡선은 오른쪽으로 이동해 간다.

임의의 E값에 대해서 수직축($E=0$)에서 $y=E$선까지의 수평거리가 깊이 y이다. $y=E$인 선에서부터 Q 곡선까지의 거리는 운동에너지 $\frac{V^2}{2g}$와 같다. 이것을 그림 9·3에서 볼 수 있다.

그림 9·3에서 주어진 유량을 나타내는 각각의 곡선에 대해 E가 최소가 되는 깊이가 존재한다. 식(9·2)를 미분함으로써 이 깊이 y를 결정할 수 있다. E를 y에 대해 미분하고 여기서 접선의 기울기 $\frac{dE}{dy}=0$일 때 E값은 최소가 되어 다음과 같다.

$$\frac{dE}{dy} = -\frac{Q^2}{gb^2y^3} + 1 = 0$$

y에 대해 풀면, 다음을 얻는다.

$$\frac{Q^2}{gb^2} = y^3 \quad \text{또는} \quad y = \left[\frac{Q^2}{gb^2}\right]^{\frac{1}{3}} \tag{9·3}$$

식(9·2)에 이 결과를 대입하면

$$E_{\min} = \frac{1}{2}y + y = \frac{3}{2}y$$

E의 최소값의 궤적은 $y = \frac{2}{3} E_{\min}$인 직선이다.

식(9·3)을 이용하여 $E_{\min}$에서 속도에 대해 풀 수 있다.

$$V^2 = \frac{Q^2}{A^2} = \frac{Q^2}{b^2 y^2} = gy$$

따라서, E가 최소가 되는 곳에서 $F_r = \frac{V}{\sqrt{gy}} = 1.0$이고, 임계유동(한계류)에 해당하는 조건이다. $E_{\min}$에서의 깊이는 한계수심 또는 임계깊이(critical depth) y_c라 한다. 따라서 폭이 b인 사각형 수로에서의 유동에 대한 한계수심(임계깊이)는 다음과 같다.

$$y_c = \left[\frac{Q^2}{gb^2} \right]^{\frac{1}{3}} \quad \text{그리고} \quad E_{\min} = \frac{3}{2} y_c \tag{9·3}$$

식(9·1)로부터

$$E_{\min} = \frac{3}{2} y_c = \frac{V_c^2}{2g} + y_c$$

그러므로

$$\frac{V_c^2}{2g} = \frac{y_c}{2} \tag{9·4}$$

푸루드 수에 대한 관계식으로 나타냄으로써 한계수심(임계 깊이)의 위와 아래쪽의 곡선들의 유동 특성을 고찰할 수 있다.

$$Q = V_c b y_c = V b y \tag{9·5}$$

그러면 식(9·4)나 (9·5)를 이용하여

$$F_r = \frac{V}{\sqrt{gy}} = \frac{V_c y_c}{y\sqrt{gy}} = \frac{\sqrt{gy_c}\, y_c}{y\sqrt{gy}} = \left[\frac{y_c}{y} \right]^{\frac{3}{2}}$$

곡선의 윗부분에서 $y > y_c$, 그러므로 $F_r < 1$; 유동은 아임계 또는 상류

곡선의 아래부분에서 $y < y_c$, 그러므로 $F_r > 1$; 유동은 초임계 또는 사류

사각형이 아닌 수로에서는 수로의 깊이가 폭에 따라 변한다. 이 경우에는 한계수심(임계깊이) (그리고 임계속도, 단면)의 계산을 하기 위해서 항상 시행착오법이 필요하다.

최소비에너지상태일 때 일정한 유량 Q에서 y로 식(9·2)를 미분하면

$$\frac{dE}{dy} = 0 = -\frac{Q^2}{gA^3}\frac{dA}{dy} + 1$$

$dA = b_s dy$이다. 여기서 b_s는 자유표면에서의 수로폭이다. 따라서

$$E = E_{\min} \text{에서} \quad \frac{g\,A_c^{\,3}}{b_{sc}Q^2} = 1 \tag{9·6}$$

A_c와 b_{sc}는 임계깊이 y_c의 함수이다. 주어진 단면의 형상에 대하여 식(9·6)을 수치적으로 풀면 임계깊이를 구할 수 있다.

$F_r = 1$에 해당하는 임계면적 A_c는

$$A_c = \left[\frac{b_{sc}Q^2}{g} \right]^{\frac{1}{3}} \tag{9·7}$$

연속방정식으로부터 $V_c = \dfrac{Q}{A_c}$이고, 식(9·6)으로부터 $\dfrac{Q^2}{A_c^{\,2}} = \dfrac{gA_c}{b_{sc}}$이다.

$$V_c = \frac{Q}{A_c} = \left[\frac{Q^2}{A_c^{\,2}} \right]^{\frac{1}{2}} = \left[\frac{gA_c}{b_{sc}} \right]^{\frac{1}{2}} = [\, gy_{hc}]^{\frac{1}{2}} \tag{9·8}$$

여기서, y_{hc}는 임계조건에서의 수리수심이다. 따라서 푸루드 수는 최소비에너지에 해당하는 임계조건의 유동에 대해 1이다.

사각형 수로에서 $A_c = by_c$이고, $b_{sc} = (\,gy_c)^{\frac{1}{2}}$이다. 식(9·8)의 $V_c = (\,gy_c)^{\frac{1}{2}}$이다. [이것은 식(9·4)로부터 구한 결과와 같다.]

E가 최소가 되는 부분에서는 E의 변화에 따른 y의 변화율은 거의 무한대이다. 수로의 불규칙성이나 교란으로 E가 조금 변하더라도 유체깊이의 변화는 크게 나타난다. 따라서 유동이 임계조건 가까이 있을 때 표면파가 형성된다. 결과적으로 임계유동(한계류)에 가까운 장기간의 운전은 실용면에서는 피해야 한다.

9·5 등류-체지 방정식

수로단면과 기울기가 일정한 개수로 유동에서 완전히 발달된 유동을 등류 수심 또는 표준깊이에서의 유동 또는 균일 유동이라고 한다. 수로 바닥의 기울기는 $\sin\theta \approx S$로 나타내며 유동을 해석하기 위해서 각각의 단면에서 균일 유동이라고 가정하고 그림 9·4의 검사 체적에 기본방정식을 적용해서 해석하면 다음과 같다.

$$\sum F_s = P_1A - P_2A + w\sin\theta - \tau A_\tau = \rho Q(\,V_{2s} - V_{1s})$$

$$P_1 \approx P_2 \approx P_0, \qquad V_{2s} = V_{1s}$$

$$w\sin\theta - \tau A_\tau = 0$$

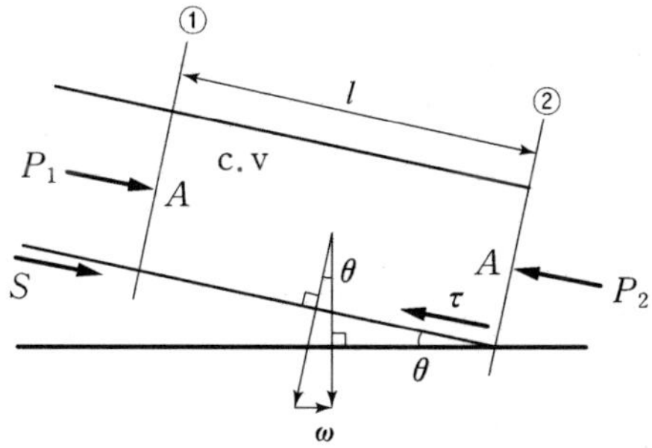

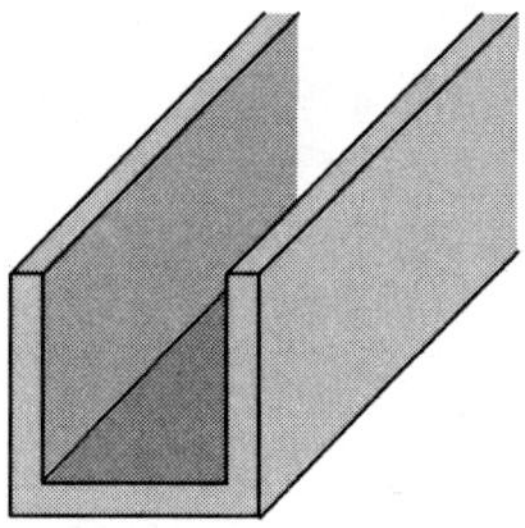

그림 9·4

여기서,

$$w = \gamma \cdot V = \gamma \cdot A \cdot l$$

$$A_\tau = (b + 2y)\, l = P \cdot l$$

$$\gamma \cdot A\, l \sin\theta = \tau \cdot P l$$

$$\therefore \tau = \frac{A}{P} \cdot \gamma \cdot \sin\theta = \gamma \cdot R_h \cdot \sin\theta$$

$$\therefore \tau = \gamma \cdot R_h \cdot S \tag{9·9}$$

실제적인 개수로 유동은 언제나 난류이므로 전단응력과 속도 구배를 연관시키는 단순한 구성 관계식을 이용할 수 없으며 경험적이고 실험적인 관계식에 의존해야 한다. 대부분 개수로 유동에 대해서 마찰계수는 표면조도만의 함수이다. 주어진 조도로 등류 수심에서의 유동속도는 다음과 같이 구할 수 있다.

$$V = C\sqrt{R_h \cdot S} \tag{9·10}$$

식(9·10)을 셰지의 식이라 하며, 경험값 체지상수 C는 만닝(Manning)에 의해 아래와 같이 구해졌으며 표 9·2는 수로 경계면 조도의 형태에 따라 다른 값을 갖는 조도계수이다.

표 9·2 수로표면에 따른 조도계수

수로 표면	n(조도계수)
유리, 플라스틱 필름	0.010
나무, 다듬질된 콘크리트	0.013
다듬질 안 된 콘크리트, 블록	0.015
리벳된 스틸	0.017
많은 돌과 풀이 있는 강하천	0.035

$$C = \frac{1}{n} R_h^{\frac{1}{6}} \tag{9·11}$$

C에 대한 관계식으로 식(9·11)을 (9·10)에 대입하면 유동속도는

$$V = \frac{1}{n} R_h^{\frac{2}{3}} S^{\frac{1}{2}}$$

이고, 체적유량은 다음과 같이 쓸 수 있으며 이를 체지-만닝 방정식이라 한다.

$$Q = A \cdot V = \frac{1}{n} A \cdot R_h^{\frac{2}{3}} \cdot S^{\frac{1}{2}} \tag{9·12}$$

예제 9·12

체지상수가 127 127[$\frac{m^1}{2}$ $/s$]인 사각형 수로가 있다. 이 수로의 폭이 2m, 깊이 1m 경사도가 0.0016일 때 유량은 몇 m^3/s인가?

$Q = A \cdot C\sqrt{R_h \cdot S}$ 에서

$A = 2\,m^2$, $P = 2 + 2 \times 1 = 4\,m$, $R_h = 0.5\,m$

$\therefore Q = 2 \times 127\sqrt{0.5 \times 0.0016} = 7.184\,m^3/s$]

9·6 최적수로단면

기울기와 조도가 주어져 있을 때 최적수로단면은 설계할 때 주어진 유량에 대한 최소 유동단면적일 것을 요구한다. 식(9·12)로부터

$$\frac{Q}{A} = \frac{R_h^{\frac{2}{3}} \; S_b^{\frac{1}{2}}}{n} \tag{9·13}$$

최적단면은 최대수력반지름 R_h를 갖는다. $R_h = \dfrac{A}{P}$ 이므로 접수길이가 최소일 때 R_h는 최대가 된다. A에 대하여 식(9·13)을 풀면 다음과 같이 된다($R_h = \dfrac{A}{P}$).

식(9·14)로부터 접수길이가 최소일 때 유동면적은 최소가 된다.

접수주위 P는 수로형상의 함수이다. 임의의 주어진 프리즘형 수로(직사각형, 사다리꼴, 삼각형, 원형 등)에 대해 수로단면은 최적화될 수 있다. 일반적인 수로형상에 대한 최적단면은 표 9·3에 주어져 있다.

표 9·3 최적 개수로 단면의 성질

모양	단면	유동면적	접수길이	수력반경
사다리형	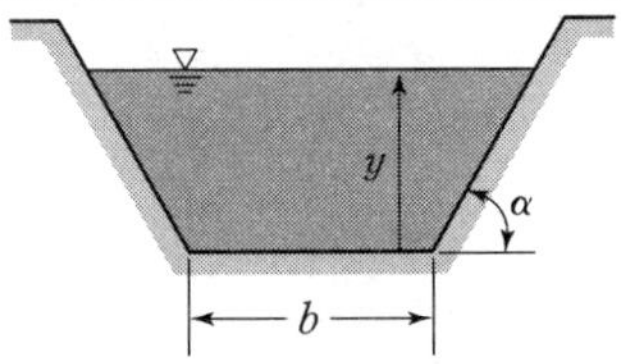	$\alpha = 60°$ $b = \dfrac{2}{\sqrt{3}} y_n$	$0.968\left[\dfrac{Qn}{S_b^{1/2}}\right]^{3/8}$	$1.622\left[\dfrac{Qn}{S_b^{1/2}}\right]^{3/4}$
삼각형	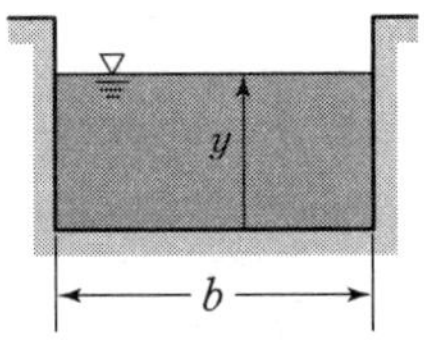	$b = 2y_n$	$0.917\left[\dfrac{Qn}{S_b^{1/2}}\right]^{3/8}$	$1.682\left[\dfrac{Qn}{S_b^{1/2}}\right]^{3/4}$
사각형	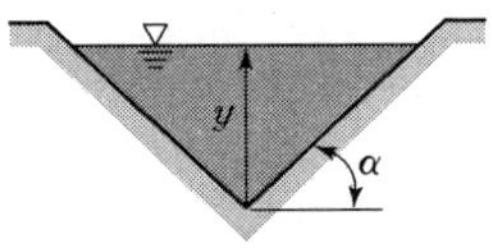	$\alpha = 45°$	$1.297\left[\dfrac{Qn}{S_b^{1/2}}\right]^{3/8}$	$1.682\left[\dfrac{Qn}{S_b^{1/2}}\right]^{3/4}$
넓은 평판형	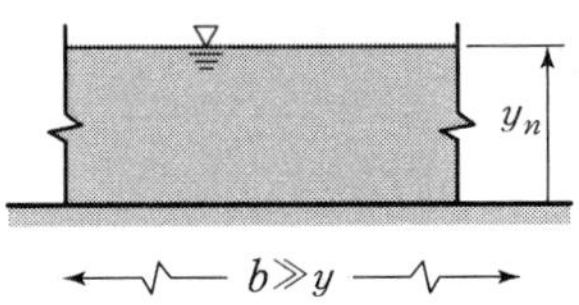	None	$1.00\left[\dfrac{(Q/b)n}{S_b^{1/2}}\right]^{3/8}$	
원형	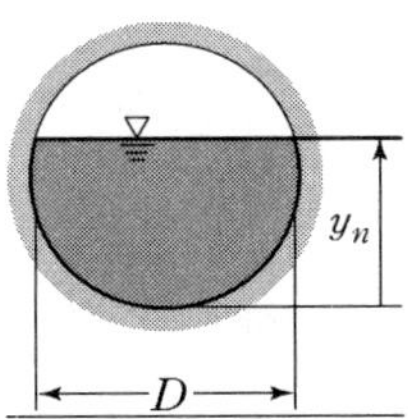	$D = 2y_n$	$1.00\left[\dfrac{Qn}{S_b^{1/2}}\right]^{3/8}$	$1.583\left[\dfrac{Qn}{S_b^{1/2}}\right]^{3/4}$

식(9·12)에서 $Q = \frac{1}{n} R_h^{\frac{2}{3}} \cdot S^{\frac{1}{2}} A \Leftarrow Q,\ n,\ S$가 일정하다고 보면

$$\frac{C}{A} = R_h^{\frac{2}{3}} \rightarrow R_h^{\frac{2}{3}} = \frac{C}{A} \rightarrow \left(\frac{A}{P}\right)^{\frac{2}{3}} = \frac{C}{A} \rightarrow A^{\frac{5}{3}} = C \cdot P^{\frac{2}{3}}$$

(C: 상수)

$$\therefore A = C^{\frac{3}{5}} \cdot (P^{\frac{2}{3}})^{\frac{3}{5}} = C^{\frac{3}{5}} \cdot P^{\frac{2}{5}} = C \cdot P^{\frac{2}{5}} \qquad (9\cdot15)$$

사각형 수로인 경우에 최적 수로단면의 조건을 구해보면 다음과 같다.

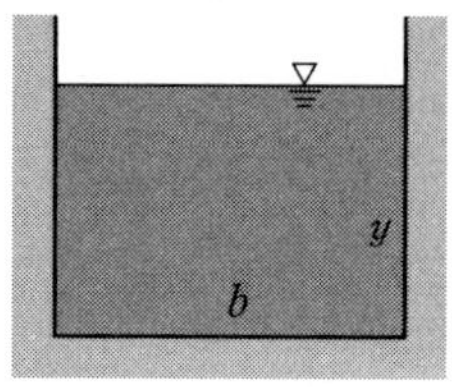

$$A = b \cdot y$$

$P = b + 2y$에서 $b = P - 2y$이므로

$$A = Py - 2y^2 \qquad (9\cdot16)$$

식(9·15)와 (9·16)을 같게 놓으면

$$C \cdot P^{\frac{2}{5}} = Py - 2y^2$$

$$Py - 2y^2 = C \cdot P^{\frac{2}{5}} \qquad (9\cdot17)$$

식(9·17)을 미분하면

$$\frac{dP}{dy} \cdot y + P \cdot 1 - 4y = \frac{2}{5} CP^{-\frac{3}{5}} \cdot \frac{dP}{dy}$$

접수길이가 최소가 되려면 $\frac{dP}{dy} = 0$이어야 한다.

$$\therefore P = 4y, \quad P = b + 2y$$

이므로

$$\therefore b = 2y$$

즉, 폭을 깊이의 2배로 수로 단면을 설계하면 주어진 유량 Q를 최대로 흘려보낼 수 있게 된다.

연습문제

1. 단면이 사각형인 수로에서 매초 3.0m^3의 물을 수송시키려고 한다. 경제적인 단면 $h \times b$가 약 몇 m인가?(단, 벽면은 시멘트이며, 수로 경사도는 0.0001이다.)

2. 콘크리트로 사다리꼴 수로의 밑바닥의 나비 3m, 수심 2m, 측면 경사각이 60°일 때 유량은 약 몇 m^3/sec 인가? 단, 수로의 마찰계수는 0.02 수로의경사도는 0.001이다.

3. 사각형 단면의 수로에서 마찰저항을 적게 하는 가장 경제적인 단면은 어느 것인가? (단, 폭은 B이고 수심을 h라 한다.)

4. 폭이 10m, 수심이 2m인 직사각형 수로에 물이 $20\text{m}^3/\text{s}$의 유량으로 흐르고 있을 때 비에너지 E, 임계깊이 y_c, 임계속도 V_c를 구하여라.

5. 콘크리트로 된 직사각형 수로의 폭은 6m이고 깊이는 2m일 때 마찰계수 0.016일 때 체지상수 C는 얼마인가?

6. 폭이 15m인 직사각형 단면 수로에 $17.5\text{m}^3/\text{s}$의 물이 1.2m 깊이로 흐를 때 1.2m 깊이에서 등류가 되기 위한 수로의 경사도를 구하여라.(단, 마찰계수는 0.015로 한다.)

7. 폭 2.4m의 직사각형 수로에서 비에너지가 1.5m일 때 최대 유량은 몇 m^3/s인가?

8. 단위 나비당의 유량이 $3\text{m}^3/\text{s}$일 때 임계깊이는 약 몇 m인가?

10장

유체의 계측

현장에 종사하는 기술자나 연구실의 학자가 유체역학적 문제를 취급할 때 필연적으로 봉착하는 문제는 계측이다. 효과적이고 정밀하게 계측한다는 것은 유체역학 연구의 정확한 결과를 가져오는데 필수적이다. 따라서 여러 가지 계측기에 대한 사용법은 물론이고 그의 원리도 이해하여야 된다.

이 장에서는 비중, 점성, 압력, 속도, 유량 등 유체계측의 기본적인 부분만을 소개한다.

10·1 유체의 밀도, 비중 측정

유체의 밀도는 여러 가지 방법으로 측정되고 있다. 그 중에서 대표적인 방법은 첫째, 이미 체적 V를 알고 있는 어떤 용기의 무게를 w_1이라 하고, 이 용기에 측정하고자 하는 유체를 채우고 측정한 무게를 w_2라고 할 때 이 유체의 온도 t°C에서의 비중량을 γ_t라고 하면

$$\gamma_t = \frac{w_2 - w_1}{V} \tag{10·1}$$

두 번째 방법은, 이미 무게를 알고 있는 추를 이용하는 방법으로서 그림 10·1과 같이 비중량을 측정하려고 하는 액체 속에 추가 잠기도록 한 다음에 측정한 무게를 w_c, 공기 중에서 측정한 무게를 w_a, 추의 체적을 V, 액체의 온도를 t라고 할 때 비중량 γ_t는 다음과 같이 구해진다($w_a - w_c$는 부력임).

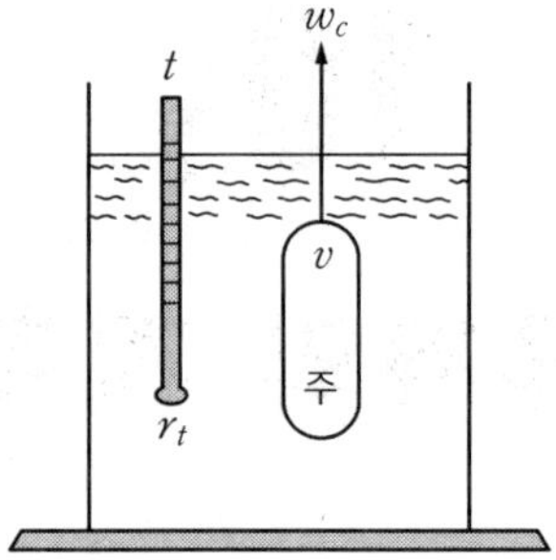

그림 10·1

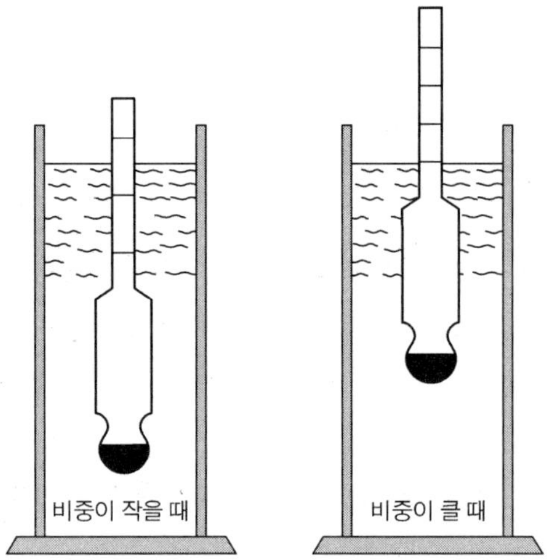

그림 10·2

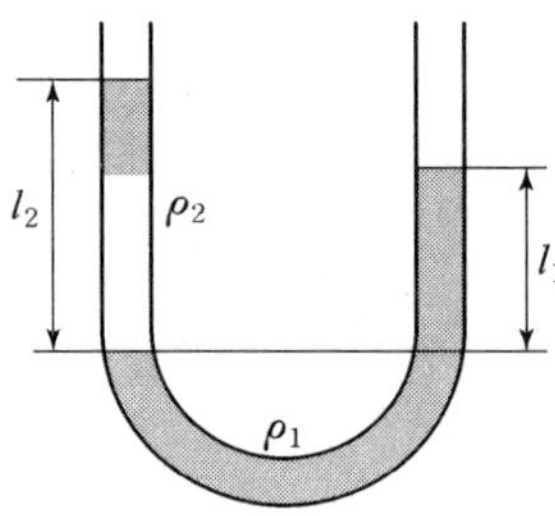

그림 10·3

$$\gamma_t = \frac{w_a - w_c}{V} \tag{10·2}$$

세 번째 방법은, 비중계를 이용하는 것으로 가장 보편적으로 이용되고 있는 방법 중의 하나이다. 즉, 그림 10·2와 같이 측정하려고 하는 액체를 길다란 용기에 채운 다음에 비중계를 넣어서 평형이 이루어진 다음에 액면과 일치되는 눈금으로 비중을 직접 읽을 수 있도록 되어 있다. 이 때 액체의 비중 크기에 따라 여러 종류의 비중계가 있어서 측정하려고 하는 액체의 비중 정도에 알맞은 비중계를 선택하여 사용하도록 되어 있다.

네 번째 방법은 그림 10·3과 같이 U자관을 이용하는 방법으로 U자관의 한쪽에 이미 비중을 알고 있는 액체를 넣고, 다른 한편에는 측정하려고 하는 액체를 넣어서 평형이 이루어진 다음에 그림과 같이 경계면의 수평위치로부터의 높이 L_1과 L_2를 측정한다. 이때 두 액체는 상호간에 혼합되지 않고 화학작용도 하지 않는 액체라야 한다.

이미 알고 있는 액체의 밀도를 ρ_2라고 하면

$$\rho_1 = \frac{l_2}{l_1}\rho_2 \tag{10·3}$$

로 된다.

10·2 점성계수의 측정

10·2·1 오스트발트 점도계

점성계수 μ인 유체가 반경 r_0, 길이 l인 원관에 압력차 Δp로 흐를 때 유량 Q는

$$Q = \frac{\pi r_0{}^4 \Delta p}{8\mu l} \tag{10·4}$$

로 주어진다(하겐－포아젤의 방정식).

이 원리를 이용한 것이 오스트발트(Ostwald) 점도계인데, 그 개요는 그림 10·4와 같다. 유리구 v의 A위치까지 시료액을 넣고 이것이 세관(細管)을 통과하여 액위가 B점까지 내려가는 시간 t를 측정한다. 이때의 액량을 v라고 하면

$$Q = \frac{v}{t} \tag{10·5}$$

로 된다.

식(10·4)에 $p = \rho g h$(D에 일정량의 액체를 넣으면 h는 상수로 간주된다)와 식(10·5)를 대입하고 정리하면

$$\mu = \frac{\pi r_o{}^4 \rho g h t}{8 l v} = K\rho t \tag{10·6}$$

여기서, K는 점도계에 관한 상수이다.

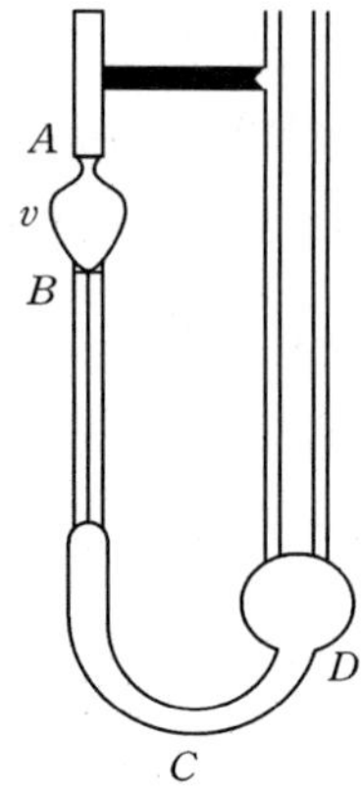

그림 10·4

따라서, $\mu=\mu_0$, $\rho=\rho_0$인 이미 알고 있는 표준액에 대해서 시간 t_0를 구해두면

$$\frac{\mu}{\mu_0}=\frac{\rho t}{\rho_0 t_0}$$

$$\therefore\ \mu=\frac{\rho t}{\rho_0 t_0}\mu_0 \quad \text{또는} \quad \nu=\frac{t}{t_0}\nu_0 \tag{10·7}$$

즉, 점도계에 대한 상수 K에 관계없이 μ 또는 ν를 구할 수 있다.

비뉴턴 유체가 세관을 흐를 때는 유속의 관내분포가 뉴턴유체의 경우와는 달라서 하겐-포아젤의 법칙이 성립하지 않으므로 이것을 수정할 필요가 있다.

10·2·2 낙구식 점도계

비압축성 뉴턴유체 속에서 직경 d인 구상물체가 중력에 의하여 낙하할 때 속도 v가 일정한 정상상태에서 그 물체에 작용하는 점성저항 $F=3\pi\mu vd$(스토크스의 법칙)은 물체의 무게와 부력의 차와 평형된다. 그러므로

$$3\pi\mu vd=\frac{1}{6}\pi d^3 g(\rho_0-\rho) \tag{10·8}$$

여기서, ρ, ρ_0는 각각 액체와 물체의 밀도이다. 따라서

$$\mu=\frac{d^2(\rho_0-\rho)g}{18v} \tag{10·9}$$

이 경우에 당연히 레이놀즈 수 $Re=vd/\mu$는 충분히 작아야 한다. 이와 같이 하여 낙하속도가 일정한 값으로 된 상태에서 일정한 거리를 낙하하는 시간을 측정하면 점성계

수를 구할 수 있다. 점성계수 5～160000cp 범위에 대해서 ±1 % 정도의 정밀도를 얻는다.

낙하물체 대신 기포의 상승시간을 측정하여 점성계수를 구하는 방법도 이용된다. 이것은 적당량의 공기와 점성액체를 봉입한 유리관을 거꾸로 하여 기포를 밑바닥에서 상승시킨다. 이것을 기포식 점도계라 하는데 비교적 점도가 낮은 0.5 ~ 1250cp 범위의 점성액체에 사용된다.

10·2·3 회전식 점도계

그림 10·5와 같이 두 동심원통으로 되어 있고, 그 사이에 점성계수를 측정하려는 액체가 들어 있다. 이제 외부 원통이 일정한 속도로 회전하면 내부원통도 점성작용으로 인하여 회전하는 데 스프링(spring)의 복원력과 점성력이 평형이 될 때 내부원통은 정지한다. 그림 10·5에서 $\varDelta R$, $\varDelta h$ 및 $\varDelta R/R$을 작다고 가정하면 외부원통의 회전속도를 v라고 할 때 토크(torque) T는

$$T = \frac{2\pi R^2 h\mu v}{\varDelta R} + \frac{\pi R^2 \mu v}{2\varDelta h} \tag{10·10}$$

을 얻는다. 여기서 첫째 항은 원통 벽 사이에 작용하는 전단응력으로 인하여 생기는 토크이고, 둘째 항은 원통 밑바닥 사이에 작용하는 전단응력으로 생기는 토크이다.

식(10·10)에서 R, h, $\varDelta R$, $\varDelta h$ 등은 장치 고유의 상수이고 회전각속도 ω는 v에 비례하므로

$$T = \left[\frac{2\pi R^2 h}{\varDelta R} + \frac{\pi R^2}{2\varDelta h}\right]\mu k\omega = K\mu\omega$$

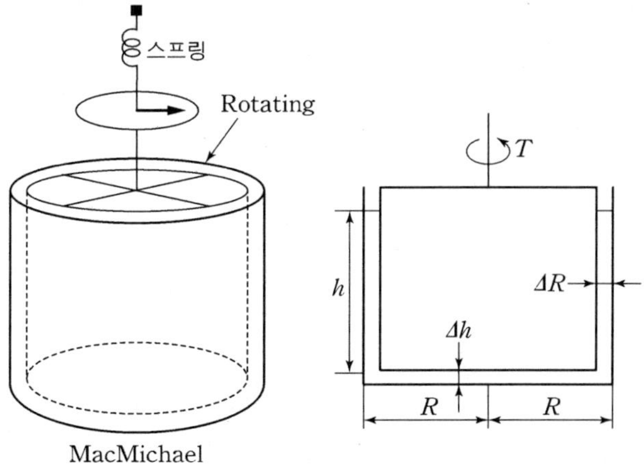

그림 10·5 회전식 점도계의 원리

또는

$$\mu = \frac{T}{K\omega} \tag{10·11}$$

와 같이 된다. 또 내부원통이 회전한 각도 편향각을 θ라 할 때 $T = k_1\theta$인 관계가 성립하므로

$$\mu = \frac{k_1\theta}{k\omega} \tag{10·12}$$

로 된다. 즉, 회전각속도와 편향각에 의하여 점성계수를 측정할 수 있다.

10·3 정압측정

정지하고 있는 유체의 압력을 측정하는 일은 비교적 간단하므로 정밀한 계기만 사용하면 정확하게 측정할 수 있다. 그러나 흐르고 있는 유체의 정압을 정확하게 측정하는 일은 용이하지가 않다.

관속을 흐르는 유체의 정압을 측정하기 위하여 관벽에 그 축이 흐름과 직각을 이루도록 가능한 한 작고 미끄러운 구멍(피에조미터 구멍)을 뚫는다. 그것을 통하여 마노미터(manometer) 혹은 압력변환기에 의해서 정압을 측정한다. 그러나 관벽이 거칠 경우에는 이 방법을 쓸 수 없고 측정장치를 유체 속에 집어넣어서 정압을 측정하지 않으면 안 된다. 이 때 대개의 경우 유체흐름의 방향을 미리 알 수 없기 때문에 장치를 꼭 알맞는 방향으로 정지시키기가 매우 힘들다. 잘못하면 동압이 나타날 가능성이 많기 때문이다.

이 문제를 해결하기 위하여 그림 10·6과 같이 얇은 판 양쪽에 피에조미터 구멍을 판면에 수직되게 뚫고 그 구멍들을 통하여 마노미터에 연결한다. 이것을 흐르는 유체 속

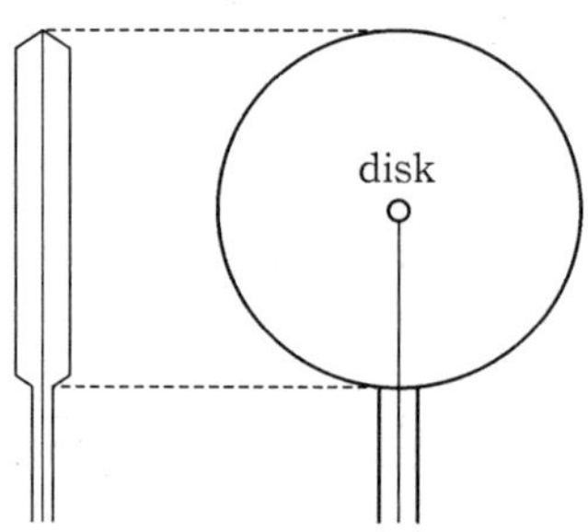

그림 10·6

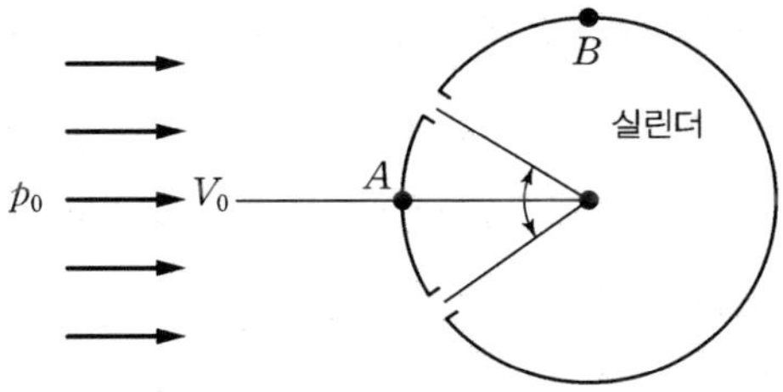

그림 10·7

에 넣고 손잡이 주위로 회전시키면서 마노미터를 본다. 양쪽 마노미터가 같은 액주를 나타내면 장치가 정확한 방향으로 놓여 있다는 것이다. 이 때 측정한 압력이 피에조미터 구멍이 있는 위치의 정압을 나타낸다.

2차원흐름에 이용되는 또 하나의 장치는 그림 10·7과 같이 마노미터에 연결된 두 피에조미터 구멍이 뚫려있는 원통이다. 이것을 흐르는 유체 속에 넣고 회전시켜서 두 마노미터의 차압이 0을 나타내면 이 때 흐름의 방향은 두 피에조미터 구멍이 이루는 각을 2등분한 방향이다.

정체점 A에서 압력 p_A는 $p_A > p_0$이고, 이것이 연속적으로 차츰 작아져서 B점에서는 $p_B < p_0$로 된다. 따라서 A와 B 사이의 적당한 곳에 C가 있어서 $p_C = p_0$로 된다. 이곳에 피에조미터 구멍을 대칭으로 뚫으면 정압을 측정할 수 있다. 뿐만 아니라 앞에서 논한 바와 같이 흐름의 방향을 알고 있으므로 원통을 회전시켜서 피에조미터 구멍을 흐름방향으로 가져오면 전압도 측정할 수 있으므로 유속을 구할 수가 있다. 이와 같이 간단한 장치에 의하여 흐름의 방향과 정압과 유속을 모두 측정할 수 있다. 이 원통을 구형(球形)으로 개조하면 3차원 흐름에 적용되는 장치를 만들 수 있다.

흐름의 방향을 정확하게 알고 있는 경우에는 보통 정압관에 의하여 정압을 측정한다. 이것은 그림 10·8과 같이 앞이 둥글게 막힌 작은 원통인데 측면에 피에조미터 구멍이 뚫려 있고 마노미터에 연결되어 있다.

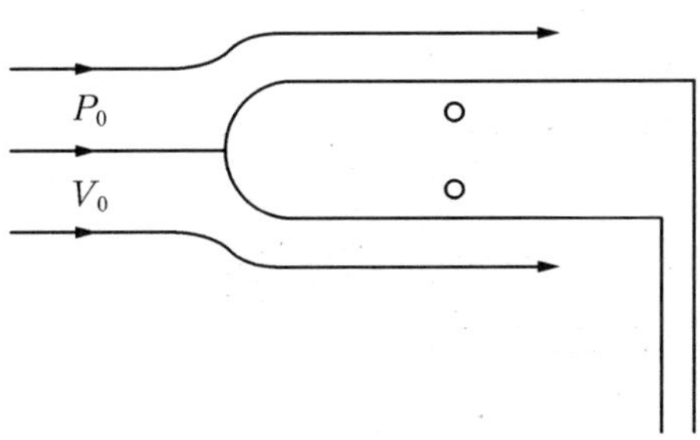

그림 10·8

이것이 완전히 흐름과 평행되게 놓이면 흐름은 대칭으로 흐르고, 그 평균속도는 v_0보다 조금 커진다. 따라서 피에조미터 구멍이 있는 곳의 압력은 정압 p_0보다 조금 작아진다. 이 오차를 적게 하기 위하여 관은 가급적 작게 만들어야 한다.

이 정압관이 정확하게 흐름과 평행이 되지 않으면 측정압이 정압보다 커질 수도 있고 작아질 수도 있다. 즉, 관의 한쪽편 압력이 커지면 반대편 압력은 작아진다.

비행기 날개와 같이 흐르는 유체 속에 잠겨져 있는 물체표면의 정압분포를 측정할 필요가 있을 때는 그 물체표면에 여러 개의 피에조미터 구멍을 뚫고 이 구멍들을 마노미터에 연결시켜서 정압분포를 직접 측정한다. 이 때 피에조미터 구멍은 작을수록 좋고 구멍의 축이 물체의 표면과 수직이어야 된다. 그리고 구멍의 입구는 미끄러워서 유체흐름에 저항을 주지 않도록 고려되어야 한다.

10·4 액면의 측정

정지하고 있는 액체의 면위는 마노미터, 피에조미터 또는 부자형(浮子形)액면계를 사용하여 쉽게 측정할 수 있다.

흐르고 있는 액체의 면위도 앞에서 설명한 주의사항만 지키면 피에조미터에 의해서 측정할 수 있다. 그림 10·9는 옳고 그른 측정방법을 도시한 것이다.

액면을 직접 측정하는 방법으로 훅(hook) 계기와 포인트(point) 계기가 있다(그림 10·10). 훅 계기는 일반적으로 액면을 측정하려고 하는 점에서 본류와 연결된 작은 탱크(stilling well)에서 사용되고 유속이 작은 경우에는 직접 본류에서 사용하기도 한다. 훅을 액면에 잘 맞추기 위해서 처음 액면 아래로 잠기게 했다가 차츰 올려서 훅 끝이 보일 때 정지시킨다. 그리고 훅를 낮추어서 그 끝이 보이지 않는 순간에 정지시키고 눈금을 읽는다. 포인트 계기는 액면 아래로 훅 계기가 들어가면 국부적인 교란을 일으키는

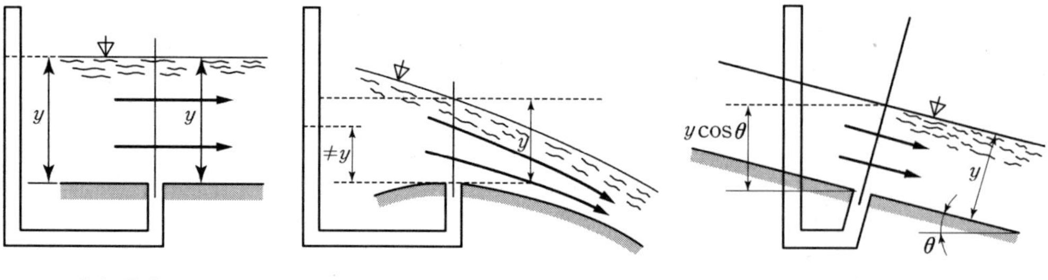

(a) 옳음　(b) 그름　(c) 옳음

그림 10·9

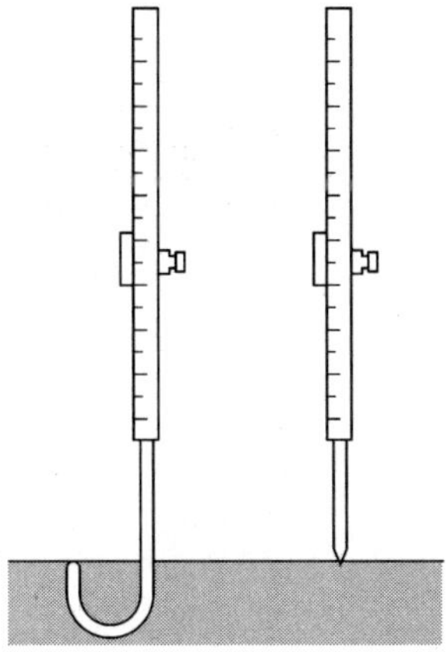

그림 10·10

빠른 흐름에 사용하기 적합하다. 측정할 때는 포인트 계기를 낮추어서 그 끝이 액면과 접촉하는 순간 정지시키고 그 눈금의 부척을 이용하여 정확히 측정한다.

10·5 피토 관

속도 v인 평행흐름에서 정압이 p_s인 유체에 그림 10·11(a)에 표시하는 것과 같이 앞 끝이 열려 있는 세관을 흐름에 평행하게 놓고 다른 끝을 압력계에 연결하면 그 곳의 압력 p_t를 구할 수 있다. 앞 끝에서 평행흐름의 속도는 0 이므로 베르누이 방정식으로

$$\frac{\rho}{2}v^2 + p_s = 0 + p_t$$

$$v = \sqrt{\frac{2(p_t - p_s)}{\rho}} = \sqrt{\frac{2p_d}{\rho}} \quad (p_d = \text{동압}) \tag{10·13}$$

그림 10·11(b)와 같이 측면에 가는 구멍을 흐름에 평행하게 놓고 측면의 압력을 구하면 이것은 정압 p_s이다. 그림 10·11(a), (b)와 같은 계기를 피토(pitot) 관이라 하는데 보통 두 개가 조합되어 한 개의 계기로 되어 있다. 실제 정압 p_s는 피토 관의 구조에 따라 다른 값을 가지게 되므로 수정계수가 필요하다.

$$v = k\sqrt{\frac{2P_d}{\rho}} \tag{10·14}$$

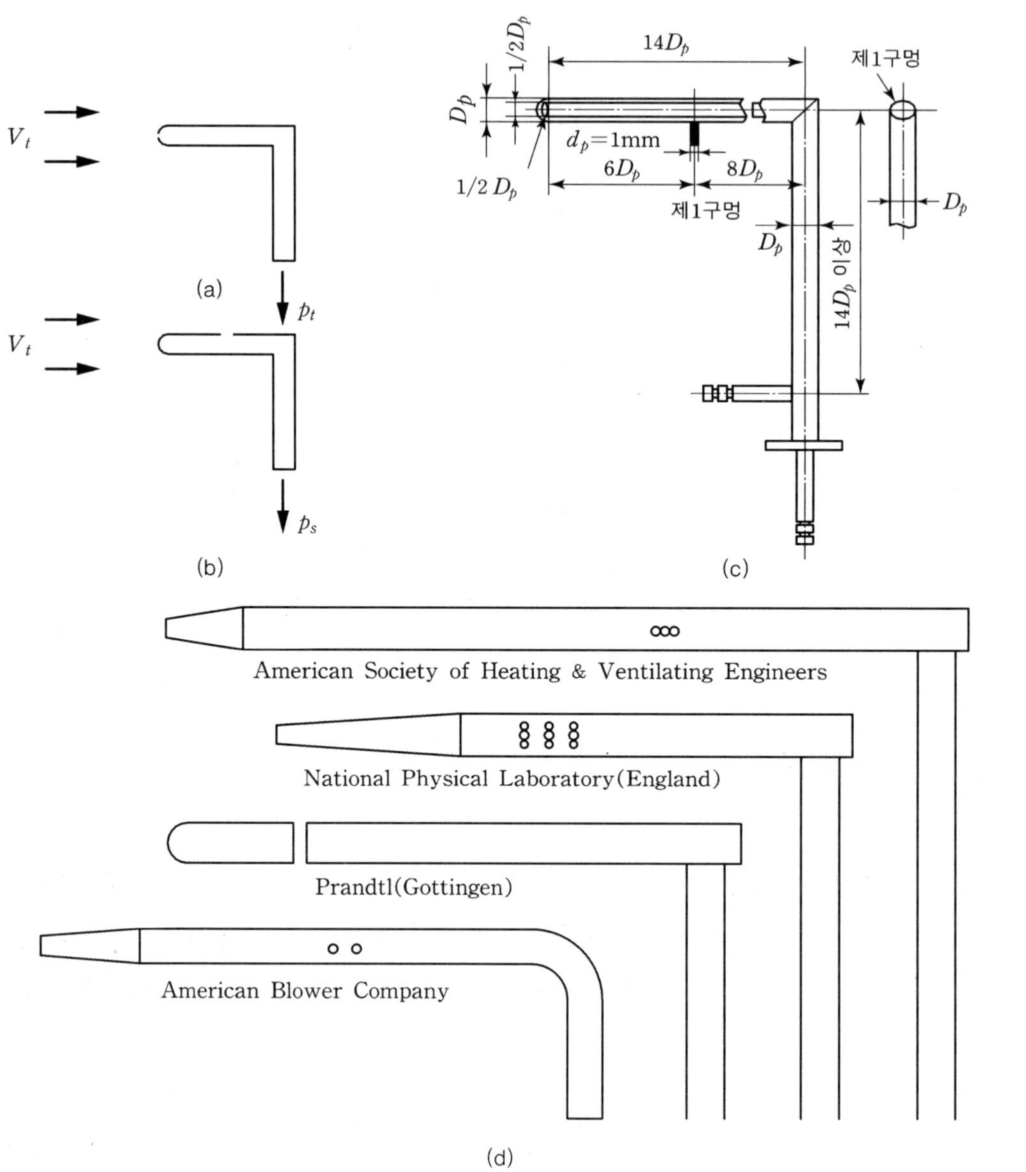

그림 10·11

여기서, k를 피토 관 계수라 부르는데 그림 10·11(c)는 $k=1$이 되도록 설계되어 있다. 그림 10·11(d)에 실제의 피토 관들이 비례적인 축척으로 그려져 있다.

이것으로 관 내의 평균속도를 알면 유량을 구할 수 있다. 평균속도를 구하는 방법은 관의 단면 형상에 따라 다르다.

10·5·1 원형단면인 관로의 경우

유속계측의 위치는 그림 10·12와 같이 관로의 횡단면적을 동심원으로 n(그림에서는 $n=3$)등분하고, 그 각 면적을 등분하는 반경 r_i, 즉

$$\frac{\pi R^2}{n} i - \pi {r_i}^2 = \frac{\pi R^2}{2n}$$

$$\therefore \; r_i = R\sqrt{\frac{i-\left(\frac{1}{2}\right)}{n}} \tag{10·15}$$

단, $R=$원관의 반경

$i=1,\ 2,\ \cdots,\ n$(그림 10·12에서는 $i=1,\ 2,\ 3$)

로 주어지는 원주와 서로 직교하는 두 직경과의 교점 $4n$개소(그림10·12에서 $4\times 3=12$개소)를 선택한다. 또 n은 원관의 반경 R의 크기에 따라 다르며 다음과 같이 된다.

관의 반경 $R \leq 0.15\,\mathrm{m}$일 때 $n=3$

$\leq 0.30\,\mathrm{m}$일 때 $n=4$

$\leq 0.50\,\mathrm{m}$일 때 $n=5$

$\leq 0.75\,\mathrm{m}$일 때 $n=6$

R이 0.75m를 초과할 때는 0.25m마다 n의 값은 하나씩 크게 한다.

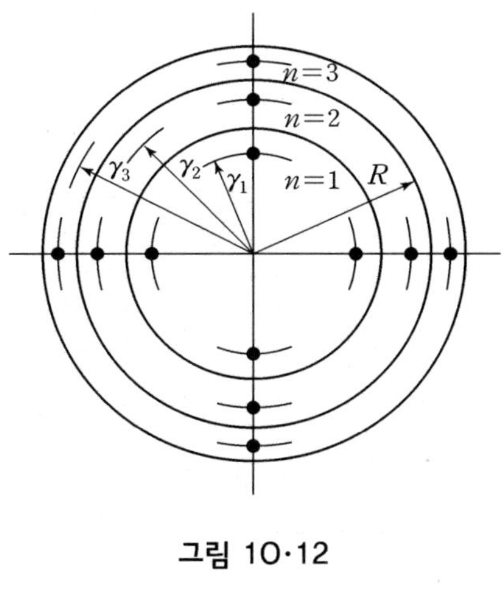

그림 10·12

식(10·15)에 의한 반경 r_i의 값은 표 10·1과 같다.

표 10·1 r_i의 값

n \ c	1	2	3	4	5	6
3	0.408R	0.707R	0.913R			
4	0.354R	0.612R	0.791R	0.935R		
5	0.316R	0.548R	0.707R	0.837R	0.949R	
6	0.289R	0.500R	0.645R	0.764R	0.866R	0.957R

이들 측정점에서 유속을 v_1, v_2, …, v_n m/s라고 하면 유량 $Q\mathrm{m}^3/\mathrm{min}$은 다음 식으로 주어진다.

$$Q = 60\pi R^2 \frac{1}{N}(v_1 + v_2 + \cdots + v_N)\mathrm{m}^3/\mathrm{min} \tag{10·16}$$

단, N은 관측점의 수를 나타낸다.

10·5·2 직사각형 단면인 관로의 경우

그림 10·13과 같이 직사각형 단면을 16 이상의 같은 면적으로 나누고 그 각각의 중심점에서 유속을 측정한다. 측정점간의 거리는 150mm 이하로 한다.

각 위치에 있어서 유속을 v_1, v_2, …, v_N라고 하면, 유량 Q는 다음 식으로 주어진다.

$$Q = 60\,ab\frac{1}{N}(v_1 + v_2 + \cdots + v_N)\mathrm{m}^3/\mathrm{min} \tag{10·17}$$

여기서, ab는 관로의 단면적(m^2)이다.

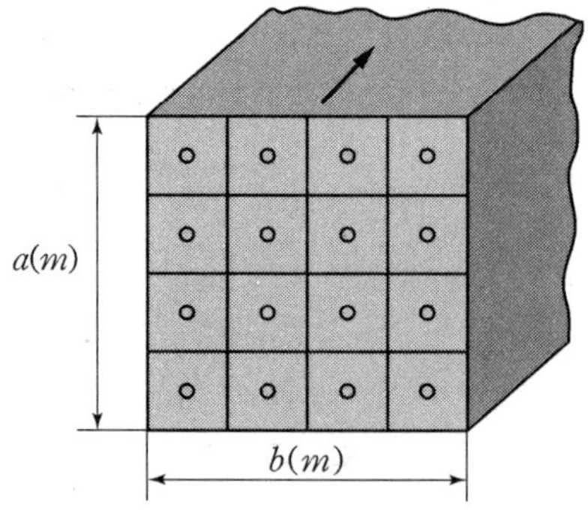

그림 10·13

10·6 오리피스

그림 10·14와 같이 관의 도중에 둥근 구멍이 뚫린 판을 설치하였을 때 이 판을 관오리피스(pipe orifice)라고 한다. 이 오리피스는 오리피스 전후의 압력차를 이용하여 관내의 유량(주로 기체)을 측정하는데 사용된다. 그림 10·14와 같이 흐름은 오리피스를 통과하여 그 흐름은 최소단면이 된 후에 점차 팽창한다.

오리피스 전방의 단면적을 A_1, 오리피스 단면적을 A, 오리피스를 나온 흐름의 최소단면적을 A_2라고 하며, A_1, A_2에 있어서의 평균유속을 각각 v_1, v_2, 압력을 각각 p_1, p_2라고 하고 유체를 이상유체로 보면 전술한 바와 같이 베르누이 방정식을 이용하여

$$\frac{1}{2}\rho(v_2^2 - v_1^2) = p_1 - p_2$$

또는

$$\frac{1}{2}\rho v_2^2[1-(v_1^2/v_2^2)] = p_1 - p_2$$

연속방정식에 의하여 $v_1 A_1 = v_2 A_2$로 되므로 윗식은 변형되어

$$\frac{1}{2}\rho v_1^2\left(\frac{A_1}{A_2}\right)^2\left(1-\frac{A_2^2}{A_1^2}\right) = p_1 - p_2$$

$m = A/A_1$, $n = A_2/A$라 놓으면 $A_2/A_1 = mn$으로 되므로

$$v_1 = \frac{mn}{\sqrt{1-m^2n^2}}\sqrt{\frac{2}{\rho}(p_1 - p_2)}$$

로 된다. 실제는 유체의 점성에 의해서 압력손실이 생기므로 실측한 P_2 값은 윗 식

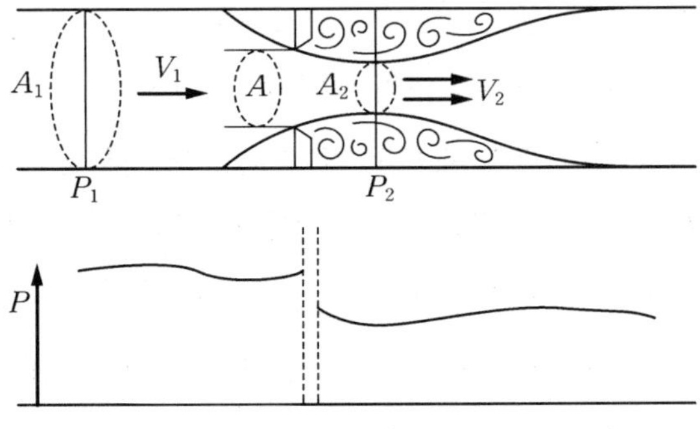

그림 10·14

의 값보다 작아진다. 따라서 실측한 $(p_1 - p_2)$값은 커지고 윗 식으로 산출되는 유속 v_1의 값은 참값보다 커진다.

그러므로 이 점성에 의한 마찰손실을 고려한 식으로서 윗 식에 $\eta(<1)$를 곱하여

$$v_1 = \frac{\eta m n}{\sqrt{1 - m^2 n^2}} \sqrt{\frac{2}{\rho}(p_1 - p_2)}$$

로 표시된다. 윗 식에서 $c = \frac{\eta n}{\sqrt{1 - n^2 m^2}}$ 라 놓으면 유속 v_1은

$$v_1 = cm\sqrt{\frac{2(p_1 - p_2)}{\rho}} \tag{10·18}$$

로 표시된다. 이 c를 유량계수라고 한다. 유체의 압축성을 고려하는 경우에는 베르누이 방정식을 적분할 때 ρ를 p의 함수로 계산하지 않으면 안된다(이 경우 유체가 오리피스를 통하는 것은 순간적이므로 단열변화라고 본다).

이 압축성을 고려할 경우에 유속은

$$v_1 = \varepsilon\ cm\sqrt{\frac{2(p_1 - p_2)}{\rho}} \tag{10·19}$$

로 된다. ε은 유체의 압축성에 대한 보정계수이다. 단, 유체가 액체인 경우는 $\varepsilon = 1$로 보아도 좋고 기체의 경우라도 일반적으로 ε는 1 에 매우 가깝다.

유량 Q는

$$Q = 60 A_1 v_1 \ \mathrm{m^3/min} \tag{10·20}$$

로 되므로 이것에 식(10·19)를 대입하면 다음 식을 얻는다. 단, A는 오리피스의 단면적으로 $1/4\pi d^2$이다.

$$Q = 60\varepsilon\ cA\sqrt{\frac{2(p_1 - p_2)}{\rho}} \tag{10·21}$$

유량계수 c는 이론적으로 구할 수 없기 때문에 실험적으로 미리 구해 둘 필요가 있다. c는 오리피스의 구조에 따라서 다르고 또 흐름상태, 레이놀즈 수에 의해서도 변한다. 따라서 그림 10·15와 같이 규격을 정하고 이것이 관로의 입구, 도중, 출구에 있을 경우로 구별하며 각각의 유량계수를 c_e, c_c, c_a라 하고, 이것들이 각각 단면적비 $m(= d^2/D^2)$에 따라서 어떠한 값을 갖는 것인가를 그림 10.16에 표시하고 있다. 실험에 의하면 c_e, c_c, c_a의 값은 각각 레이놀즈 수가 어떤 값 이상일 때는 일정하다. 그

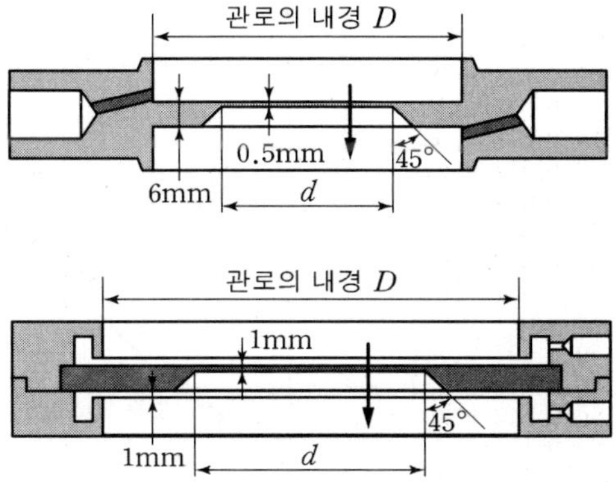

그림 10·15

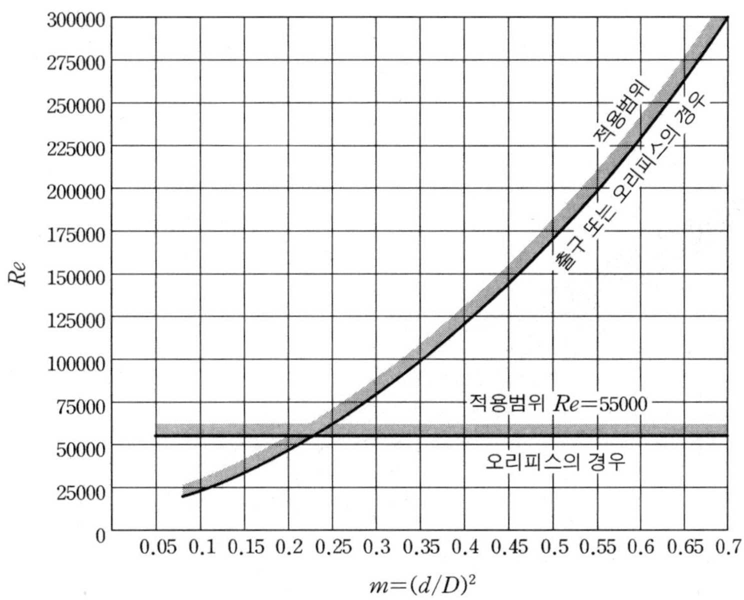

그림 10·16

림은 이 일정한 값을 표시하고 있다. 따라서 이들 c의 값은 레이놀즈 수가 어떤 값 이상인 경우에만 적용된다.

그림 10·17은 그림 10·16의 c_e, c_c, c_a를 적용할 수 있는 각각의 레이놀즈 수의 최저값을 표시한다. 계측하는 레이놀즈 수는

$$Re = \frac{vD}{\nu}$$

단, v는 원관 내의 평균유속, D는 원관의 직경, ν는 유체의 동점성계수이다.

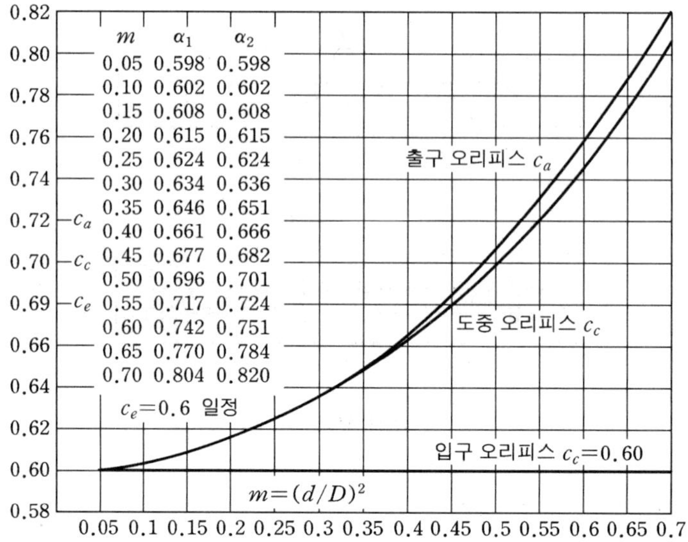

그림 10·17

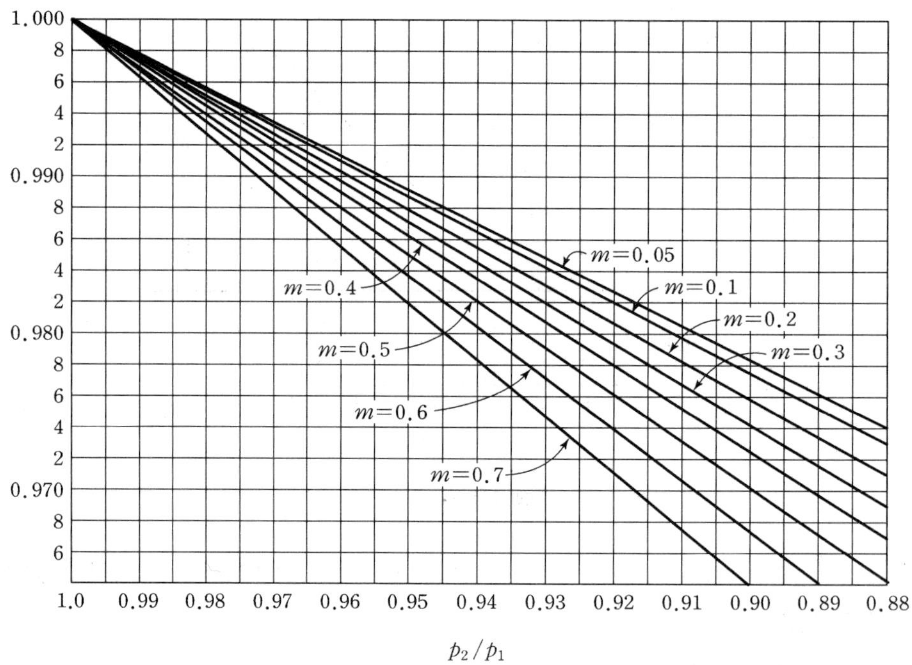

그림 10·18

유체의 압축성에 대한 보정계수 ε은 단면적비 m 및 오리피스 앞뒤의 절대압력비 p_2/p_1에 의해서 변한다. 그림 10·18에는 ε을 종축에, p_2/p_1을 횡축에 m을 매개변

수(parameter)로 하여 이들 관계가 표시되어 있다.

10·7 노즐

유량을 측정하기 위해서 노즐(nozzle)을 사용할 경우에는 오리피스 보다도 압력손실이 적다. 그림 10·19(a)에 그 표준형을 표시한다. 구조가 오리피스보다 좀 복잡하기 때문에 제작비가 많이 든다. 관내를 흐르는 흐름의 평균유속은 오리피스의 경우와 같이

$$v_1 = \varepsilon\ cm\sqrt{\frac{2(p_1 - p_2)}{\rho}} \tag{10·22}$$

로 되고, 유량계수 c는 오리피스의 경우 $c = \dfrac{\eta n}{\sqrt{1 - n^2 M^2}}$ 와 달리 $c = \dfrac{\eta}{\sqrt{1 - m^2}}$ 으로 표시된다. 노즐의 경우는 노즐의 곡면에 따라서 흐르기 때문에 오리피스의 경우

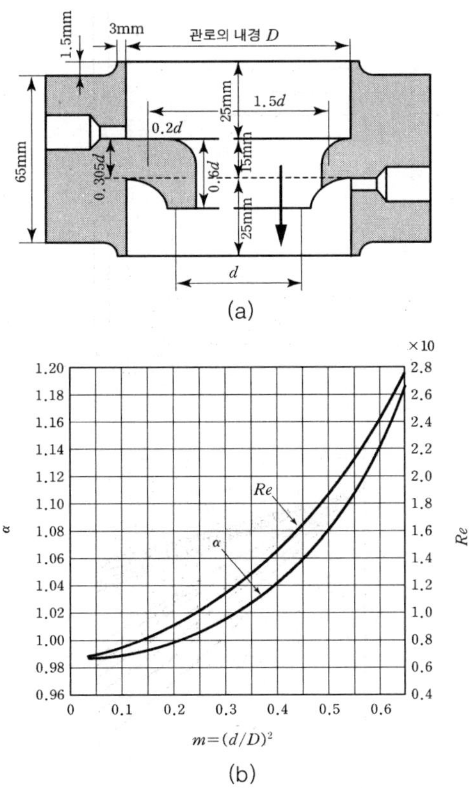

그림 10·19

와 같은 축류가 일어나지 않는다. 따라서 $n=\dfrac{A_2}{A}=1$로 된다. 유량 Q의 식은 오리피스의 경우와 같이

$$Q=60\varepsilon\ cA\sqrt{\frac{2(p_1-p_2)}{\rho}} \tag{10·23}$$

단, $A=\dfrac{\pi}{4}\ d^2m^2$으로 표시된다.

그림 10·19는 노즐을 관의 도중에 설치했을 경우의 단면적비 m에 대한 유량계수 c와 그 경우의 레이놀즈 수의 최저한계치를 표시한다.

그림 10·20은 ε과 p_2/p_1 및 직경비 d/D와의 관계를 표시한다. 일반적으로 $\varepsilon=1$로 볼 수 있는 경우가 많으나, 기체의 흐름에서 p_2/p_1가 1 보다 충분히 작은 경우는 그림 10·20과 같이 된다.

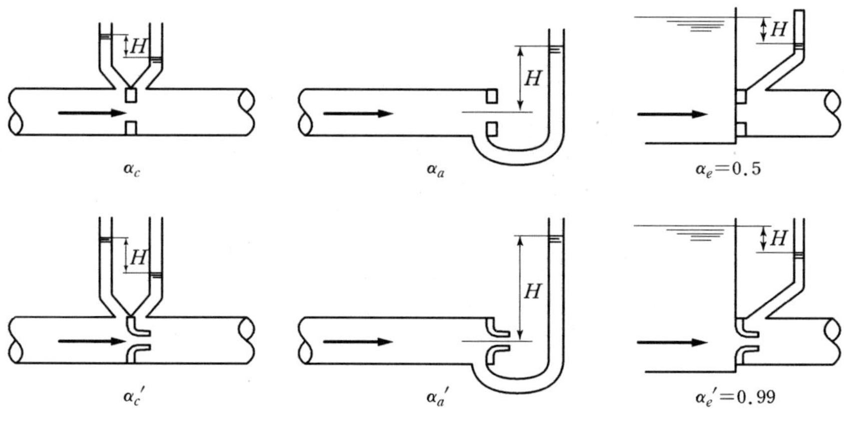

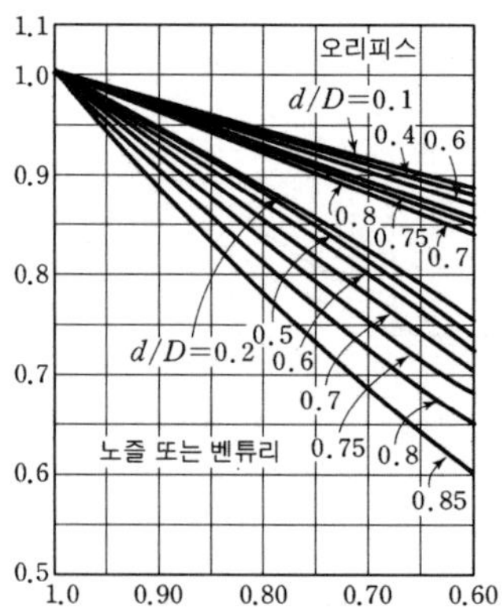

그림 10·20

10·8 벤튜리 미터

벤튜리 미터(venturi meter)는 주로 액체의 유량을 측정하는 데 사용된다. 압력손실은 노즐의 경우보다도 작고 유량 Q는 노즐의 경우와 같이

$$Q=60\varepsilon\ cA\sqrt{\frac{2(p-p_2)}{\rho}} \tag{10·24}$$

단, $A=\frac{\pi}{4}d^2$으로 표시된다.

그림 10·21은 규격화된 벤튜리 미터의 구조이다. 이 구조의 경우 유량계수 c는 노즐이 관의 도중에 있을 경우의 유량계수 c_c의 1.01배이고, 그 나머지 것은 모두 같다.

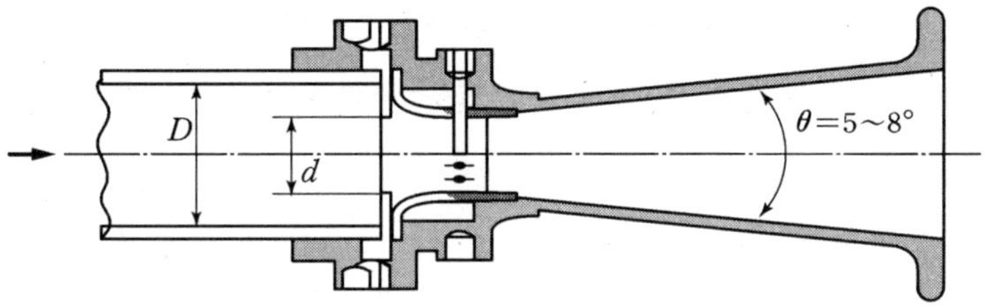

그림 10·21

10·9 입구노즐

유체가 외부에서 입구노즐을 통하여 관내로 들어오는 경우에 도중의 손실이 없다고 하면 베르누이 방정식에 의하여

$$\frac{\rho}{2}v_1{}^2+p_1=\frac{\rho}{2}\ v_2{}^2+p_2$$

가 성립한다(단, v_1, v_2는 각각 입구노즐의 외부 1, 내부 2에 있어서의 유속이고 p_1, p_2는 정압이다).

외부 1을 노즐에서 충분히 떨어진 위치에 취하면 $v_1\to 0$, 그 곳의 정압을 p_0라고 하면 $p_1\to p_0$로 되므로

$$v_2=\sqrt{\frac{2(p_0-p_2)}{\rho}} \tag{10·25}$$

로 된다. 전술한 바와 같이 유체의 점성에 의한 영향을 고려하여 실제의 유속은 유량계수 $c(<1)$를 식(10·25)에 곱하여

$$v_2 = c\sqrt{\frac{2(p_1 - p_2)}{\rho}} \tag{10·26}$$

로 표시된다. 위 식에서 $p_0 - p_2 = h\text{mAq} = \rho g h \text{N/m}^2$이고, ρ의 단위는 kg/m^3이므로 유속 v_2의 단위는 m/s로 된다.

또, 관로의 단면적을 $A\left(=\dfrac{\pi D^2}{4}\right)$라고 하면 유량 Q는

$$Q = 60\,cA\sqrt{\frac{2gh}{\rho}}\ \text{m}^3/\text{min} \tag{10·27}$$

로 표시된다. 그림 10·23은 규격화된 입구노즐의 구조를 표시한다. 입구노즐의 부압 $h$mmAq는 입구로부터 원관내경 D만큼 떨어진 관벽에서 계측하도록 한다.

그림 10·24는 이 입구노즐에 있어서 유량계수 c의 값을 표시한다. 그림 10·24에 의

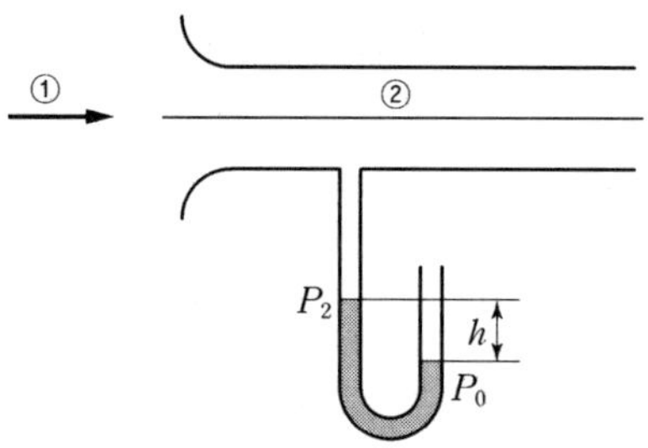

그림 10·22

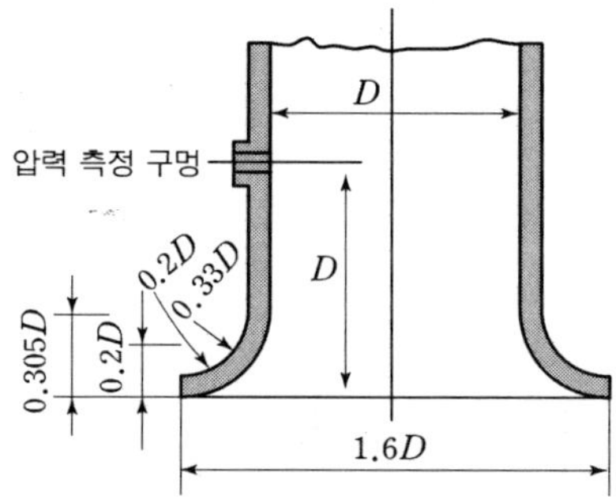

그림 10·23

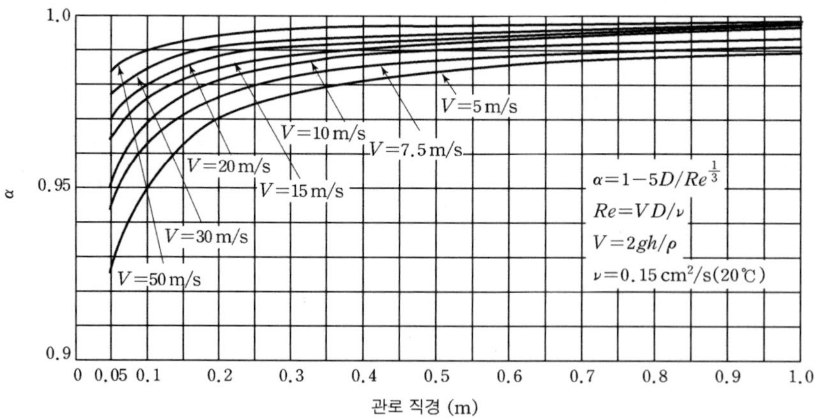

그림 10·24

하면 c는 관로내경 Dm 및 $v=\sqrt{2gh/\rho}$m/s를 알면 곧 결정된다.

이들 곡선은 실험에 의해서 얻어진 다음 식으로 구해진다.

$$c = 1 - \frac{5D}{Re^{1/3}} \tag{10·28}$$

단, $Re = vD/\nu$, $v = \sqrt{2gh/\rho}$, D : 원관내경이다.

10·10 위어(weir)

개수로에서의 유량은 위어(weir)로 측정한다. 위어는 개수로에 어떤 장애물을 세움으로서 액체를 이 장애물로서 일단 차단하였다가 위로 넘쳐흐르게 함으로서 유량을 측정하도록 만든 장치를 말한다. 이 때 넘쳐흐르는 액체의 높이를 측정함으로서 유량이 계산된다.

10·10·1 구형(矩形)위어

구형위어에서 유량은 다음 식으로 계산된다.

$$Q = c^* \frac{2}{3} \sqrt{2g} \ b h^{3/2} \tag{10·29}$$

여기서, b는 위어의 폭이다.

1 전폭위어

위어의 폭 b와 수로의 폭 B가 동일한 것을 전폭위어라고 부른다. 어떤 위어에서도 마찬가지이지만 A의 부분은 대기압이 되도록 한다. 만일 A의 부분이 부압이 되면 유량은 증가하여 값이 부정확하게 되기 때문이다. KS에서는 유량의 식을

$$Q = k b h^{3/2} \ \mathrm{m^3/min} \tag{10·30}$$

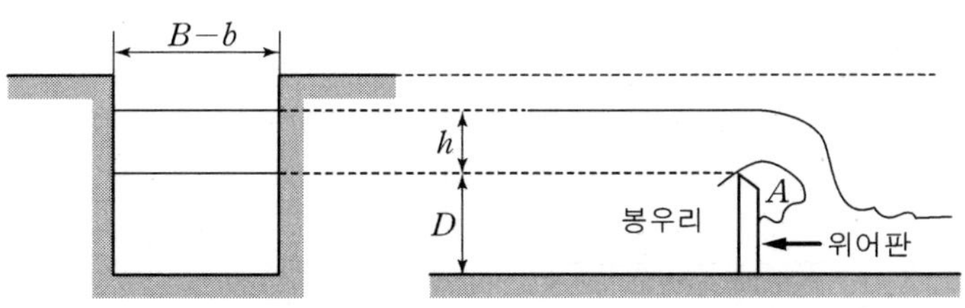

그림 10·25

로 정하고 k를 다음과 같이 규정하고 있다.

$$k = 107.1 + \left(\frac{0.177}{h} + \frac{14.2h}{D}\right)(1+\varepsilon) \qquad (10\cdot31)$$

식(10·31)에서

$D < 1\text{m}$인 경우 $\varepsilon = 0$

$D > 1\text{m}$인 경우 $\varepsilon = 0.55(\text{D}-1)$

적용범위는

$B > 0.5\text{m}$

$D = 0.3 \sim 2.5\text{m}$

$h = 0.03\text{m} \sim D\text{m}^2$

$h < B/4$ 및 0.8m로 한다.

2 4각위어

그림 10·26에 표시하는 바와 같이 위어의 폭 b가 수로의 폭 B보다 작은 경우 그것을 4각위어라 한다.

KS에서는 유량의 식으로서

$$Q = kbh^{3/2}\,\text{m}^3/\min \qquad (10\cdot32)$$

이라 놓고 k를 다음과 같이 규정하고 있다.

$$k = 107.1 + \frac{0.177}{h} + 14.2\frac{h}{D} - 25.7\sqrt{(B-b)\frac{h}{BD}} + 2.04\sqrt{\frac{B}{D}} \qquad (10\cdot33)$$

적용범위는

$0.5 \le B \le 6.3\text{m}$

$0.15 \le b < 5\text{m}$

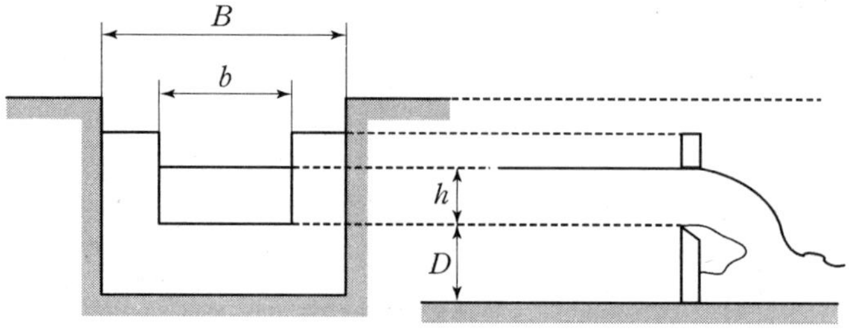

그림 10·26

$$0.15 \leq D \leq 3.5\,\text{m}$$

$$\frac{bD}{B^2} \geq 0.06$$

$$0.03 \leq h \leq 0.45\sqrt{b}$$

10·10·2 3각위어

3각위어(triangular notch weir)는 수량이 적은 경우에 사용하면 편리하다. 3각위어에서 유량은 다음과 같은 식으로 계산된다.

$$Q = C^* \frac{8}{15} \tan\frac{\theta}{2} \sqrt{2g}\, h^{5/2} \qquad (10\cdot34)$$

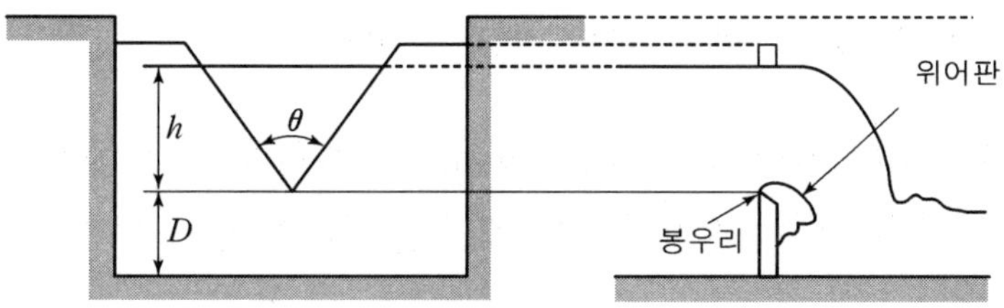

그림 10·27

1 직각3각위어(right angled notch)

그림 10·27에 있어서 $\theta = 90°$가 되는 3각위어를 직각3각위어라 부른다. 유량 Q는 식(10·34)에 의하여

$$Q = C^* \frac{8}{15} \sqrt{2g}\, h^{5/2} \qquad (10\cdot35)$$

KS에서는

$$Q = k\, h^{5/2}\, \text{m}^3/\text{min} \qquad (10\cdot36)$$

로 하고 k를 다음과 같이 규정하고 있다.

$$k = 81.2 + \frac{0.24}{h} + \left(8.4 + \frac{12}{D^{1/2}}\right)\left(\frac{h}{B} - 0.09\right)^2 \qquad (10\cdot37)$$

적용범위는

$$B = 0.5 \sim 1.2\,\text{m}$$

$$D = 0.1 \sim 0.75\,\text{m}$$

$$h = 0.07 \sim 0.26\,\text{m} < B/3$$

연습문제

1. 추의 공기 중에서의 무게가 4.00N, 액체 속에서의 무게는 2.97N이다. 만일 추에 의해서 배제된 액체의 체적이 $1.29 \times 10^{-3} m^3$이라면 액체의 비중은 얼마인가?

2. 내부체적이 0.216liter인 용기에 액체를 채웠을 때, 무게는 4.12N이고 용기만의 무게는 1.00N이다. 이 액체의 비중을 구하여라.

3. 무게가 1.1N이고 체적이 $99100mm^3$인 비중계가 비중 1.6인 액체에 떠 있다. 액면 밑으로 잠긴 부분의 체적을 구하여라.

4. 수은이 들어 있는 U자관의 한쪽 관으로 액체를 주입한다. 액주의 높이 254mm일 때 수은주 38.1mm와 평형되었다고 하면 그 액체의 비중은 얼마인가?

5. 내경 15cm인 큰 원통 안에서 외경 14.95cm이고 길이15cm인 원통을 동심축 주위에 4rpm으로 회전시키는 데 2.7N의 토크가 필요하다면 윤활유의 점성계수는 얼마인가?

6. 비중 7.8이고 직경이 13mm인 강구가 큰 탱크 내에 있는 비중 0.9인 기름 속을 일정한 속도 0.06m/s로 떨어진다. 이때 기름의 점성계수를 구하여라.

7. 임계 Reynolds수가 0.1이라고 할 때 점성계수 0.19Pa s, 비중 0.90인 기름이 들어 있는 큰 탱크에서 상승하는 기포의 최대직경을 구하여라.

8. Ostwald점도계에서 어떤 기름의 기준체적을 방출하는 데 15초가 소요된다면 그보다 밀도가 10% 더 크고 점성계수는 10% 작은 기름을 같은 체적 방출하는 데 필요한 시간은 얼마인가?

9. 공기가 흐르는 도관에 피토 관을 설치하였더니 마노미터가 50mAq로 나타났다. 만일 도관 내의 절대압과 온도가 각각 103.4kPa와 25°C라면 유속은 얼마인가?(단, 압축성은 무시한다.)

10. 지표면 가까이를 67m/s로 날으는 비행기에 설치한 피토 관의 차압계는 몇 mmAq를 나타낼 것으로 기대되는가?

11. 20°C의 4염화탄소가 흐르고 있는 미끄러운 150mm관 중심에 피토 관을 설치하였다. 차압이 75mmHg이면 유량은 얼마인가?

12. 질소가 흐르고 있는 도관 내의 한 점에서 정체압과 온도가 각각 381 mmHg gage와 93.3°C 이고, 정압은 75mmHg진공이다. 만일 대기압이 762mmHg이면 유속은 얼마인가?

13. 원유가 150mm, 75mm인 수평 벤튜리 미터를 통하여 흐르고 있다. 유량이 7.6 l/s일 때 (1) 27°C, (2) 49°C에서 압력수두의 차를 구하여라.

14. 250mm관을 흐르는 물의 최대유량은 142liter/s이다. 벤튜리 미터의 차압이 0.91mHg일 때 스로트의 직경을 구하여라.

15. 밀도가 1.28kg/m^{3}인 공기가 100mm, 50mm인 미끄러운 벤튜리 미터를 통하여 흐르고 있다. 100mm, 50mm에서의 압력은 각각 1.72kPa와 7.62mmHg진공이다. 유량을 구하여라.

16. 이산화탄소가 1500mm, 75mm인 벤튜리 미터를 통하여 흐르고 있다. 입구와 스로트에서의 계기압이 각각 138kPa와 96.5kPa이고, 온도는 26.7°C이다. 질량유량을 구하여라.

17. 직경 75mm인 노즐이 물이 흐르는 150mm관에 연결되어 있다. 여기에 설치된 물과 수은으로 이루어진 마노미터는 381mm차를 가리킨다. 노즐을 통하는 유량을 구하여라. 또 노즐에 의한 수두손실은 얼마인가?

18. 물이 흐르는 300mm관에 출구 오리피스가 설치되어 있다. 유량이 0.28m3/s이고 수두손실이 7.6m라면 이 때 사용할 수 있는 오리피스의 단면적을 구하여라.

19. 100mm 오리피스가 물이 흐르는 150mm관의 출구에 설치되어 있다. 파이프 내의 압력이 275kPa일 때 유량을 구하여라.

20. 밀도가 1.28kg/m^{3}인 공기가 탱크로부터 직경이 150mm인 오리피스를 통하여 200mm관으로 흘러 들어가고 있다. 이때 탱크와 교축부 사이의 차압이 75mmAq라면 유량은 얼마인가?

부 록

부록 A. 유체의 물리적 성질

표 A-1 물의 물리적 성질

온도 t(°C)	밀도 ρ(kg/m^3)	점성계수 μ(N · s/m^2)	동점성계수 ν(m^2/s)	온도 t(°C)	밀도 ρ(kg/m^3)	점성계수 μ(N · s/m^2)	동점성계수 ν(m^2/s)
0	999.8	1.80×10^{-3}	1.80×10^{-6}	50	988.0	0.554×10^{-3}	0.561×10^{-6}
5	10000.0	1.52×10^{-3}	1.52×10^{-6}	55	985.7	0.508×10^{-3}	0.515×10^{-6}
10	999.7	1.31×10^{-3}	1.31×10^{-6}	60	983.2	0.470×10^{-3}	0.478×10^{-6}
15	999.2	1.15×10^{-3}	1.15×10^{-6}	65	980.5	0.437×10^{-3}	0.446×10^{-6}
20	998.3	1.00×10^{-3}	1.00×10^{-6}	70	977.7	0.405×10^{-3}	0.414×10^{-6}
				75	974.8	0.381×10^{-3}	0.390×10^{-6}
				80	971.6	0.356×10^{-3}	0.367×10^{-6}
25	997.1	0.897×10^{-3}	0.898×10^{-6}	85	968.4	0.336×10^{-3}	0.347×10^{-6}
30	995.7	0.801×10^{-3}	0.804×10^{-6}	90	965.1	0.318×10^{-3}	0.329×10^{-6}
35	994.0	0.723×10^{-3}	0.727×10^{-6}	95	961.6	0.300×10^{-3}	0.312×10^{-6}
40	992.3	0.659×10^{-3}	0.664×10^{-6}				
42	990.2	0.599×10^{-3}	0.604×10^{-6}	100	958.1	0.284×10^{-3}	0.296×10^{-6}

표 A-2 대기압에서 공기의 물리적 성질

온도 t(°C)	밀도 ρ(kg/m^3)	점성계수 μ(N · s/m^2)	동점성계수 ν(m^2/s)	온도 t(°C)	밀도 ρ(kg/m^3)	점성계수 μ(N · s/m^2)	동점성계수 ν(m^2/s)
-50	1.582	1.46×10^{-5}	0.921×10^{-5}	50	1.092	1.95×10^{-5}	1.79×10^{-5}
-40	1.514	1.51×10^{-5}	0.998×10^{-5}	60	1.060	2.00×10^{-5}	1.89×10^{-5}
-30	1.452	1.56×10^{-5}	1.08×10^{-5}	70	1.030	2.05×10^{-5}	1.99×10^{-5}
-20	1.394	1.61×10^{-5}	1.16×10^{-5}	80	1.000	2.09×10^{-5}	2.09×10^{-5}
-10	1.342	1.67×10^{-5}	1.24×10^{-5}	90	0.973	2.13×10^{-5}	2.19×10^{-5}
0	1.292	1.72×10^{-5}	1.33×10^{-5}	100	0.946	2.17×10^{-5}	2.30×10^{-5}
10	1.247	1.76×10^{-5}	1.42×10^{-5}	150	0.834	2.38×10^{-5}	2.85×10^{-5}
20	1.204	1.81×10^{-5}	1.51×10^{-5}	200	0.746	2.57×10^{-5}	3.45×10^{-5}
30	1.164	1.86×10^{-5}	1.60×10^{-5}	250	0.675	2.75×10^{-5}	4.08×10^{-5}
40	1.127	1.91×10^{-5}	1.69×10^{-5}	300	0.616	2.93×10^{-5}	4.75×10^{-5}

표 A-3 가스의 물리적 성질(1atm, 15°C)

가스	분자량	기체상수 R (kg/kg·K)	밀도 ρ (kg/m³)	점성계수 μ (N·s/m²)	동점성계수 ν (m²/s)	정압비열 C_p (kg/kg·K)	비열비 $k=\frac{C_p}{C_v}$
공기	28.96	0.2870	1.225	1.79×10^{-5}	1.46×10^{-5}	1.006	1.40
산소(O_2)	32.00	0.2598	1.355	1.98×10^{-5}	1.46×10^{-5}	0.920	1.40
질소(N_2)	28.02	0.2968	1.254	1.73×10^{-5}	1.37×10^{-5}	1.041	1.40
수소(H_2)	2.016	4.124	0.0852	0.872×10^{-5}	1.02×10^{-5}	14.27	1.40
헬륨(He)	4.003	2.077	0.169	1.96×10^{-5}	1.16×10^{-5}	5.23	1.66
이산화탄소(CO_2)	44.01	0.1899	1.872	1.44×10^{-5}	0.768×10^{-5}	0.841	1.29
아르곤(Ar)	39.944	0.2081	1.691	2.22×10^{-5}	1.31×10^{-5}	0.522	1.67

표 A-4 액체의 물리적 성질(1atm, 20°C)

가스	밀도 ρ(kg/m³)	점성계수 μ(N·s/m²)	체적탄성계수 K(kN/m²)
벤젠	876.2	6.56×10^{-4}	1034250
에틸알코올	788.6	12.0×10^{-4}	1206625
가솔린	680.3	2.9×10^{-4}	-
글리세린	1264.02	1.4915	4343850
수은	13579.04	1.548×10^{-4}	26201000
암모니아	611.75	2.196×10^{-4}	-

부록 B. 압축성유동을 계산하기 위한 표

(여기서 상형자 *는 임계조건을, 하첨자 0는 정체상태를 표시한다)

표 B-1 1차원등엔트로피 흐름(완전기체, $k = 1.4$)

M	T/T_0	p/p_0	ρ/ρ_0	A/A^*	M	T/T_0	p/p_0	ρ/ρ_0	A/A^*
0.00	1.0000	1.0000	1.0000	∞					
0.02	0.9999	0.9997	0.9998	28.94	0.82	0.8815	0.6430	0.7295	1.030
0.04	0.9997	0.9989	0.9992	14.48	0.84	0.8763	0.6300	0.7189	1.024
0.06	0.9993	0.9975	0.9982	9.666	0.86	0.8711	0.6170	0.7083	1.018
0.08	0.9987	0.9955	0.9968	7.262	0.88	0.8659	0.6041	0.6977	1.013
0.10	0.9980	0.9930	0.9950	5.822	0.90	0.8606	0.5913	0.6870	1.009
0.12	0.9971	0.9900	0.9928	4.864	0.92	0.8552	0.5785	0.6764	1.006
0.14	0.9961	0.9861	0.9903	4.182	0.94	0.8498	0.5658	0.6658	1.003
0.16	0.9949	0.9823	0.9873	3.673	0.96	0.8111	0.5532	0.6551	1.001
0.18	0.9936	0.9777	0.9840	3.278	0.98	0.8389	0.5407	0.6445	1.000
0.20	0.9921	0.9725	0.9803	2.964	1.00	0.8333	0.5283	0.6339	1.000
0.22	0.9904	0.9669	0.9762	2.708	1.02	0.8178	0.5160	0.6234	1.000
0.24	0.9886	0.9607	0.9718	2.496	1.04	0.8222	0.5039	0.6129	1.001
0.26	0.9867	0.9541	0.9670	2.317	1.06	0.8165	0.4919	0.6024	1.003
0.28	0.9846	0.9470	0.9619	2.166	1.08	0.8108	0.4801	0.5920	1.005
0.30	0.9823	0.9395	0.9564	2.035	1.10	0.8052	0.4684	0.5817	1.008
0.32	0.9799	0.9315	0.9506	1.922	1.12	0.7994	0.4568	0.5714	1.011
0.34	0.9774	0.9231	0.9445	1.823	1.14	0.7937	0.4455	0.5612	1.015
0.36	0.9747	0.9143	0.9380	1.736	1.16	0.7880	0.4343	0.5511	1.020
0.38	0.9719	0.9052	0.9313	1.659	1.18	0.7822	0.4232	0.5411	1.025
0.40	0.9690	0.8956	0.9243	1.590	1.20	0.7764	0.4124	0.5311	1.030
0.42	0.9659	0.8857	0.9170	1.529	1.22	0.7706	0.4071	0.5213	1.037
0.44	0.9627	0.8755	0.9094	1.474	1.24	0.7648	0.3912	0.5115	1.043
0.46	0.9594	0.8650	0.9016	1.425	1.26	0.7590	0.3809	0.5019	1.050
0.48	0.9560	0.8541	0.8935	1.380	1.28	0.7532	0.3708	0.4923	1.058
0.50	0.9524	0.8430	0.8852	1.340	1.30	0.7474	0.3609	0.4829	1.066
0.52	0.9487	0.8317	0.8766	1.303	1.32	0.7416	0.3512	0.4736	1.075
0.54	0.9449	0.8201	0.8679	1.270	1.34	0.7358	0.3417	0.4644	1.084
0.56	0.9410	0.8082	0.8586	1.240	1.36	0.7300	0.3323	0.4553	1.094
0.58	0.9370	0.7962	0.8498	1.213	1.38	0.7242	0.3232	0.4463	1.104
0.60	0.9328	0.7840	0.8405	1.188	1.40	0.7184	0.3142	0.4374	1.115
0.62	0.9286	0.7716	0.8310	1.166	1.42	0.7126	0.3055	0.4287	1.126
0.64	0.8243	0.7591	0.8213	1.145	1.44	0.7069	0.2969	0.4201	1.138
0.66	0.9199	0.7465	0.8115	1.127	1.46	0.7011	0.2886	0.4116	1.150
0.68	0.9154	0.7338	0.8016	1.110	1.48	0.6954	0.2804	0.4032	1.163
0.70	0.9108	0.7209	0.7916	1.094	1.50	0.6897	0.2724	0.3950	1.176
0.72	0.9061	0.7080	0.7814	1.081	1.52	0.6840	0.2646	0.3869	1.190
0.74	0.9013	0.6951	0.7712	1.068	1.54	0.6783	0.2570	0.3789	1.204
0.76	0.8961	0.6821	0.7609	1.057	1.56	0.6726	0.2496	0.3711	1.219
0.78	0.8915	0.6691	0.7505	1.047	1.58	0.6670	0.2523	0.3633	1.234
0.80	0.8865	0.6560	0.7400	1.038	1.60	0.6614	0.2353	0.3557	1.250

M	T/T_0	p/p_0	ρ/ρ_0	$A/A*$	M	T/T_0	p/p_0	ρ/ρ_0	$A/A*$
1.62	0.6558	0.2284	0.3483	1.267	2.52	0.4405	0.05674	0.1288	2.687
1.64	0.6502	0.2217	0.3409	1.284	2.54	0.4366	0.05500	0.1260	2.737
1.66	0.6447	0.2152	0.3337	1.301	2.56	0.4328	0.05332	0.1232	2.789
1.68	0.6392	0.2088	0.3266	1.319	2.58	0.4289	0.05169	0.1205	2.842
1.70	0.6337	0.2026	0.3197	1.338	2.60	0.4252	0.05012	0.1179	2.896
1.72	0.6283	0.1966	0.3129	1.357	2.62	0.4214	0.04859	0.1153	2.951
1.74	0.6229	0.1907	0.3062	1.376	2.64	0.4177	0.04711	0.1128	3.007
1.76	0.6175	0.1850	0.2996	1.397	2.66	0.4141	0.04568	0.1103	3.065
1.78	0.6121	0.1794	0.2931	1.418	2.68	0.4104	0.04429	0.1079	3.123
1.80	0.6068	0.1740	0.2868	1.439	2.70	0.4068	0.04295	0.1056	3.183
1.82	0.6015	0.1688	0.2806	1.461	2.72	0.4033	0.04166	0.1033	3.244
1.84	0.5963	0.1637	0.2745	1.484	2.74	0.3998	0.04039	0.1010	3.306
1.86	0.5911	0.1587	0.2686	1.507	2.76	0.3963	0.03917	0.09885	3.370
1.88	0.5859	0.1539	0.2627	1.531	2.78	0.3928	0.03800	0.09671	3.434
1.90	0.5807	0.1492	0.2570	1.555	2.80	0.3894	0.03685	0.09462	3.500
1.92	0.5756	0.1447	0.2514	1.580	2.82	0.3860	0.03574	0.09259	3.567
1.94	0.5705	0.1403	0.2459	1.606	2.84	0.3827	0.03467	0.09059	3.636
1.96	0.5655	0.1360	0.2405	1.633	2.86	0.3794	0.03363	0.08865	3.706
1.98	0.5605	0.1318	0.2352	1.660	2.88	0.3761	0.03262	0.08674	3.777
2.00	0.5556	0.1278	0.2301	1.688	2.90	0.3729	0.03165	0.08489	3.850
2.02	0.5506	0.1239	0.2250	1.716	2.92	0.3697	0.03071	0.08308	3.924
2.04	0.5458	0.1201	0.2200	1.745	2.94	0.3665	0.02980	0.08130	3.999
2.06	0.5409	0.1164	0.2152	1.775	2.96	0.3633	0.02891	0.07957	4.076
2.08	0.5361	0.1128	0.2105	1.806	2.98	0.3602	0.02805	0.07788	4.155
2.10	0.5314	0.1094	0.2058	1.837	3.00	0.3571	0.02722	0.07623	4.235
2.12	0.5266	0.1060	0.2013	1.869	3.10	0.3422	0.02345	0.06852	4.657
2.14	0.5219	0.1027	0.1968	1.902	3.20	0.3281	0.02023	0.06165	5.121
2.16	0.5173	0.09956	0.1925	1.935	3.30	0.3147	0.01748	0.05554	5.629
2.18	0.5127	0.09650	0.1882	1.970	3.40	0.3019	0.01512	0.05009	6.184
2.20	0.5081	0.09352	0.1841	2.005	3.50	0.2899	0.01311	0.04523	6.790
2.22	0.5036	0.09064	0.1800	2.041	3.60	0.2784	0.01138	0.04089	7.450
2.24	0.4991	0.08784	0.1760	2.078	3.70	0.2675	0.009903	0.03702	8.169
2.26	0.4947	0.08514	0.1721	2.115	3.80	0.2572	0.008629	0.03355	8.951
2.28	0.4903	0.08252	0.1683	2.154	3.90	0.2474	0.007532	0.03044	9.799
2.30	0.4859	0.07997	0.1646	2.193	4.00	0.2381	0.006586	0.02766	10.72
2.32	0.4816	0.07751	0.1610	2.233	4.10	0.2293	0.005769	0.02516	11.71
2.34	0.4776	0.07513	0.1574	2.274	4.20	0.2208	0.005062	0.02292	12.79
2.36	0.4731	0.07281	0.1539	2.316	4.30	0.2129	0.004449	0.02090	13.95
2.38	0.4689	0.07057	0.1505	2.359	4.40	0.2053	0.003918	0.01909	15.21
2.40	0.4647	0.06840	0.1472	2.403	4.50	0.1980	0.003455	0.01745	16.56
2.42	0.4606	0.06630	0.1440	2.448	4.60	0.1911	0.003053	0.01597	18.02
2.44	0.4565	0.06426	0.1408	2.494	4.70	0.1846	0.002701	0.01463	19.58
2.46	0.4524	0.06229	0.1377	2.540	4.80	0.1783	0.002394	0.01343	21.26
2.48	0.4484	0.06038	0.1347	2.588	4.90	0.1724	0.002126	0.01233	23.07
2.50	0.4444	0.05853	0.1317	2.637	5.00	0.1667	0.001890	0.01134	25.00

표 B-2 1차원 수직충격파(완전기체, $k=1.4$)

M_1	M_2	$\frac{p_2}{p_1}$	$\frac{T_2}{T_1}$	$\frac{p_2}{p_1}$	$\frac{\rho_2}{\rho_1}$	M_1	M_2	$\frac{p_2}{p_1}$	$\frac{T_2}{T_1}$	$\frac{p_2}{p_1}$	$\frac{\rho_2}{\rho_1}$
1.00	1.000	1.000	1.000	1.000	1.000						
1.02	0.9805	1.000	1.013	1.047	1.033	1.92	0.5918	0.7581	1.624	4.134	2.546
1.04	0.9320	0.9999	1.026	1.095	1.067	1.94	0.5880	0.7488	1.639	4.224	2.577
1.06	0.9111	0.9998	1.039	1.144	1.101	1.96	0.5844	0.7395	1.655	4.315	2.607
1.08	0.9277	0.9994	1.052	1.194	1.135	1.98	0.5808	0.7302	1.671	4.407	2.637
1.10	0.9118	0.9989	1.065	1.245	1.169	2.00	0.5774	0.7209	1.687	4.500	2.667
1.12	0.8966	0.9982	1.078	1.294	1.203	2.02	0.5740	0.7115	1.704	4.594	2.696
1.14	0.8820	0.9973	1.090	1.350	1.238	2.04	0.5707	0.7022	1.720	4.689	2.725
1.16	0.8682	0.9961	1.103	1.403	1.272	2.06	0.5675	0.6928	1.737	4.784	2.755
1.18	0.8549	0.9946	1.115	1.458	1.307	2.08	0.5643	0.6835	1.757	4.881	2.783
1.20	0.8422	0.9928	1.128	1.513	1.342	2.10	0.5613	0.6742	1.770	4.978	2.812
1.22	0.8300	0.9907	1.141	1.570	1.376	2.12	0.5583	0.6649	1.787	5.077	2.840
1.24	0.8383	0.9884	1.153	1.627	1.411	2.14	0.5554	0.6557	1.805	5.176	2.868
1.26	0.8071	0.9857	1.166	1.686	1.446	2.16	0.5525	0.6464	1.822	5.277	2.896
1.28	0.7963	0.9827	1.178	1.745	1.481	2.18	0.5498	0.6373	1.839	5.378	2.924
1.30	0.7860	0.9794	1.191	1.805	1.516	2.20	0.5471	0.6281	1.857	5.480	2.951
1.32	0.7760	0.9757	1.204	1.866	1.551	2.22	0.5444	0.6191	1.875	5.583	2.978
1.34	0.7664	0.9718	1.216	1.928	1.585	2.24	0.5418	0.6100	1.892	5.687	3.005
1.36	0.7572	0.9676	1.229	1.991	1.620	2.26	0.5393	0.6011	1.910	5.792	3.032
1.38	0.7483	0.9630	1.242	2.055	1.655	2.28	0.5398	0.5921	1.929	5.898	3.058
1.40	0.7397	0.9582	1.255	2.120	1.690	2.30	0.5344	0.5833	1.947	6.005	3.085
1.42	0.7314	0.9531	1.268	2.186	1.724	2.32	0.5321	0.5745	1.965	6.113	3.110
1.44	0.7235	0.9477	1.281	2.253	1.759	2.34	0.5297	0.5658	1.984	3.222	3.136
1.46	0.7157	0.9420	1.294	2.320	1.793	2.36	0.5275	0.5572	2.002	6.331	3.162
1.48	0.7083	0.9360	1.307	2.380	1.828	2.38	0.5253	0.5486	2.021	6.442	3.187
1.50	0.7011	0.9298	1.320	2.458	1.862	2.40	0.5231	0.5402	2.040	6.553	3.212
1.52	0.6941	0.9233	1.334	2.529	1.896	2.42	0.5210	0.5318	2.059	6.666	3.237
1.54	0.6874	0.9166	1.347	2.600	1.930	2.44	0.5189	0.5234	2.079	6.779	3.261
1.56	0.6809	0.9097	1.361	2.673	1.964	2.46	0.5169	0.5152	2.098	6.894	3.285
1.58	0.6746	0.9026	1.374	2.746	1.998	2.48	0.5149	0.5071	2.118	7.009	3.310
1.60	0.6684	0.8952	1.388	2.820	2.032	2.50	0.5130	0.4990	2.137	7.125	3.333
1.62	0.6625	0.8876	1.402	2.895	2.065	2.52	0.5111	0.4910	2.157	7.242	3.357
1.64	0.6568	0.8799	1.416	2.971	2.099	2.54	0.5092	0.4832	2.177	7.360	3.380
1.66	0.6512	0.8720	1.430	3.048	2.132	2.56	0.5074	0.4754	2.198	7.479	3.403
1.68	0.6458	0.8640	1.444	3.126	2.165	2.58	0.5056	0.4677	2.218	7.599	3.426
1.70	0.6406	0.8577	1.458	3.205	2.198	2.60	0.5039	0.4601	2.238	7.720	3.449
1.72	0.6355	0.8474	1.473	3.285	2.230	2.62	0.5022	0.4526	2.259	7.842	3.471
1.74	0.6305	0.8389	1.487	3.366	2.263	2.64	0.5005	0.4452	2.280	7.965	3.494
1.76	0.6257	0.8302	1.502	3.447	2.295	2.66	0.4988	0.4379	2.301	8.088	3.516
1.78	0.6210	0.8215	1.517	3.530	2.327	2.68	0.4972	0.4307	2.322	8.213	3.537
1.80	0.6165	0.8127	1.532	3.613	2.359	2.70	0.4956	0.4236	2.343	8.338	3.559
1.82	0.6121	0.8038	1.547	3.698	2.391	2.72	0.4941	0.4166	2.364	8.465	3.580
1.84	0.6075	0.7947	1.562	3.783	2.422	2.74	0.4926	0.4097	2.386	8.592	3.601
1.86	0.6036	0.7857	1.577	3.870	2.454	2.76	0.4911	0.4028	2.407	8.721	3.622
1.88	0.5996	0.7766	1.592	3.957	2.485	2.78	0.4987	0.3961	2.429	8.850	3.643
1.90	0.5956	0.7674	1.608	4.045	2.516	2.80	0.4882	0.3895	2.451	8.980	3.664

M_1	M_2	$\frac{p_2}{p_1}$	$\frac{T_2}{T_1}$	$\frac{p_2}{p_1}$	$\frac{\rho_2}{\rho_1}$	M_1	M_2	$\frac{p_2}{p_1}$	$\frac{T_2}{T_1}$	$\frac{p_2}{p_1}$	$\frac{\rho_2}{\rho_1}$
2.82	0.4868	0.3829	2.473	9.111	3.684	3.60	0.4474	0.1953	3.454	14.95	4.330
2.84	0.4854	0.3765	2.496	9.243	3.704	3.70	0.4440	0.1792	3.596	15.81	4.395
2.86	0.4840	0.3701	2.518	9.376	3.724	3.80	0.4407	0.1645	3.743	16.68	4.457
2.88	0.4827	0.3639	2.540	9.510	3.743	3.90	0.4377	0.1519	3.893	17.58	4.516
2.90	0.4814	0.3577	2.563	9.645	3.763	4.00	0.4350	0.1388	4.047	18.50	4.571
2.92	0.4801	0.3517	2.586	9.781	3.782	4.10	0.4324	0.1276	4.205	19.45	4.624
2.94	0.4788	0.3457	2.609	9.918	3.801	4.20	0.4299	0.1173	4.367	20.41	4.675
2.96	0.4776	0.3398	2.632	10.09	3.820	4.30	0.4277	0.1080	4.532	21.42	4.723
2.98	0.4764	0.3340	2.656	10.19	3.839	4.40	0.4255	0.09948	4.702	22.42	4.768
3.00	0.4752	0.3283	2.679	10.33	3.857	4.50	0.4236	0.09170	4.875	23.46	4.812
3.10	0.4695	0.3012	2.799	11.05	3.947	4.60	0.4217	0.08459	5.052	24.52	4.853
3.20	0.4644	0.2762	2.922	11.78	4.031	4.70	0.4199	0.07809	5.233	25.61	4.893
3.30	0.4596	0.2533	3.049	12.54	4.112	4.80	0.4183	0.07214	5.418	26.71	4.930
3.40	0.4552	0.2322	3.180	13.32	4.188	4.90	0.4167	0.06670	5.607	27.85	4.966
3.50	0.4512	0.2130	3.315	14.13	4.261	5.00	0.4152	0.06172	5.800	29.00	5.000

부록 C. 기하학적 성질

표 C-1 평면의 기하학적 성질

명 칭	**모 양**	**면적** A	**도심의 위치** $\bar{y}$ **또는** $\bar{x}$	**도심축** $\bar{I}$**에 대한 관성능률**
사각형	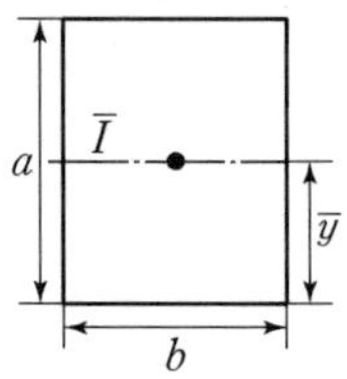	$A=ab$	$\bar{y}=\frac{a}{2}$	$\bar{I}=\frac{ba^3}{12}$
삼각형	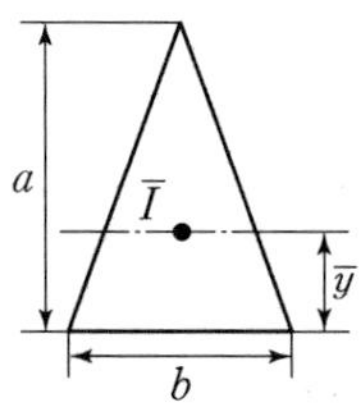	$A=\frac{ab}{2}$	$\bar{y}=\frac{a}{3}$	$\bar{I}=\frac{ba^3}{36}$
원	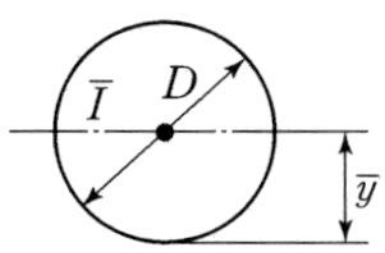	$A=\frac{\pi D^2}{4}$	$\bar{y}=\frac{D}{2}$	$\bar{I}=\frac{\pi D^4}{64}$

명 칭	모 양	면적 A	도심의 위치 $\overline{y}$ 또는 $\overline{x}$	도심축 $\overline{I}$에 대한 관성능률
반원	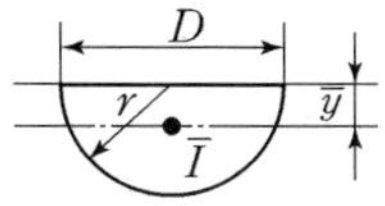	$A=\frac{\pi D^4}{8}$	$\overline{y}=\frac{4r}{3\pi}$	$\overline{I}=\left(\frac{1}{4}-\frac{16}{9\pi^2}\right)\times\frac{\pi r^4}{2}$
$\frac{1}{4}$ 원	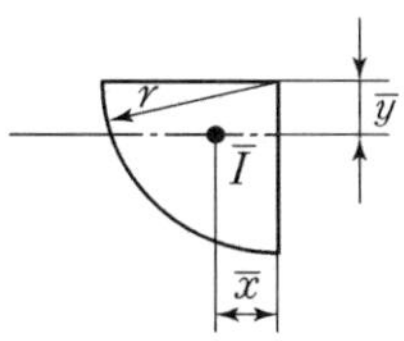	$A=\frac{\pi D^4}{16}$	$\overline{x}=\overline{y}=\frac{4r}{3\pi}$	$\overline{I}=\left(\frac{1}{4}-\frac{16}{9\pi^2}\right)\times\frac{\pi r^4}{4}$
타원	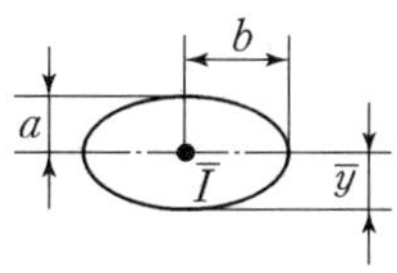	$A=\pi ab$	$\overline{y}=a$	$\overline{I}=\frac{\pi a^3 b}{4}$
반타원	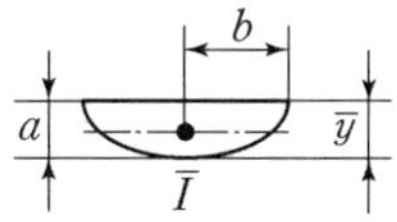	$A=\frac{\pi ab}{2}$	$\overline{y}=\frac{4a}{3\pi}$	$\overline{I}=\left(\frac{1}{4}-\frac{16}{9\pi^2}\right)\times\frac{\pi ba^3}{2}$
$\frac{1}{4}$ 타원	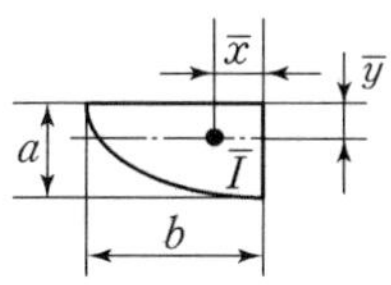	$A=\frac{\pi ab}{4}$	$\overline{y}=\frac{4a}{3\pi}$ $\overline{x}=\frac{4a}{3\pi}$	$\overline{I}=\left(\frac{1}{4}-\frac{16}{9\pi^2}\right)\times\frac{\pi ba^3}{4}$
포물선	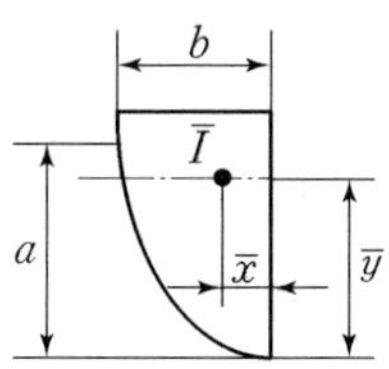	$A=\frac{2ab}{3}$	$\overline{y}=\frac{3a}{5}$ $\overline{x}=\frac{3b}{8}$	$\overline{I}=\left(\frac{3}{7}-\frac{9}{25}\right)\times\frac{2ba^3}{3}$

표 C-2 체적의 기하학적 성질

명 칭	모 양	체적 V	도심 $\overline{y}$
원통	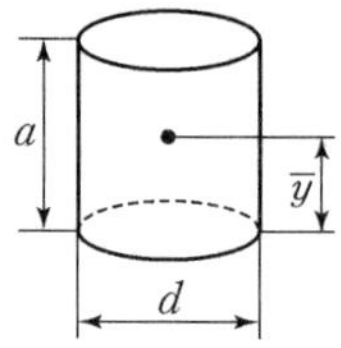	$V=\frac{\pi d^2 a}{4}$	$\overline{y}=\frac{a}{2}$
원추	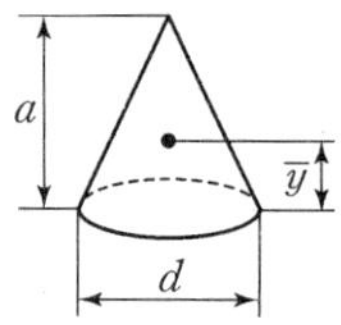	$V=\frac{\pi d^2 a}{12}$	$\overline{y}=\frac{a}{4}$
구	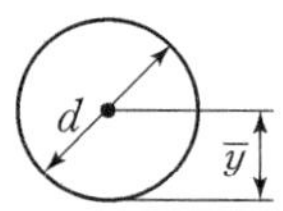	$V=\frac{\pi d^3}{6}$	$\overline{y}=\frac{d}{2}$
반구	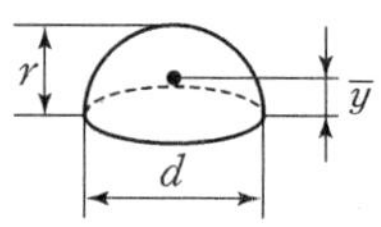	$V=\frac{\pi d^3}{12}$	$\overline{y}=\frac{3r}{8}$
포물면체	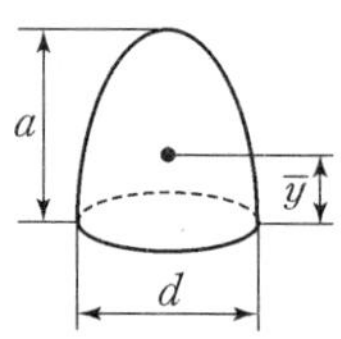	$V=\frac{\pi d^2 a}{8}$	$\overline{y}=\frac{a}{3}$

찾아보기

【ㅈ】

유 체 역 학

2006년 3월 5일 제1판 1쇄 발행
2016년 2월 5일 제1판 6쇄 발행

저　자 ◎ 고영하·김동우
조성갑·정운철 (가나다순)

발행자 ◎ 조 승 식

발행처 ◎ (주) 도서출판 북스힐

서울시 강북구 한천로 153길 17

등　록 ◎ 제 22-457 호

TEL (02) 994-0071 (代)

FAX (02) 994-0073

E-MAIL bookswin@unitel.co.kr
www.bookshill.com

값 12,000원

ISBN 89-5526-286-8